COURS COMPLET

D'INSTRUCTION ÉLÉMENTAIRE

ARITHMÉTIQUE ÉLÉMENTAIRE

COURS COMPLET
D'INSTRUCTION ÉLÉMENTAIRE

A L'USAGE DE LA JEUNESSE

DANS LES COLLÉGES ET DANS LES INSTITUTIONS

DE JEUNES PERSONNES

PAR MM.

A. RIQUIER

Ancien professeur agrégé d'histoire,
proviseur au lycée de Limoges.

L'ABBÉ COMBES

Du clergé de Bordeaux,
Chanoine honor. de la Guadeloupe.

ARITHMÉTIQUE ÉLÉMENTAIRE

PAR J.-H. FABRE

DOCTEUR ÈS SCIENCES, LAURÉAT DE L'INSTITUT,
CORRESPONDANT DU MINISTÈRE DE L'INSTRUCTION PUBLIQUE,
CHEVALIER DE LA LÉGION D'HONNEUR.

PARIS

CH. DELAGRAVE ET Cie, LIBRAIRES-ÉDITEURS

58, RUE DES ÉCOLES, 58

BRUXELLES, 25, RUE DE LA MADELEINE

1872

617. — ABBEVILLE. — IMP. BRIEZ, C. PAILLART ET RETAUX.

COURS ÉLÉMENTAIRE
D'ARITHMÉTIQUE

CHAPITRE PREMIER

Généralités.

1. QUANTITÉ. Le mot de *quantité* vient de l'expression latine *quantùm*, signifiant *combien*. *On appelle quantité toute chose au sujet de laquelle on peut se demander: Combien ?*

Ainsi de la longueur d'un mur, on peut se demander : combien mesure-t-elle de mètres ? — de la distance d'une ville à l'autre : combien comprend-elle de lieues ? — de la capacité d'un bassin: combien contient-elle de litres? — du poids d'un bloc de pierre : combien vaut-il de kilogrammes ?— de la durée d'un an : combien embrasse-t-elle d'heures? — de la valeur d'une somme d'argent : combien compte-t-elle de francs? etc., etc.

Longueur, distance, contenance, poids, durée, valeur, etc., après lesquelles peut se faire la demande *combien, (quantùm)* sont des *quantités*.

2. UNITÉ. Pour mesurer une quantité, on la compare à une autre quantité de même nature appelée *unité*.

La longueur d'un mur se compare à une autre longueur, le *mètre*; le poids d'un bloc de pierre se compare à un autre poids, le *kilogramme*; la valeur d'une somme d'argent se compare à une autre valeur, le *franc*; la contenance d'un vase se compare à une autre capacité, le *litre*, etc.

Le mètre est l'unité de longueur, le kilogramme est l'unité de poids, le franc est l'unité de valeur monétaire, le litre est l'unité de contenance.

3. NOMBRE. Le résultat de cette comparaison est le *nombre*. Le *nombre* indique combien de fois l'unité est contenue dans la quantité.

Quand on dit : la longueur d'un mur est de quatorze mètres, le mot *longueur* désigne la nature de la quantité considérée, le mot *mètre* exprime l'unité qui sert à mesurer cette quantité, et l'expression *quatorze* est le nombre.

4. NOMBRE CONCRET. Lorsque l'espèce d'unité est désignée, le nombre est dit *concret*.

Quatorze mètres, vingt francs, six lieues, cent litres, sont des nombres concrets.

5. NOMBRE ABSTRAIT. Mais il arrive souvent que l'espèce d'unité n'est pas désignée, ou même est impossible à désigner. Le nombre alors est dit *abstrait*.

Quatorze, dix, vingt, cent, tout court, sont des nombres abstraits.

6. ARITHMÉTIQUE. *L'arithmétique est la science des quantités évaluées en nombres.* Elle enseigne à grouper les nombres, à les composer et à les décomposer de manière à en déduire d'autres plus aptes à être saisis par les vues de l'esprit.

Questionnaire.

1. D'où vient le mot *quantité*? — Qu'appelle-t-on quantité? — Donnez des exemples? — 2. Qu'appelle-t-on unité? — Quelle est l'unité de longueur, de poids, de contenance, de valeur monétaire? — 3. Qu'est-ce que le nombre? — Quand on dit : la capacité d'un vase est de douze litres, quelle est la quantité, quelle est l'unité, quel est le nombre? — 4. Qu'est-ce qu'un nombre concret? — Donnez des exemples? — 5. Qu'est-ce qu'un nombre abstrait? — Donnez des exemples? — 6. Qu'est ce que l'arithmétique? — Qu'enseigne-t-elle?

CHAPITRE-II

Numération parlée.

1. OBJET DE LA NUMÉRATION. La suite des nombres est indéfinie, car, si grand que soit un nombre, on peut, en lui ajoutant l'unité simplement, en obtenir un autre plus grand encore. Les nombres n'ayant pas de fin, il est impossible, même en supposant la mémoire la plus heureuse, de les dénommer chacun d'un nom particulier et de les représenter chacun par un signe spécial. On est donc naturellement amené à l'emploi d'un artifice qui permette de nommer et de représenter tous les nombres par une combinaison convenable de quelques mots et de quelques signes. Cet artifice est l'objet de la numération.

La numération est l'art d'énoncer et d'écrire les nombres.

2. NUMÉRATION PARLÉE ET NUMÉRATION ÉCRITE. Il y

a deux sortes de numération : la *numération parlée* et la *numération écrite*.

Pour représenter les nombres, la *numération parlée* emploie des mots ; la *numération écrite* emploie des signes appelés *chiffres*.

3. PRINCIPE DE LA NUMÉRATION. Toutes les deux sont basées sur le même principe, savoir : la formation de groupes de divers *ordres* de dix en dix fois plus forts.

Les exigences du langage, qui se complaît dans la variété, ont amené de nombreuses irrégularités dans la numération parlée, irrégularités que l'usage apprend. Au contraire, la numération écrite est d'une régularité rigoureuse.

4. ORIGINE DE LA NUMÉRATION DÉCIMALE. Occupons-nous d'abord de la numération parlée. L'idée de nombre, si élémentaire qu'elle soit, est une de celles qui demandent une certaine maturité de l'esprit. Aussi l'homme, en ses débuts arithmétiques, a-t-il nécessairement demandé à ses doigts, au nombre de dix, la base de ses calculs. On a d'abord compté sur les doigts, comme nous le faisons tous encore en nos jeunes années. Du nombre dix des doigts est venue la *numération décimale, basée sur la formation de groupes de dix en dix fois plus forts.*

5. UNITÉS SIMPLES OU UNITÉS DU PREMIER ORDRE. Les neuf premiers nombres se nomment :

Un, deux, trois, quatre, cinq, six, sept, huit, neuf.

C'est ce qu'on appelle les *unités simples* ou *unités du premier ordre.* On veut entendre par cette expression qu'au delà de neuf, immédiatement vient un groupe, la dizaine ou dix, qui va servir *d'unité d'un ordre plus élevé,* ou *unité du second ordre.*

Et en effet, dans la supposition où l'on compterait sur les doigts, une fois les deux mains épuisées, il faudrait recommencer en notant d'abord *un* de telle façon que l'on voudrait. Cet *un* signifierait une fois l'ensemble des doigts, une fois la dizaine, une fois dix. La continuation du dénombrement sur les doigts amènerait de la même façon deux fois la dizaine, trois fois la dizaine, quatre fois la dizaine, cinq fois la dizaine, etc. ; c'est-à-dire, deux fois, trois fois, etc., l'ensemble des doigts.

6. DIZAINES OU UNITÉS DU SECOND ORDRE. On est ainsi conduit à compter par unités du second ordre ou dizaines, comme l'on compte par unités simples. Les expressions régulièrement formées devraient être : une dizaine, deux dizaines, trois dizaines, quatre dizaines, etc. Mais les habitudes du langage en ont décidé autrement, et l'on dit :

> Vingt pour deux dizaines,
> Trente pour trois dizaines,
> Quarante pour quatre dizaines,
> Cinquante pour cinq dizaines,
> Soixante pour six dizaines,
> Soixante-dix pour sept dizaines,
> Quatre-vingts pour huit dizaines,
> Quatre-vingt-dix pour neuf dizaines.

Si irrégulières que soient les expressions consacrées par l'usage, on reconnaît cependant dans beaucoup d'entre elles une allusion manifeste au nombre de dizaines correspondant. Dans trente se retrouve trois, dans quarante se retrouve quatre, dans cinquante se retrouve cinq, dans soixante s'entrevoit six. Les trois dernières expressions sont les plus éloignées des règles.

Il est vrai que l'on disait, et que l'on dit encore dans quelques localités, septante pour soixante-dix, octante pour quatre-vingts, nonante pour quatre-vingt-dix. Septante rappelle sept, octante rappelle huit et nonante rappelle neuf, du moins dans la langue latine, d'où proviennent ces mots.

7. DÉNOMBREMENT D'UNE DIZAINE A L'AUTRE. Dix-huit mots, neuf pour les unités simples, neuf pour les unités du second ordre ou les dizaines, nous permettent le dénombrement jusqu'à dix, puis par groupes de dix. Il reste à voir comment on compte d'un groupe de dizaines au groupe suivant.

La règle est de faire suivre le nom désignant le nombre de dizaines du nom désignant le nombre d'unités simples qui complètent le dénombrement. Ainsi, entre quarante et cinquante, on dit: quarante-un, quarante-deux, quarante-trois,.... quarante-neuf.

Entre une dizaine et deux dizaines ou vingt, de nombreuses exceptions, motivées par l'usage, se trouvent mêlées à des expressions régulières. Ainsi l'on dit:

> Onze pour dix-un,
> Douze pour dix-deux,
> Treize pour dix-trois,
> Quatorze pour dix-quatre,
> Quinze pour dix-cinq,
> Seize pour dix-six.

Par delà viennent les mots réguliers dix-sept, dix-huit, dix-neuf.

Les mêmes irrégularités reparaissent après soixante-dix et quatre-vingt-dix. On dit par exemple: soixante-onze, soixante-douze, soixante-treize, soixante-quatorze, etc. ; quatre-vingt-onze, quatre-vingt-douze, etc.

Ces irrégularités n'ont pas lieu quand on emploie les expressions *septante* et *nonante*. On dit septante-un, septante-deux, etc. ; nonante-trois, nonante-quatre, etc.

8. CENTAINES OU UNITÉS DU TROISIÈME ORDRE. — PREMIÈRE CLASSE. Les conventions précédentes conduisent jusqu'au nombre quatre-vingt-dix-neuf. Une unité de plus donne dix dizaines. De même qu'un groupe de dix unités simples, c'est-à-dire la dizaine, est considéré comme une unité du second ordre, de même aussi, par analogie, la collection de dix dizaines est à son tour considérée comme une unité du troisième ordre, appelée *centaine*.

On compte par centaines comme on compte par unités simples. On dit une centaine, deux centaines, trois centaines, etc., ou, plus rapidement, cent, deux cents, trois cents, quatre cents, etc.

Pour compléter le dénombrement, on énonce à la suite du nombre de centaines le nombre de dizaines et le nombre d'unités simples. Ainsi l'on dit : cinq cent quarante-deux, huit cent vingt-sept.

Les unités simples, les dizaines et les centaines forment ce qu'on appelle les *unités de la première classe*.

Il faut dix unités simples pour faire une dizaine, il faut dix dizaines pour faire une centaine.

9. MILLES OU UNITÉS DU QUATRIÈME ORDRE. — DEUXIÈME CLASSE. Les règles exposées jusqu'ici conduisent au nombre neuf cent quatre-vingt-dix-neuf, qui, augmenté d'une unité, donne une collection de dix centaines. Cette collection de dix centaines est considérée, pour les mêmes motifs que précédemment, comme une unité du quatrième ordre, et prend le nom de *mille*.

Il était tout naturel, en considérant le groupe de

dix fois le mille et de cent fois le mille comme des unités du cinquième ordre et du sixième ordre, de leur donner des noms spéciaux, ainsi qu'on le fait pour le groupe de dix fois l'unité et le groupe de dix fois la dizaine. Mais, pour abréger, on est convenu de compter par unités de mille, par dizaines et par centaines de mille, absolument comme on compte par unités, dizaines et centaines d'unités simples.

Les unités, dizaines et centaines de mille forment ce qu'on appelle la *seconde classe d'unités*.

10. MILLIONS OU UNITÉS DU SEPTIÈME ORDRE. — TROISIÈME CLASSE. Avec ces conventions, on atteint le nombre neuf cent quatre-vingt-dix-neuf mille neuf cent quatre-vingt-dix-neuf. L'addition d'une unité fait de ce nombre une collection de dix centaines de mille, qui prend le nom de *million*.

On compte par unités, dizaines et centaines de millions, comme on compte par unités, dizaines et centaines d'unités simples; c'est-à-dire, que l'on fait à l'égard des millions ce que l'on fait à l'égard des mille.

Les unités, les dizaines et les centaines de millions constituent les *unités de la troisième classe*.

11. BILLIONS. — QUATRIÈME CLASSE. Dix centaines de millions forment le *billion* ou *milliard*. On compte par billions de la même manière que par millions. Les unités, les dizaines et les centaines de billions constituent les *unités de la quatrième classe*.

12. CINQUIÈME CLASSE, SIXIÈME CLASSE, etc. Par delà, toujours comptés par unités, dizaines et centaines, à la manière des mille, des millions, etc., viennent les trillions, les quatrillions, les quintillions, etc. Mais l'emploi de ces nombres énormes est excessivement rare.

13. ORDRES ET CLASSES. En résumé, deux conventions fondamentales servent aux dénombrements : 1° une collection de dix unités d'un ordre quelconque forme une unité de l'ordre immédiatement supérieur ; 2° trois ordres consécutifs, à partir des unités simples, constituent une classe. Les différents ordres d'unités sont donc de dix en dix fois plus forts ; les différentes classes sont de mille en mille fois plus fortes. Chaque classe se dénombre par unités, dizaines et centaines.

Les ordres sont : unités simples ou premier ordre, dizaines ou second ordre, centaines ou troisième ordre, mille ou quatrième ordre, dizaines de mille ou cinquième ordre, centaines de mille ou sixième ordre, millions ou septième ordre, etc., etc.

La première classe comprend les centaines, les dizaines et les unités simples ; la seconde classe comprend les centaines, les dizaines et les unités de mille ; la troisième classe comprend les centaines, les dizaines et les unités de millions, etc.

1re *classe*	1er ordre....	Unités.
	2e ordre....	Dizaines.
	3e ordre....	Centaines.
2e *classe*..	4e ordre....	Unités de mille.
	5e ordre....	Dizaines de mille.
	6e ordre....	Centaines de mille.
3e *classe*..	7e ordre....	Unités de millions.
	8e ordre....	Dizaines de millions.
	9e ordre....	Centaines de millions.
4e *classe*..	10e ordre....	Unités de billions.
	11e ordre....	Dizaine de billions.
	12e ordre....	Centaines de billions.
	etc.	etc.

Questionnaire.

1. Combien y a-t-il de nombres ? — Pourquoi ne leur donne-t-on pas à chacun un nom particulier ? — Qu'est-ce que la numération ? — 2. Combien y a-t-il d'espèces de numération ? — 3. Quel est le principe de la numération ? — 4. Pourquoi notre numération est-elle appelée décimale ? — Quelle est l'origine de ces groupes de dix en dix fois plus forts ? — 5. Qu'appelle-t-on unités de premier ordre ? — 6. Qu'est-ce que la dizaine ou unité de second ordre ? — Comment compte-t-on par dizaines ? — Dites les noms usités pour le dénombrement des dizaines ? — Retrouve-t-on dans ces noms une allusion au nombre de dizaines ? — 7. Comment compte-t-on d'une dizaine à l'autre ? — Entre une et deux dizaines, quels sont les termes réguliers et les termes irréguliers ? — Dans quels cas retrouve-t-on ces termes irréguliers ? — 8. Qu'est-ce qu'une centaine ou unité de troisième ordre ? — Comment compte-t-on par centaines ? — Qu'appelle-t-on unités de la première classe ? — 9. Qu'est-ce qu'un mille ? — Comment compte-t-on par mille ? — De quoi se compose la seconde classe ? — 10. Que vaut un million ? — Comment compte-t-on par millions ? — Que comprend la troisième classe ? — 11. Que vaut un billion ? — Que comprend la quatrième classe ? — 12. Quelles sont les classes par delà celle des billions ? — 13. Quelles sont les deux conventions fondamentales de la numération ? — Comment croissent les ordres ? — Comment croissent les classes ? — Dénommez la série des classes ? — Dénommez les trois ordres de chaque classe.

Exercices.

1. Dire le nom des divers groupes de dizaines, jusqu'à cent.

Que signifient vingt, quarante, quatre-vingts, quatre-vingt-dix, soixante, cinquante, soixante-dix, trente ?

Compter de dix à vingt et faire remarquer les expressions régulières et les expressions irrégulières.

Compter de soixante à quatre-vingts et faire remarquer les expressions régulières et les expressions irrégulières.

Compter de quatre-vingts à cent.

2. Compter de cent à cent vingt.

Compter de trois cent soixante à trois cent quatre-vingts.

Dire le nom des diverses classes.

Dire le nom des trois ordres de chaque classe.

Compter de deux mille à deux mille vingt.

3. Combien y a-t-il d'ordres dans trois cent quarante-deux ?

Combien y a-t-il d'ordres dans six mille huit cent cinquante-sept ?

Combien y a-t-il de classes dans ce dernier nombre ?

Combien y a-t-il de classes dans cent vingt-deux millions, deux cent trente mille, six cent douze unités ?

Dans le nombre ci-dessus énoncé, quels sont les mots qui représentent les classes ?

CHAPITRE III

Numération écrite.

1. NUMÉRATION ÉCRITE. CHIFFRES ARABES. *Le but de la numération écrite est de représenter tel nombre que l'on veut avec un petit nombre de signes appelés chiffres.*

Les signes employés sont dits *chiffres arabes*, parce que l'invention en est attribuée aux Arabes. Les voici, avec leur valeur :

1	2	3	4	5	6	7	8	9
un	deux	trois	quatre	cinq	six	sept	huit	neuf

Nous venons de voir que le nombre d'unités de chaque ordre s'élève au plus à neuf, car, s'il y en avait dix, cette collection de dix constituerait une unité de l'ordre immédiatement supérieur.

Neuf signes suffisent donc pour représenter un nombre quelconque d'unités de tel ordre que l'on voudra.

2. LE RANG OCCUPÉ PAR LE CHIFFRE DÉTERMINE L'ORDRE DES UNITÉS QU'IL REPRÉSENTE. Mais il ne suffit pas que le signe employé représente le nombre d'unités que l'on a en vue ; il faut encore que, d'une manière ou d'une autre, il indique à quel ordre ces unités appartiennent. Tout chiffre doit donc exprimer deux choses : 1° le nombre d'unités ; 2° l'ordre de ces unités.

On est convenu de représenter *l'ordre des unités par le rang que le chiffre occupe dans l'écriture.* Les unités simples se placent au dernier rang à droite, les dizaines au second rang en remontant vers la gauche, les centaines au troisième rang, les mille au quatrième, les dizaines de mille au cinquième, et ainsi de suite, en remontant d'un rang vers la gauche pour chaque ordre immédiatement supérieur.

Il suit de là qu'un chiffre placé à la gauche d'un autre exprime des unités d'une valeur dix fois plus grande ; il exprime au contraire des unités d'une valeur dix fois moindre s'il est placé à droite.

Il suit de là encore que la première classe, formée des centaines, des dizaines et des unités simples, occupe les trois derniers rangs à droite ; que la seconde classe, formée des centaines, des dizaines et des unités de mille, occupe les trois rangs précédant immédiatement ceux de la première classe ; que la troisième classe, formée des centaines, des dizaines et des unités de million, occupe les trois rangs précédant immédiatement ceux des mille, etc.

3. NOMBRES DE TROIS CHIFFRES. Il suffit ainsi de sa-

voir écrire un nombre de trois chiffres pour pouvoir écrire tel nombre que l'on voudra. Soit à écrire le nombre six cent quarante huit. Ce nombre comprend six centaines ou six unités du troisième ordre, quatre dizaines ou quatre unités du second ordre, enfin huit unités simples ou huit unités du premier ordre. En écrivant successivement de gauche à droite les chiffres correspondant au nombre d'unités de chaque ordre, on a 648.

D'après les conventions précédentes, cette manière d'écrire représente bien le nombre proposé. En effet, le chiffre 6 par sa valeur propre indique six unités, et par le rang qu'il occupe, le troisième à partir de la droite, il indique que l'unité à laquelle il se rapporte est la centaine. Il représente donc six cents. De même 4 par sa valeur propre représente quatre unités, et par le rang qu'il occupe, le second, il indique des dizaines. Ce chiffre représente donc quarante. Enfin 8 placé au dernier rang représente huit unités simples.

4. VALEUR ABSOLUE ET VALEUR RELATIVE D'UN CHIFFRE. Chacun des chiffres indique donc deux choses: par sa valeur propre, il indique le nombre d'unités de l'ordre auquel il correspond ; par le rang qu'il occupe, il fait connaître à quel ordre d'unités il se rapporte. La valeur propre de chaque chiffre est sa *valeur absolue*; la valeur que lui fait acquérir le rang occupé est sa *valeur relative*.

5. NÉCESSITÉ DU ZÉRO. Très-fréquemment il arrive que le nombre ne contient pas d'unités de tel ou tel ordre. De toute nécessité cependant, il faut que les ordres pour lesquels il n'y a rien à écrire soient représentés par un signe, afin que les chiffres des autres ordres occupent la place qui leur convient et puissent

signifier, d'après le rang occupé, à quelle espèce d'unité ils correspondent. Ce signe ne doit avoir aucune valeur; il doit simplement servir à combler les rangs vides afin que chaque chiffre soit au rang qui lui appartient. On l'appelle *zéro*, on l'écrit 0.

Il y a de la sorte dix caractères pour la numération écrite. Neuf ont une valeur numérique et s'appellent *chiffres significatifs*; le dixième n'a pas de valeur et s'appelle *zéro*.

6. EMPLOI DU ZÉRO. Proposons-nous d'écrire cinq cent neuf. Il y a dans ce nombre cinq centaines et neuf unités, mais il n'y a pas de dizaines. Il faut donc mettre un zéro à la place des dizaines et écrire 509.

Sans l'emploi du zéro, le nombre écrit serait 59, c'est-à-dire que le chiffre 5, au lieu d'être placé au troisième rang et d'exprimer ainsi des centaines, serait placé au second et ne représenterait que des dizaines, de façon que l'écriture signifierait cinquante-neuf, et non cinq cent neuf. Le zéro a donc pour effet de faire occuper au chiffre 5 le rang qu'il faut pour représenter des centaines.

Soit encore sept cents. Dans ce cas, nous avons sept centaines, mais pas de dizaines ni d'unités. Il faut alors à la suite du 7 écrire deux zéros, l'un pour les dizaines absentes, l'autre pour les unités absentes, ce qui nous donne 700.

7. NOMBRES DE PLUS DE TROIS CHIFFRES. Sachant écrire un nombre de trois chiffres, on peut écrire tout autre nombre, si grand qu'il soit. En effet, tout se borne à décomposer ce nombre en classes et à écrire chacune de ces classes comme si elle était seule, en les disposant à la file l'une de l'autre, de gauche à droite d'après leur valeur décroissante. Si l'une des classes

manque complétement, on la remplace par trois zéros, qui tiennent lieu de ses centaines, de ses dizaines et de ses unités. S'il manque simplement tel ou tel ordre d'unités d'une classe, à la place on met un zéro.

La classe la plus élevée et la première écrite ne contient qu'un chiffre, si elle se borne à des unités; elle en contient deux, si elle a des dizaines; trois enfin, si elle a des centaines. Mais toutes les autres en ont nécessairement trois, parce que des zéros occupent la place de leurs centaines, de leurs dizaines, de leurs unités qui peuvent manquer.

La première chose dont il faut se préoccuper, quand il s'agit d'écrire un nombre énoncé, c'est de *bien reconnaître les diverses classes dont ce nombre se compose.* Ces classes étant reconnues, on les écrit à la file l'une de l'autre, de gauche à droite, d'après leurs valeurs décroissantes. Toutes doivent avoir trois chiffres, chiffres significatifs ou zéros, excepté la plus élevée, qui peut n'en avoir que deux ou un seul.

Proposons-nous d'écrire le nombre trente *millions* huit cent quarante *mille* deux cent trois *unités.* Combien y a-t-il de classes? Trois : celle des millions, celle des mille et celle des unités. La première classe s'écrit 30 ; la seconde, 840; la troisième, 203. En les plaçant à la file l'une de l'autre, on a : 30840203.

Soit encore trois millions vingt-huit. La classe des millions sera représentée par 3 ; la classe des mille, absente, par 000 ; la dernière classe, où les centaines manquent, par 028. Mis à la file, ces groupes de chiffres forment le nombre demandé : 3000028.

8. RÈGLE. La règle est donc celle-ci : *Pour écrire un nombre énoncé, on écrit, de gauche à droite, les chiffres exprimant combien chaque classe contient de centaines, de dizaines et d'unités; on range les*

classes par ordre de grandeur, et l'on met des zéros à la place des centaines, des dizaines et des unités qui peuvent manquer dans chacune d'elles.

9. LECTURE D'UN NOMBRE. Les nombres 27, 423, 508, se lisent aisément vingt-sept, quatre cent vingt-trois, cinq cent huit. Dans 423 en particulier, 4 par le rang qu'il occupe, le troisième, désigne 4 centaines et se lit quatre cents; 2, à cause de son rang, le deuxième, indique deux dizaines et se lit vingt; enfin 3, placé au premier rang, exprime des unités et se lit trois unités ou simplement trois.

Remarquons encore que les nombres 007 et 034 se lisent sept et trente-quatre, comme s'il n'y avait pas de zéros. Les zéros en effet ne changent rien à la valeur des chiffres significatifs quand ils sont placés à leur gauche. Le 7, par exemple, est à la place des unités et vaut sept tout simplement malgré les deux zéros qui le précèdent. Il n'en serait pas de même, si les deux zéros étaient après, car alors le chiffre significatif occuperait le troisième rang vers la gauche et représenterait ainsi des centaines. Jamais on n'écrit isolément 007 pour désigner sept unités, mais cette manière d'écrire se trouve dans le corps des nombres, puisqu'il faut mettre des zéros à la place des ordres d'unités absents.

Proposons-nous de lire le nombre 25027408. Nous le partageons en tranches de trois chiffres à partir de la droite, soit mentalement, soit par des traits ainsi qu'il suit, si le défaut d'habitude l'exige :

$$25 \mid 027 \mid 408$$

La dernière tranche à gauche ou celle de la classe la plus élevée peut, suivant le nombre, comprendre trois chiffres, ou bien n'en comprendre que deux ou un seul. Chacune des suivantes en comprend trois. Il ne reste plus qu'à lire chaque tranche à partir de la gauche, comme on le ferait d'un nombre isolé formé des mêmes chiffres ; et à la suite de chaque lecture partielle, on énonce le nom de la classe correspondante : millions pour la troisième tranche, mille pour la seconde, unités pour la première. Ce terme d'unités est même généralement sous-entendu. L'exemple proposé se lit donc :

Vingt-cinq *millions* vingt-sept *mille* quatre cent huit *unités*, ou plus simplement :

Vingt-cinq millions vingt-sept mille quatre cent huit.

10. RÈGLE. *Pour lire un nombre écrit en chiffres, on le partage (mentalement autant que faire se peut) en tranches de trois chiffres à partir de la droite. La dernière tranche à gauche peut n'avoir que deux chiffres ou un seul. On énonce alors chaque tranche à partir de la gauche comme si elle était seule et l'on fait suivre cet énoncé du nom de la classe à laquelle la tranche appartient.*

11. CHIFFRES ROMAINS. Dans les inscriptions monumentales, notamment pour les millésimes, en typographie, pour les numéros d'ordre des volumes et des chapitres, ainsi que dans quelques autres circonstances, on fait usage de caractères numériques empruntés aux anciens Romains. Voici ces caractères avec leur valeur en chiffres arabes :

I	1
V	5
X	10
L	50
C	100
D	500
M	1000

A partir de l'unité, ces caractères représentent des groupes alternativement cinq fois et deux fois plus forts que celui qui précède immédiatement.

12. RÈGLES. Pour écrire les autres nombres dans les limites des applications, on suit les règles ci-après :

1° *Les caractères* I, X, C, M *peuvent être répétés jusqu'à trois fois de file, mais pas davantage, et leurs valeurs alors s'ajoutent. Les caractères* V, L, D, *ne peuvent se trouver qu'une seule fois dans un nombre.* Ainsi II signifie 2, III signifie 3, XX signifie 20, XXX signifie 30. Pareillement, on représente 200 par CC, 3000 par MMM.

2° *Si l'un des caractères* I, X, C, *est placé à gauche d'un autre de valeur plus grande, la valeur du premier se retranche de celle du second.* On place I devant V ou X ; on place X devant L ou C ; on place C devant D ou M. Ainsi IV signifie cinq diminués de un ou quatre, IX signifie dix diminués de un ou neuf, XL signifie cinquante diminués de dix ou quarante, XC signifie cent diminués de dix ou quatre-vingt-dix, CD signifie cinq cents diminués de cent ou quatre cents, CM signifie mille diminués de cent ou neuf cents.

Toutes les fois que l'écriture d'un nombre nécessiterait quatre fois la répétition du même caractère, on a recours à cet artifice qui consiste à faire précéder un caractère de valeur plus grande d'un autre de valeur moindre qui se retranche de la première.

Comme exemple, proposons-nous d'écrire en chiffres romains le nombre 479. Pour représenter 400, on ne peut employer quatre fois le signe C, d'après la première règle ; alors, d'après la seconde règle, on fait usage du signe D précédé du signe C, dont la valeur moindre se retranche de celle de D. De la sorte CD représente 400.

Pour 70, on emploie le caractère L suivi de deux fois le caractère X. L'ensemble LXX représente cinquante augmentés de deux fois dix, c'est-à-dire 70.

Enfin, pour 9 on écrit IX, représentant la valeur dix diminuée de un. Le nombre proposé s'écrit donc :

$$\text{CDLXXIX.}$$

Soit enfin le nombre 1987. — Pour représenter 1000 on a M. Quant à 900, ne pouvant faire usage de la notation DCCCC qui renfermerait quatre fois de file le même caractère, on a recours au caractère M que l'on fait précéder du caractère C pour diminuer de cent la valeur mille et obtenir neuf cents. CM est donc la représentation de 900. On obtient 80 en ajoutant à cinquante trois fois dix, c'est-à-dire en écrivant LXXX. Enfin 7 se représente par VII. Le nombre proposé devient donc :

$$\text{MCMLXXXVII.}$$

Questionnaire.

1. Quel est le but de la numération écrite ? — Comment appelle-t-on les caractères numériques ? — Pourquoi leur donne-t-on le nom de chiffres arabes ? — 2. Quelles sont les deux choses que tout chiffre exprime ? — Comment un chiffre représente-t-il l'ordre des unités auquel il appartient ? — Quelle est la place des unités simples, des dizaines, des centaines, des mille, des dizaines de mille, etc. ? — Qu'exprime un chiffre placé à la gauche d'un autre. — Qu'exprime-t-il s'il est placé à droite ? — Dans un nombre écrit en chiffres, où se trouve la classe des unités, des mille, des millions, des billions, etc. ? — 3. Que suffit-il de savoir pour être en mesure d'écrire un nombre quelconque ? — Démontrez que 427 représente bien quatre cent vingt-sept ? — 4. Qu'est-ce que la valeur absolue d'un chiffre ? — Qu'est-ce que sa valeur relative ? — 5. Quelle est la nécessité du zéro ? — Qu'appelle-t-on chiffres signi-

ficatifs? — 7. Donnez des exemples de l'emploi du zéro. — 8. Pour écrire un nombre quelconque, que faut-il d'abord reconnaître ? — Les classes étant reconnues, comment écrit-on un nombre quelconque ? — 8. Quelle est la règle à suivre pour écrire un nombre quelconque ? — 9. Comment lit-on un nombre de trois chiffres au plus ?. — Comment lit-on un nombre de plus de trois chiffres ? — 10. A partir d'où se fait la division du nombre en tranches de trois chiffres ? — La dernière tranche à gauche, combien comprend-elle de chiffres ? — Si le nombre a quatre tranches, que représentent la première à gauche, la seconde, la troisième, la quatrième ? — 11. Quels sont les chiffres romains ? — 12. Quelles sont les deux règles à suivre pour écrire un nombre en chiffres romains ?

Exercices sur la numération.

Exprimer en chiffres les nombres suivants :

4. Vingt-sept.	6. Cent quatre.
Dix-huit.	Six cent vingt.
Douze.	Huit cent trente-deux.
Quarante-trois.	Neuf cent soixante.
Cinquante.	Sept cent soixante-dix-huit.
5. Quatre-vingt-dix-sept.	7. Deux mille cinq.
Soixante-quinze.	Trois mille vingt-cinq.
Quatre-vingt-quatre.	Cinq mille quatre cents.
Soixante-dix-huit.	Six mille cinq cent douze.
Soixante-dix.	Dix mille six cent quarante-deux.

8. Cinquante mille huit cent seize.
Deux cent vingt-trois mille six cent quarante-cinq.
Douze mille neuf cent quatre.
Quatorze mille quarante-sept.
Cent vingt mille cent.

9. Un million cent mille quarante-huit.
Vingt-trois millions trois mille vingt.
Six billions neuf mille quatre.
Vingt-trois billions six millions cent vingt mille.
Dix billions vingt-six.

Lire, puis écrire en lettres les nombres suivants :

10.	17	11.	564	12.	1248	13.	140615
	23		325		6407		125007
	14		406		8008		40142
	35		690		6067		604200
	60		700		9840		367902

14.	1204608	15.	2408627900
	26400900		246124009
	524040		15004800
	7025972		12000800100
	80851		614070504008

Lire, puis écrire en chiffres arabes, les nombres suivants :

16.	XXIV	17.	LXXXVIII
	XXIX		CDLXXI
	XXXI		MDCCCIV
	XLVI		MCDXLIX
	XLIX		MDCVIII

Écrire en chiffres romains les nombres suivants :

18.	62	19.	1869
	89		1792
	47		1820
	114		1642
	409		2027

CHAPITRE IV

Addition.

1. LES QUATRE RÈGLES. Les opérations élémentaires de l'arithmétique sont au nombre de quatre : *l'addition*, la *soustraction*, la *multiplication* et la *division*. C'est ce qu'on appelle *les quatre règles*. L'addition ajoute, réunit en un tout ; la soustraction retranche,

cherche la différence ; la multiplication répète, la division partage.

Combien font tant et tant ? L'addition le dit. De tant il manque tant ; que reste-t-il ? La soustraction l'apprend. — Que devient telle quantité répétée tant de fois ? La multiplication l'enseigne. — Une valeur à partager également, combien revient à chaque partageant ? La division le fait connaître.

2. DÉFINITION DE L'ADDITION. *L'addition a pour but de réunir plusieurs nombres de la même espèce en un seul ayant même valeur que l'ensemble des autres. Le résultat s'appelle somme ou total.*

Les nombres à réunir en somme ou total doivent évidemment être de la même espèce, c'est-à-dire se rapporter à la même unité. Il est très-naturel de réunir en un tout des mètres avec des mètres, des moutons avec des moutons, des francs avec des francs ; mais il serait ridicule de se demander combien font ensemble trois moutons et cinq mètres. Ces quantités de nature différente ne peuvent s'associer en commun.

3. MARCHE DE L'OPÉRATION. Proposons-nous de faire la somme des nombres 1452, 603, 28, 2716. On voit sans difficulté qu'il suffit d'ajouter entre elles les unités de ces nombres, d'en faire autant pour les dizaines, autant pour les centaines, etc. Cela amène à écrire les nombres les uns au dessous des autres, de manière que les unités de tous ces nombres se trouvent sur la même rangée verticale, que les dizaines pareillement se trouvent sur la même rangée verticale, et ainsi pour les autres ordres d'unités. Cette disposition a pour effet de faciliter l'opération. Reste à savoir par quel ordre d'unités il convient de commencer l'addition.

par les unités simples, car si de l'addition de ces unités
il résulte des dizaines, on pourra en tenir compte lorsqu'on passera aux dizaines. De même, si de l'addition
des dizaines il résulte des centaines, on pourra en tenir compte lorsqu'on passera aux centaines. L'opération
doit donc marcher de proche en proche des ordres
inférieurs aux ordres supérieurs.

*Écrivons donc les nombres proposés les uns au des-
sous des autres de manière que les unités soient sur
une même rangée verticale, les dizaines pareillement, ainsi que les centaines, les mille, etc.*

4. PREMIER EXEMPLE. Les nombres étant disposés de
la sorte, on a :

$$
\begin{array}{r}
1452 \\
603 \\
28 \\
2716 \\
\hline
4799
\end{array}
$$

Commençant par les unités, on dit : 2 et 3 font 5, et
8 font 13, et 6 font 19. En 19, il y a 9 unités, que l'on
écrit sous la colonne des unités, et une dizaine, que
l'on retient pour l'ajouter avec les dizaines. Passant à
la colonne des dizaines, l'on dit : 1 de retenue et 5
font 6, et 2 font 8, et 1 font 9. On écrit les 9 dizaines
sous la colonne des dizaines, mais sans retenue, parce
que le résultat, formé d'un seul chiffre, ne contient pas
de centaine. A la colonne des centaines, l'on dit : 4 et
6 font 10, et 7 font 17. Ces 17 centaines contiennent
1 mille que l'on retient pour le porter à la colonne des
mille, et 7 centaines que l'on écrit sous la colonne des
centaines. Enfin pour la colonne des mille, on dit : 1 de
retenue et 1 font 2, et 2 font 4. On écrit 4 sous la colonne des mille. La somme est 4799.

5. SECOND EXEMPLE. Soit encore l'addition suivante :

$$
\begin{array}{r}
9613 \\
749 \\
8968 \\
79 \\
\hline
19409
\end{array}
$$

3 et 9 font 12, et 8 font 20, et 9 font 29. En 29, il y a 9 unités, que l'on écrit, et 2 dizaines, que l'on retient pour les porter à la colonne des dizaines. 2 de retenue et 1 font 3, et 4 font 7, et 6 font 13, et 7 font 20. Ces 20 dizaines font 2 centaines, que l'on retient pour la colonne suivante. Ces deux centaines retenues, il ne reste plus rien. On écrit donc 0 à la colonne des dizaines. 2 de retenue et 6 font 8, et 7 font 15, et 9 font 24. On écrit les 4 centaines, et l'on retient les 2 mille. 2 de retenue et 9 font 11, et 8 font 19. En 19 mille il y a 9 mille que l'on écrit à la colonne des mille, et 1 dizaine de mille que l'on écrit à son rang en avant des mille. La somme est de 19409.

Dans la pratique, toute explication étant laissée de côté, on opère comme il suit :

3 et 9 font 12, et 8 font 20, et 9 font 29. Je pose 9 et je retiens 2. 2 et 1 font 3, et 4 font 7, et 6 font 13, et 7 font 20. Je pose 0 et je retiens 2. 2 et 6 font 8, et 7 font 15, et 9 font 24. Je pose 4 et je retiens 2. 2 et 9 font 11, et 8 font 19.

6. RÈGLE. *Pour additionner plusieurs nombres, on les écrit les uns au dessous des autres de manière que les unités de même ordre soient sur la même colonne verticale. On trace un trait horizontal sous ces nombres pour les séparer du total, puis on fait,* *de proche en proche, d'abord l'addition des unités, ensuite des dizaines, ensuite des centaines, etc. Si la somme d'une colonne est exprimée par un seul chiffre, on l'écrit telle quelle sous cette colonne; si elle est exprimée par deux chiffres, on écrit le dernier seulement, et l'autre, exprimant des unités de l'ordre immédiatement supérieur, est reporté à la colonne suivante.*

Dans les fortes additions, il peut se faire que la somme d'une colonne soit exprimée par un nombre de plus de deux chiffres. Supposons que cette somme soit 247. Alors on écrit 7 sous la colonne correspondante, et l'on retient 24 pour l'ajouter à la colonne suivante.

7. PREUVE DE L'ADDITION. Pour vérifier le résultat d'une opération, pour s'assurer s'il est exact, on fait une seconde opération qu'on appelle *preuve*. La preuve ne peut nous rendre absolument certains de l'exactitude du résultat. On conçoit, en effet, que la nouvelle opération faite pour vérifier la première puisse être affectée d'erreurs qui, en se compensant, amènent un accord apparent. Si la preuve et l'opération première s'accordent, il est donc très-probable, mais non absolument certain, que le résultat est exact.

Pour faire la preuve de l'addition, on recommence en additionnant les colonnes de bas en haut. Ainsi, dans l'exemple qui précède, l'on dit : 9 et 8 font 17, et 9, font 26 et 3 font 29. Je pose 9 et je retiens 2. 2 et 7 font 9, et 6 font 15, et 4 font 19, et 1 font 20. Je pose 0 et je retiens 2, etc., etc. Le résultat obtenu de la sorte doit évidemment être égal au résultat obtenu la première fois.

Si l'addition est longue, on la partage en plusieurs additions. Le total des sommes partielles doit être égal au total de l'ensemble.

2

8. PREUVE PAR 9 DE L'ADDITION. L'addition est une opération pénible quand elle est longue. La preuve, qui n'est que cette même opération faite dans un autre ordre, est tout aussi pénible. La preuve par 9 est bien plus rapide.

Considérons le nombre 24159. Dans ce nombre négligeons le chiffre 9, et les chiffres dont les valeurs absolues ajoutées entre elles donnent 9. Tels sont 4 et 5. Ce triage fait, additionnons les autres chiffres considérés comme des unités simples. Nous aurons 2 et 1 font 3.

On arrive à ce résultat 3 sans triage préalable des 9 et des chiffres qui entre eux font 9. Additionnons en effet tous les chiffres considérés comme des unités simples. Nous aurons : 2 et 4 font 6, et 1 font 7, et 5 font 12, et 9 font 21. Le résultat composé de plusieurs chiffres est traité de la même manière, c'est-à-dire que ses chiffres sont additionnés comme des unités simples. Cela donne 2 plus 1 ou 3, résultat égal au premier.

Le triage préalable des 9 et des chiffres qui entre eux font 9 abrége mais sans modifier le résultat. Si donc ce triage est incomplet ou même nul, il n'y a pas lieu de s'en préoccuper : le résultat est le même.

On établira plus loin que le résultat auquel on arrive en traitant un nombre de cette manière est le reste que l'on obtiendrait en retranchant 9 de ce nombre autant de fois qu'il y est contenu. Pour nous en convaincre, considérons le nombre 25. Le nombre 9 y est contenu deux fois pour 18. Si de 25 on retranche 18, il reste 7. Or 7 est précisément la somme des chiffres du nombre : 2 et 5 font 7. Nous appellerons donc le résultat de ce traitement *reste par 9*.

Si l'addition des chiffres conduisait à 9, on négligerait ce chiffre comme toujours, et le reste serait 0.

Soit maintenant à faire la preuve de l'addition suivante :

9613	1
405	0
8968	5
726	6
19712	2

En négligeant, pour abréger, les 9 et les chiffres qui font 9 entre eux, en négligeant enfin les chiffres marqués d'un point, on a pour le premier nombre 1, que l'on écrit en face. Pour le second nombre, on a 0. Pour le troisième, on dit : 8 et 6 font 14 et 8 font 22. Le résultat ayant plus d'un chiffre, est traité de la même manière : 2 et 2 font 4. Enfin le quatrième donne 6.

Ces restes sont additionnés entre eux : 1 et 4 font 5, et 6 font 11. Le résultat composé de deux chiffres est soumis à une seconde addition : 1 et 1 font 2, que l'on écrit sous la colonne des restes.

Si l'addition est bien faite, la somme 19712 doit donner ce même résultat 2. Et en effet, en négligeant, pour abréger, le 9 et les chiffres qui entre eux font 9, on a : 1 et 1 font 2.

9. CALCUL MENTAL. On fait du calcul mental lorsqu'on cherche de tête le résultat d'une opération, sans écrire les nombres, sans recourir à la plume ou au crayon. Les opérations un peu compliquées sont très-difficiles à faire mentalement, mais il n'en est pas de même pour les opérations qui portent sur un petit nombre de chiffres, et ce serait donner une bien mauvaise idée de ses connaissances arithmétiques, si pour un calcul des plus simples, que fait sans hésitation une personne non instruite, on avait besoin de l'outillage

de l'écriture, encre, plume et papier. Il convient donc de s'y exercer. On arrive au résultat, non en suivant pas à pas les règles ordinaires de l'arithmétique, mais par des combinaisons que chacun varie à sa guise et qui sont inspirées par le bon sens. Les plus simples de ces combinaisons sont les meilleures. Nous allons en donner quelques exemples pour l'addition.

Combien font 24 et 17 ? — Au lieu de supposer les deux nombres écrits l'un sous l'autre et de les additionner de droite à gauche, comme on le ferait dans le calcul écrit, on dit mentalement : 20 et 10 font 30 ; 4 et 7 font 11. Additionnant ensuite les deux parties de la somme, on dit : 30 et 11 font 41. Tel est le résultat cherché.

Les nombres de deux chiffres ne comprenant que des dizaines, tels que 50 et 60, 20 et 70, sont faciles à additionner : il suffit de faire la somme des chiffres des dizaines et de faire suivre le total d'un zéro. On ramène souvent à l'addition de deux nombres pareils l'addition de deux nombres quelconques, en ayant soin de retoucher après le résultat, soit en plus, soit en moins, suivant l'altération qu'on a fait subir, pour simplifier, aux nombres proposés.

Quelle est la somme de 49 et de 58 ? — Pour simplifier, remplaçons 49 par 50, et 58 par 60. La somme de 50 et de 60 est 110. Mais ce nombre est trop fort de 3 unités, parce que 49 a été augmenté de 1 et 58 a été augmenté de 2. Il faut donc retrancher 3 de 110. Le résultat demandé est 107.

Combien font 73 et 68 ? — Remplaçons 73 par 70 et 68 par 70. La somme devient 140. Mais on a négligé 3 dans le premier nombre et l'on a ajouté 2 au second. 3 en moins et 2 en plus font 1 en moins. Il faut donc augmenter 140 de 1. La somme demandée est ainsi 141.

Questionnaire.

1. Quelles sont les quatre opérations élémentaires de l'arithmétique ? — 2. Qu'est-ce que l'addition ? — Pourquoi faut-il que les nombres à additionner se rapportent à la même unité ? — 3. Par quel ordre d'unités convient-il de commencer l'addition ? — 4. Si la somme d'une colonne donne 47, par exemple, que fait-on ? — Que signifie dans ce cas la retenue 4 ? — 5. Si la somme d'une colonne donne 70, par exemple, que fait-on ? — 6. Énoncez la règle de l'addition. — Si la somme d'une colonne est 145, par exemple, quelle est la retenue ? — Que serait cette retenue si la somme d'une colonne était 2483 ? — 7. Qu'appelle-t-on preuve d'une opération ? — S'il y a concordance entre la preuve et l'opération, est-il certain que cette dernière est exacte ? — Comment se fait la preuve de l'addition par une autre addition ? — 8. Qu'est-ce que le reste par 9 d'un nombre ? — Comment obtient-on ce reste par 9 ? — Comment se fait la preuve par 9 de l'addition ? — 9. Qu'est-ce que le calcul mental ? — Convient-il de s'y exercer ? — Dites quelques combinaisons propres à donner la somme de deux nombres par le calcul mental.

Exercices sur l'addition.

(Le signe de l'addition est +, qui se lit plus.)

Faire les additions suivantes :

20. 1243 + 511 + 28.
21. 501 + 46 + 12.
22. 1406 + 5212 + 124.
23. 6708 + 12041 + 204 + 27.
24. 14614 + 6028 + 4512 + 6150.
25. 204 + 57 + 48615 + 2667 + 18 + 514.
26. 2497 + 684 + 4519 + 712.
27. 762 + 819 + 6473 + 3512.
28. 724 + 658 + 141620 + 762614.
29. 9452 + 468 + 25600 + 748 + 87.
30. 624 + 540 + 176678 + 64267.
31. 1246 + 27698 + 94987 + 78219.

Appliquer à ces opérations la preuve par l'addition de bas en haut, puis la preuve par 9.

2.

Exercices de calcul mental.

32. Combien font 14 et 19   33. Combien font 97 et 61
                21 et 16   85 et 78
                34 et 18   67 et 59
                17 et 24   73 et 88
                19 et 28   59 et 99

34. Combien font 129 et 54
                248 et 19
                357 et 67
                189 et 19
                299 et 198.

Problèmes sur l'addition.

35. Dans une famille, le père gagne 150 francs par mois, le fils aîné 95ᶠ et le plus jeune 60ᶠ. Que gagnent-ils par mois entre tous les trois ?

36. Pour une toiture, on achète 2560 ardoises et l'on doit en outre faire servir 625 ardoises vieilles. Combien d'ardoises aura-t-on pour la toiture ?

37. Un pommier a fourni cette année 268 kilogrammes de pommes. L'année dernière la récolte était meilleure et dépassait de 160ᵏᵍ la récolte présente. Quel était le poids des pommes l'an dernier ?

38. Le compte du tailleur comprend 85 francs pour une redingote, 28ᶠ pour un pantalon, 15ᶠ pour un gilet. Que doit-on à son tailleur ?

39. Il s'est consommé dans une famille 35 kilogrammes de pain la première semaine du mois, 39 la seconde, 41 la troisième, 47 la quatrième, et 15 pour les deux jours restants. Quelle est la quantité de pain consommée dans ce mois ?

40. On verse à la caisse d'épargne 65 francs en janvier, 42ᶠ en février, 57ᶠ en mars, 63ᶠ en avril, 35ᶠ en mai. Quel est alors le total déposé ?

41. Une personne dépense en voyage 67 francs de Marseille à Lyon, 49ᶠ de Lyon à Mâcon, 58ᶠ de Mâcon à Paris. Quelle est la dépense pour tout le voyage ?

42. Pour la réparation d'une maison on a dépensé en

maçonnerie 417ᶠ, en menuiserie 261ᶠ, en peinture et ornementation 190ᶠ. Combien a-t-on dépensé en tout?

43. Un arbre planté en 1811 a 57 ans lorsqu'on l'arrache. En quelle année est-il arraché?

44. Une marchandise pèse 145 kilogrammes, son emballage en pèse 37. Que pèse le tout?

45. On a lu d'un livre 185 pages, et il en reste encore 167 à lire. Combien le livre contient-il de pages?

46. On a dans sa cave trois pièces de vin dont l'une contient 350 litres, l'autre 460ˡ, et la troisième 585ˡ. Quelle est la quantité de vin en cave?

47. On met au roulage quatre ballots pesant le premier 147 kilogrammes, le second 263, le troisième 351, le quatrième 189. Dire le poids de l'ensemble des ballots.

48. Une pièce d'étoffe coûte au fabricant 567 francs et lui fait gagner 59ᶠ à la vente. A quel prix est-elle vendue?

49. Trois vaches ont donné dans une année, la première 1735 litres de lait, la seconde 1668, la troisième 1825. Combien de lait ont fourni les trois vaches ensemble?

50. On a dépensé à la foire pour divers achats 253 francs, et il reste encore dans la bourse 182ᶠ. Quelle somme avait-on apportée.

51. Un ouvrage se compose de 4 volumes, qui ont respectivement 340 pages, 268, 384 et 252. Quel est le nombre de pages de l'ouvrage entier?

52. Un canal d'arrosage parcourt trois communes limitrophes. Sa longueur dans la première commune est de 23650 mètres, de 35760 dans la seconde, de 17980 dans la troisième. Calculer la longueur du canal pour l'ensemble des trois communes.

53. Un pépiniériste a fourni pour la plantation d'une campagne 180 pieds de cyprès, 98 de platane, 204 de peuplier, 59 d'acacia. Quel est le nombre total des plans fournis?

54. Un employé reçoit 625 francs pour son traitement des cinq premiers mois de l'année. Il lui reste encore à toucher 875ᶠ d'ici à la fin de l'année. Que gagne-t-il par an?

55. Outre son traitement, cet employé a une maison qui lui rapporte 350 francs, et une terre qui lui rapporte 280ᶠ par an. De quelle somme peut-il disposer chaque année?

56. On a fait carreler deux appartements dont l'un a

nécessité 648 carreaux de brique et l'autre 185 de plus. Trouver le total des carreaux employés.

57. Paul a dans sa bourse 21 francs de plus que Louis, qui dans la sienne a 19'. Combien ont-ils entre tous les deux ?

58. On reçoit trois caisses d'oranges. Il y a dans la première 315 oranges, dans la seconde il y en a 82 de plus que dans la première, et dans la troisième 74 de plus que dans la seconde. Quel est le nombre d'oranges reçues ?

59. Un épicier reçoit 520 kilogrammes de sucre, 312^{ks} de savon, 84 caisses de figues. Il a déjà en magasin 147^{ks} de sucre, 189^{ks} de savon et 17 caisses de figues. Quelles sont maintenant ses provisions pour ces trois denrées ?

60. Le mont Blanc, la plus haute montagne de l'Europe, a 4810 mètres d'élévation. La plus haute montagne du Globe, le Gaurisankar, se trouve vers le centre de l'Asie. Son élévation dépasse de 4030 mètres celle du mont Blanc. Quelle est la hauteur de la plus haute montagne du monde ?

61. La plus grande profondeur observée dans les mers paraît être de 15000 mètres. Aurait-on une altitude équivalente en supposant le mont Blanc sur le Gaurisankar ?

62. Une ville compte 35640 habitants. Une autre a 6700 habitants de plus. Enfin la population d'une troisième dépasse de 627 celles des deux premières réunies. Quel est l'ensemble de la population pour les trois villes ?

63. La Champagne comprend 4 départements, savoir : les Ardennes, population 327000 habitants ; la Marne, 391000 hab. ; l'Aube, 260000 hab. ; la Haute-Marne, 259000 hab. Quelle est la population de la Champagne ?

64. Les cinq grands cours d'eau de la France sont : le Rhin, qui a 300 lieues de longueur depuis sa source jusqu'à son embouchure ; le Rhône, longueur 200 lieues ; la Loire, longueur 250 lieues ; la Seine, longueur 175 lieues ; la Garonne, longueur 150 lieues. Quelle est la totalité du parcours pour les cinq fleuves ?

65. Une locomotive prête à marcher pèse 27000 kilogrammes. Le tender, ou voiture où se trouvent les provisions en eau et en combustible de la machine, porte 7000^{ks} d'eau, 1500^{ks} de charbon, et il pèse lui-même 10200^{ks}. A combien s'élève le poids total de la machine et de son tender ?

66. La Provence se compose du département des Bouches-du-Rhône qui comprend 27 cantons, 107 communes et compte 548000 habitants ; du département du Var, qui comprend 27 cantons, 144 communes et compte 309000 habitants ; du département des Basses-Alpes, qui comprend 30 cantons, 251 communes et compte 143000 habitants. Combien y a-t-il de cantons, combien de communes, combien d'habitants pour la Provence entière ?

67. Le total des naissances pour l'ensemble de la France a été de 948748 en 1848, de 995466 en 1849, de 962972 en 1850, de 979907 en 1851, de 965080 en 1852. Trouver la totalité des naissances pour les cinq années ?

68. Pour chacune des mêmes années la totalité des décès a été en France de 884158, 982008 776652, 817440, 810695. Quel est le total des décès pour l'ensemble des cinq années ?

CHAPITRE V

Soustraction.

1. DÉFINITION DE LA SOUSTRACTION. *La soustraction a pour but de retrancher un nombre plus petit d'un autre nombre de même espèce plus grand. Le résultat s'appelle reste ou différence.*

Comme pour l'addition, les deux nombres évidemment doivent être de la même espèce, car rechercher ce qui reste lorsque de 25 francs on retranche 12 heures ne peut avoir aucun sens. D'un nombre de francs, on ne peut retrancher qu'un nombre de francs ; d'un nombre d'heures, on ne peut retrancher qu'un nombre d'heures.

Si de la somme de deux nombres, on retranche l'un d'eux, le reste, c'est évident, est égal à l'autre nombre. On peut donc dire encore :

*La soustraction a pour but, quand on [connaît la]
somme de deux nombres et l'un d'eux, [de trouver]
l'autre nombre.*

**2. MARCHE DE L'OPÉRATION DANS LE CAS
SIMPLE.** L'opération de la soustraction, [conçue]
sans peine, doit consister à retrancher suce[ssivement]
les unités du second nombre des unités du [premier,]
dizaines du second nombre des dizaines [du premier,]
etc., etc. On est donc conduit à écrire les [deux nombres]
l'un au-dessous de l'autre, unités sous les [unités, di-]
zaines sous les dizaines, centaines sous les [centaines,]
comme il suit :

$$\begin{array}{r} 4978 \\ \underline{1765} \\ 3213 \end{array}$$

Commençant par la droite, l'on dit : 5 ôté[s de 8,]
reste 3, qu'on écrit à la colonne des unités [; passant]
aux ordres supérieurs, on fait de même : 6 ô[tés de 7,]
reste 1 ; 7 ôtés de 9, reste 2 ; et enfin 1 ôt[é de 4,]
reste 3.

3. REMARQUE. L'opération précédente [ne présente]
aucune difficulté, parce que chaque chiffre [du nombre]
inférieur a une valeur moindre que le chiffre [corres-]
pondant du nombre supérieur. Mais il a[rrive fré-]
quemment que le chiffre inférieur est plus [grand que le]
chiffre correspondant supérieur, et alors la [règle]
telle que nous venons de l'indiquer ne [s'applique plus.]
Comment, en effet, retrancher par exemple [8 de 5 ? Or,]
ce cas se présente ? On a recours alors à [un procédé]
basé sur la considération que voici :

*La différence entre deux quantités ne [change pas]
lorsqu'elles augmentent l'une et l'autre [d'une même]
quantité.*

N'est-il pas vrai, par exemple, que si deux cordes diffèrent d'un mètre en longueur, elles différeront encore d'un mètre après qu'on leur aura ajouté, à l'une ainsi qu'à l'autre, un bout de corde de même longueur? N'est-il pas vrai que, si deux personnes diffèrent de quatre travers de doigt pour la taille, elles différeront encore de quatre travers de doigt après avoir également grandi? C'est ce qu'exprime d'une manière générale la précédente proposition, que nous allons appliquer à la soustraction.

4. MARCHE DE LA SOUSTRACTION DANS LE CAS GÉNÉRAL. Du nombre 6483, on se propose de retrancher 4726. Écrivons les deux nombres unités sous unités, dizaines sous dizaines, centaines sous centaines, etc., le plus petit nombre étant sous le plus grand.

$$\begin{array}{r} 6483 \\ 4726 \\ \hline 1757 \end{array}$$

Commençons par la droite. Une difficulté immédiatement se présente : 6 ne peut être retranché de 3. Alors on augmente le chiffre 3 de 10 unités, ce qui fait 13, et l'on dit : 6 ôtés de 13, reste 7, que l'on écrit à la colonne des unités. Le nombre supérieur a été augmenté de 10 unités. Afin que la différence entre les deux nombres ne soit pas changée, il faut donc augmenter aussi le second nombre de 10 unités, ou, ce qui revient au même, de 1 dizaine. Ajoutée aux 2 dizaines qu'il y a déjà au nombre inférieur, cette dizaine, qui contre-balance les 10 unités ajoutées au premier nombre, donne 3 dizaines. On dit donc : 3 ôtés de 8, reste 5, que l'on écrit à la colonne des dizaines. La même difficulté revient quand on passe aux centaines :

7 ne peut se retrancher de 4. On augmente donc le nombre supérieur de 10 centaines, ce qui fait 14 centaines avec les 4 qu'il y a déjà, et l'on dit : 7 ôtés de 14, reste 7. Pour contre-balancer les 10 centaines ajoutées au premier nombre, on ajoute aussi 10 centaines au second, autrement dit 1 mille. Ce mille et les 4 qu'il y a déjà font 5, qui, ôtés de 6, donnent 1 pour reste. La différence est ainsi de 1757. Cette différence est bien celle que nous cherchons parce que les deux nombres ont été mentalement accrus le premier de 10 unités d'abord, puis de 10 centaines ; le second de 1 dizaine d'abord, puis de 1 mille, quantités de même valeur que les premières. Cet artifice de calcul n'a donc pas changé la différence cherchée.

Dans la pratique on dit : 6 ôtés de 13, reste 7. Je pose 7 et je retiens 1. (Cet 1 de retenue n'est autre que la dizaine qu'il faut ajouter au nombre inférieur pour contre-balancer les 10 unités ajoutées au nombre supérieur.) 1 de retenue et 2 font 3 ; 3 ôtés de 8, reste 5. 7 ôtés de 14, reste 7, et je retiens 1. (Cet 1 de retenue est le mille qu'il faut ajouter au nombre inférieur pour contre-balancer les 10 centaines ajoutées au nombre supérieur.) 1 de retenue et 4 font 5 ; 5 ôtés de 6, reste 1.

5. RÈGLE. *Pour retrancher un nombre d'un autre, on écrit le plus petit sous le plus grand, de manière que les unités de même ordre se correspondent. Commençant alors par les unités simples, on retranche successivement chaque chiffre inférieur du chiffre correspondant supérieur et l'on écrit le reste sous la colonne qui l'a fourni. Si le chiffre inférieur surpasse le chiffre supérieur, on ajoute 10 à ce dernier et l'on opère la soustraction sur le total. Mais alors, à la soustraction partielle suivante, on aug-*

mente d'une unité le chiffre du nombre inférieur. Si pour une colonne le reste est zéro, on écrit 0 sous cette colonne.

6. CAS PARTICULIER. Lorsque le plus grand nombre se compose de l'unité suivie simplement de zéros, on emploie la méthode suivante, plus rapide.

Proposons-nous de retrancher 5463 de 10000. On peut dédoubler 10000 en deux parties, savoir : 9990 et 10, dont la somme reproduit le nombre proposé. En d'autres termes, on peut regarder 10000 comme composé de 9 mille, de 9 centaines, de 9 dizaines et de 10 unités. Cette modification faite, il faut retrancher comme toujours les unités des unités, les dizaines des dizaines, les centaines des centaines, etc., c'est-à-dire qu'il faut *retrancher de 10 le chiffre des unités du plus petit nombre et retrancher de 9 chacun des autres chiffres.*

$$\begin{array}{r} 10000 \\ 5463 \\ \hline 4537 \end{array}$$

On dit alors : 3 ôtés de 10, reste 7 ; 6 ôtés de 9, reste 3 ; 4 ôtés de 9, reste 5 ; 5 ôtés de 9 reste 4.

Soit encore à soustraire 768 de 100000. Le nombre 100000 peut être considéré comme formé de 9 dizaines de mille, de 9 mille, de 9 centaines, de 9 dizaines et de 10 unités.

$$\begin{array}{r} 100000 \\ 768 \\ \hline 99232 \end{array}$$

On dit par conséquent : 8 ôtés de 10, reste 2 ; 6 ôtés de 9, reste 3 ; 7 ôtés de 9, reste 2. Cela fait, il y a en-

core les 9 mille et les 9 dizaines de ce
nombre; on les écrit à gauche du résultat.

La règle est donc celle-ci : *Quand le
nombre de la soustraction est formé de l'u-
plement suivie de zéros, on le regarde composé d'autant de 9 qu'il y a de zéros, moins
un zéro, que l'on remplace par 10.*

Cette marche se prête aisément au calcul à
mesure qu'on énonce le nombre à soustraire
de chercher ce qu'il faut ajouter à chaque
chiffres pour faire 9, et ce qu'il faut ajouter pour faire 10. Chaque résultat est un
reste.

7. PREUVES DE LA SOUSTRACTION. La
soustraction indique de combien le plus grand
surpasse le plus petit. Il est dès lors évident
sant la somme du *reste* et du *plus petit nom*
doit obtenir *le plus grand.* Ce qui fournit
mière preuve.

$$\begin{array}{ll} 17268 & \\ 8439 & \\ \hline 8829 & \textit{Reste.} \\ \hline 17268 & \textit{Preuve. Somme} \\ & \text{du plus} \end{array}$$

La somme du reste et du plus petit
égale au plus grand nombre, l'opération est
Au lieu de faire la somme, preuve de
tion, on peut faire la preuve par 9 de cette
qui fournit une preuve par 9 de la sous-
plus petit nombre et le reste traités comme
au sujet de l'addition doivent donner le
que le grand nombre.

$$17268 \quad 6$$
$$8439 \quad 6$$
$$\overline{8829 \quad 0}$$
$$\overline{6}$$

Le petit nombre fournit : 8 et 4 font 12, et 3 font 15. Ce dernier nombre fournit 1 et 5 font 6, que l'on place en face du petit nombre. Le reste donne : 8 et 8 font 16 et 2 font 18. 18 donne : 1 et 8 font 9 que l'on néglige. On écrit donc 0 en face du reste. La somme des deux résultats, 6 et 0, est 6. Le grand nombre, si l'opération est bonne, doit donner le même chiffre. En effet, en négligeant les chiffres qui entre eux font 9, on trouve 6.

8. USAGES DE LA SOUSTRACTION. Une soustraction est à faire lorsqu'on recherche de combien une quantité en surpasse une autre de même nature ; lorsqu'on se propose de retrancher une quantité d'une autre ; lorsque, connaissant la somme de deux nombres et l'un de ces nombres, on veut connaître l'autre nombre. Les questions suivantes, par exemple, se résolvent par une soustraction.

Une corde a 33 mètres de longueur, une autre a 19 mètres. De combien la première est-elle plus longue que la seconde ? — Il faut soustraire 19 de 33.

On avait 285 francs dans sa bourse. On a dépensé 167 francs. — Que reste-t-il ? — Il faut retrancher 167 francs de 285 francs.

Une charrette à un cheval pèse avec sa charge 1441 kilogrammes. La charrette seule pèse 500 kilogrammes. Quel est le poids de la charge seule ? — Il faut retrancher 500 kilogrammes de 1441. En effet 1441 représente la somme de la charge et de la charrette, c'est-à-dire la somme de deux nombres. On connaît l'un de ces nombres, le poids de la charrette. Pour avoir l'autre nombre, le poids de la charge seule, il faut, de la somme des deux nombres, retrancher le nombre connu.

9. *Calcul mental*. De 78 retrancher 19. — Pour simplifier, retranchons 20, il restera 58. Mais nous avons retranché 1 de trop. Le reste est trop faible d'une unité, et par conséquent doit être augmenté de 1. Le résultat est ainsi 59.

Retrancher 743 de 1000. — A mesure qu'on énonce le nombre 743, on voit que le complément de 7 pour faire 9 est 2, que le complément de 4 pour faire 9 est 5, et que le complément de 3 pour faire 10 est 7. Le reste est 257. (Voir le paragraphe 6 de ce chapitre.)

Questionnaire.

1. Quel est le but de la soustraction? — 2. Comment se fait la soustraction? — 3. Sur quel principe repose la marche de la soustraction lorsque le chiffre inférieur ne peut se retrancher du chiffre correspondant supérieur? — 4. Que représente la retenue dans la soustraction? — 5. Énoncez la règle générale de la soustraction. — 6. Si le plus grand nombre se compose de l'unité suivie simplement de zéros, comment se fait la soustraction? — 7. Comment se fait la preuve de la soustraction soit par l'addition, soit par 9? — 8. Quels sont les usages de la soustraction?

Exercices sur la soustraction.

(Le signe de la soustraction est — , qui se prononce moins.)

Faire les soustractions suivantes :

69.	4876 — 2623.		70.	12679 — 10524.
	2947 — 1827.			54684 — 43261.
	5684 — 3273.			87946 — 15632.
	6976 — 5164.			69527 — 54204.

71.	507 — 491.	73.	45072 — 36817.
	624 — 567.		16912 — 14864.
	821 — 740.		7010 — 6504.
	763 — 258.		8004 — 7807.
72.	4521 — 3964.	74.	13001 — 11980.
	5464 — 4314.		20402 — 19207.
	6007 — 4827.		50040 — 41008.
	8000 — 5841.		60007 — 58040.

[Appliquer à ces opérations la preuve par l'addition et la preuve par 9.]

Exercices de calcul mental.

75.   Retrancher   29 de   67
                        18 de   47
                        57 de   82
                        48 de   69
                        77 de   112

76.   Retrancher   27 de   100
                        358 de   1000
                        763 de   1000
                        5642 de   10000
                        7921 de   10000

Problèmes sur la soustraction.

77. Que faut-il retrancher de 742 pour obtenir 273 ?

78. Que faut-il ajouter à 127 pour obtenir 314 ?

79. Deux nombres font ensemble 548. L'un d'eux est 257. Quel est l'autre ?

80. De combien 649 dépasse-t-il 267 ?

81. L'Amérique a été découverte par Christophe Colomb en 1492. Depuis combien d'années cette partie du monde est-elle connue ?

82. Pour soutenir un fil télégraphique, on a planté le long de la voie 534 poteaux sur 867 que nécessite la ligne entière. Combien de poteaux faut-il encore planter ?

83. Sur les 365 jours de l'année, on compte 52 dimanches. A quel nombre s'élève l'ensemble des autres jours ?

84. Semées le 9 avril, des graines ont levé le 27 du même mois. Combien a duré la germination ?

85. On s'attendait à recevoir de divers débiteurs un total

de 276 francs, on n'a reçu que 143. De combien est-on au-dessous de ses prévisions ?

86. En trois mois, un bœuf mis à l'engrais parvient du poids de 413 kilogrammes au poids de 474^{kg}. Combien gagne-t-il en poids ?

87. La lune est pleine tous les 29 jours à peu près. Il s'est écoulé 17 jours depuis la dernière pleine lune. Combien faut-il encore attendre pour que la pleine lune revienne ?

88. Une diligence fait environ 50 lieues en vingt-quatre heures. Un train express des chemins de fer fait dans le même temps 288 lieues. De combien, en partant à la fois du même point et dans la même direction, un train express dépasserait-il une diligence en vingt-quatre heures ?

89. Une personne est née en 1823. Quel âge a-t-elle en 1868 ?

90. D'une pièce de 620 litres de vin, on a déjà vendu au détail 412^{l}. Combien de litres y a-t-il encore à vendre ?

91. Une maison achetée 24500 francs est revendue 28700. Que gagne-t-on sur la vente ?

92. On compte 55 lieues de Paris au Havre par la voie de terre, et 109 lieues par le cours de la Seine. De combien la voie par terre est-elle plus courte que la voie par eau ?

93. Les économies d'un ouvrier s'élèvent à 458 francs. Combien lui faut-il économiser encore pour avoir 940^{f} ?

94. Si j'obtiens d'un marchand un rabais de 65 francs sur un achat de 672^{f}, quelle somme dois-je lui payer ?

95. Du blé avarié, qui valait, avant, 265 francs, ne peut se vendre que 182^{f}. Quelle est la perte ?

96. 675 kilogrammes de noix en coques donnent 298^{kg} d'amandes épluchées. Quel est le poids des coques ?

97. On achète à deux une pièce de vin de 580 litres. La part de l'un est de 275 litres. Dire la part de l'autre.

98. 793 kilogrammes de bois vert se sont réduits par la dessiccation à 645^{kg} après un an de coupe. De combien est le déchet ?

99. Sur une somme de 542 francs qu'il doit, Paul donne un à-compte de 265^{f}. Que doit-il encore ?

100. Le poids brut d'un ballot de marchandises est de 163 kilogrammes. La tare est de 27^{kg}. Quel est le poids net ?

101. Un arbre est âgé d'autant d'années que l'on compte de couches de bois sur la tranche de son tronc. Dans un chêne abattu en 1869, on compte 256 couches. En quelle année a germé le gland qui l'a produit ?

102. Un travail commencé le 13 a été fini le 31 du même mois. Combien de jours a duré ce travail ?

103. Deux montres qui ont coûté l'une 180 francs, l'autre 265 f, sont revendues la première 164 f, la seconde 287 f. Sur l'ensemble y a-t-il perte ou gain et de combien ?

104. La population de Paris est de nos jours de 1825000 habitants. Sous Philippe le Bel, elle était de 125000 habitants. De combien s'est-elle accrue depuis ?

105. On revoit en 1862 une comète qui reparaît tous les 79 ans. Quelle est l'année de son apparition précédente ?

106. Le monument le plus élevé du monde est la grande pyramide d'Egypte, dont la hauteur est de 146 mètres. Si le Munster ou clocher de Strasbourg lui était superposé, le tout ferait 288 mètres. Dire la hauteur du clocher de Strasbourg.

107. Le mont Ventoux, dans le département de Vaucluse, est la plus haute montagne de l'intérieur de la France. Il a 1909 mètres d'altitude. Le Mont-Dor et le Cantal, en Auvergne, viennent après lui. Le premier mesure 1886^m de hauteur, le second 1857^m. De combien le mont Ventoux les dépasse-t-il l'un et l'autre ?

108. En 1864, la totalité des naissances pour la France a été de 1005880 et la totalité des décès de 860330. De combien la population s'est-elle augmentée cette année-là ?

Problèmes sur l'addition et la soustraction.

109. Si de l'année, qui contient 365 jours, on retranche 52 dimanches, 12 jours fériés et 41 jours de mauvais temps, que reste-t-il de journées de travail dans les champs ?

110. Dans une affaire commerciale, trois associés ont fait un bénéfice commun de 4560 francs. La part du premier doit être de 1585 f, celle du second de 1462 f. Quelle sera la part du troisième ?

111. Une personne doit à Jean 127 francs, à Paul 245, à Pierre 89 f. Elle remet au premier un à-compte de 55, au second un à-compte de 130 f, au troisième un à-compte de 47 f. Que doit-elle encore en tout à ces trois créanciers ?

112. Un domestique dont les gages sont de 340 francs par an, a reçu 89 f en avril, 112 f en juillet, 77 f en septembre. Que doit-il toucher encore pour le reste des gages de l'année ?

113. 100 kilogrammes d'une qualité de froment donnent 21^k de son, 100^k d'une seconde qualité en donnent 18. Que donneront en farine les 200^k mélangés ?

114. Jean doit à son charron 258 francs, mais il lui a fourni une pièce de vin de 110 f, de plus 28 f de pommes de

terre et 114ˡ de blé. Qui des deux doit à l'autre et combien?

115. On reçoit des oranges en trois caisses qui en contiennent respectivement 240, 285 et 262. Dans la première, il y en a 37 de gâtées et 49 dans la seconde. Combien y a-t-il en tout d'oranges saines et combien de gâtées ?

116. Un négociant a reçu dans la journée les sommes de 279 francs, 242ˡ et 85ᶜ. Il a payé les sommes de 342ᶜ et et 159ᶜ. Que doit-il y avoir en caisse à la fin de la journée, sachant qu'il y avait 2000ᶜ au début ?

117. L'année dernière, dix pommiers ont produit 4680 kilogrammes de pommes dont le rendement en cidre a été de 1961 litres. Cette année ci. la récolte de pommes a été de 3250ᵏᵍ qui ont fourni 480ˡ de cidre. 1º Quelle a été pour les deux années réunies la récolte de pommes, quel a été en tout le rendement en cidre ? 2º De combien la récolte de l'année passée l'emporte-t-elle sur celle de l'année présente soit en pommes, soit en cidre ?

118. On établit un chemin vicinal dont la longueur totale sera de 25640 mètres et qui doit être terminé en quatre ans. On a fait la première année 6327ᵐ de chemin, la seconde 5980 la troisième 6742. Que reste-t-il à faire la quatrième année ?

119. On a vendu au marché pour 350 francs de blé, 157ᶠ d'avoine, et un troupeau de moutons pour 288ᶠ. On a acheté un mulet qui coûte 315ᶠ et une charrette dont le prix est de 175ᶠ. On dépense, en outre, 32ᶠ pour divers achats. Quelle somme rapporte-t-on du marché ?

120. En quel mois sera-t-on, et quelle sera la date 87 jours après le 19 janvier, ce dernier jour compris ? Janvier a 31 jours, février 28 et mars 31.

CHAPITRE VI

Multiplication.

1. DÉFINITION. *La multiplication d'un nombre par un autre a pour but de répéter le premier nombre autant de fois qu'il y a d'unités dans le second.*

Le nombre qu'il faut répéter s'appelle *multiplicande*;

le nombre qui indique combien de fois il faut répéter le premier s'appelle *multiplicateur* ; le résultat de l'opération porte le nom de *produit*. Le multiplicande et le multiplicateur sont désignés l'un et l'autre par le nom de *facteurs*.

TABLE DE MULTIPLICATION.

1 fois 1 font 1			4 fois 1 font 4			7 fois 1 font 7		
1	2	2	4	2	8	7	2	14
1	3	3	4	3	12	7	3	21
1	4	4	4	4	16	7	4	28
1	5	5	4	5	20	7	5	35
1	6	6	4	6	24	7	6	42
1	7	7	4	7	28	7	7	49
1	8	8	4	8	32	7	8	56
1	9	9	4	9	36	7	9	63
2 fois 1 font 2			5 fois 1 font 5			8 fois 1 font 8		
2	2	4	5	2	10	8	2	16
2	3	6	5	3	15	8	3	24
2	4	8	5	4	20	8	4	32
2	5	10	5	5	25	8	5	40
2	6	12	5	6	30	8	6	48
2	7	14	5	7	35	8	7	56
2	8	16	5	8	40	8	8	64
2	9	18	5	9	45	8	9	72
3 fois 1 font 3			6 fois 1 font 6			9 fois 1 font 9		
3	2	6	6	2	12	9	2	18
3	3	9	6	3	18	9	3	27
3	4	12	6	4	24	9	4	36
3	5	15	6	5	30	9	5	45
3	6	18	6	6	36	9	6	54
3	7	21	6	7	42	9	7	63
3	8	24	6	8	48	9	8	72
3	9	27	6	9	54	9	9	81

3.

Ainsi multiplier 5 par 3, c'est répéter 5 3 fois, ce qui donne 15. Le multiplicande est 5, le multiplicateur est 3 et le produit est 15. Enfin 3 et 5 sont les deux facteurs du produit 15.

2. TABLE DE MULTIPLICATION. Pour multiplier un nombre par un autre, il est indispensable de savoir très-bien de mémoire les produits que donnent les nombres d'un seul chiffre, combinés deux à deux de toutes les manières. Il faut donc commencer par apprendre la table ci-dessus.

3. THÉORÈME. *Le produit ne change pas lorsqu'on change l'ordre des facteurs*, c'est-à-dire lorsque du multiplicande on fait le multiplicateur, et que du multiplicateur on fait le multiplicande.

Ainsi, lorsqu'on multiplie 6 par 4, le résultat est le même que lorsqu'on multiplie 4 par 6. Dans les deux cas, on obtient 24 pour résultat ou pour produit. Établissons ce fait fondamental.

Imaginons une plantation d'arbres disposés régulièrement comme l'indiquent les points de la figure ci-après.

A.

B

Pour savoir le nombre total des arbres de la plantation, on se place en A et l'on raisonne ainsi : La rangée d'arbres que l'on a en face comprend 6 arbres. Il y a 4 rangées pareilles. Le nombre total des arbres est donc de 6 répété 4 fois, ou de 6 multiplié par 4. — On se place en B. La rangée d'arbre que l'on a en face en comprend 4. Mais il y a 6 rangées pareilles. Le nombre total des arbres est donc de 4 multiplié par 6. De la sorte, suivant qu'on est placée en A ou en B, on est amené à multiplier 6 par 4, ou bien à multiplier 4 par 6. Il est évident que, dans les deux cas le dénombrement est bien fait et doit donner le même résultat. Par conséquent le produit de 6 par 4 est le même que le produit de 4 par 6.

4. CONSÉQUENCE. Il suit de là que lorsqu'on sait de mémoire le produit de 4 par 6, de 7 par 9, de 5 par 8, etc., on sait aussi le produit de 6 par 4, de 9 par 7, de 8 par 5, etc.; car, dans ces derniers cas, il y a un simple renversement de facteurs, ce qui n'a pas d'influence sur la valeur du produit. Il convient toutefois de s'habituer à dire immédiatement le produit de 9 par 7, de 8 par 5, enfin d'un chiffre plus fort par un chiffre plus faible, sans recourir au renversement des facteurs, ce qui est cause d'une certaine hésitation; il convient, en un mot, de savoir très-bien la table de multiplication telle qu'elle est donnée ci-dessus.

5. LA MULTIPLICATION EST UNE ADDITION ABRÉGÉE. On se propose de répéter 264 5 fois. Le moyen qui tout d'abord se présente à l'esprit est d'écrire 5 fois le nombre 264 au dessous de lui-même et de faire la somme des 5 nombres égaux.

$$
\begin{array}{r}
264 \\
264 \\
264 \\
264 \\
264 \\
\hline
1320
\end{array}
$$

4 et 4 font 8, et 4 font 12, et 4 font 16, et 4 font 20.

Je pose 0 et je retiens 2. 2 de retenue et 6 font 8, et 6 font 14, etc., etc. La somme est 1320. On obtient donc 1320 en répétant 264 5 fois.

On comprend combien cette marche serait pénible, si le multiplicateur était un nombre un peu fort, s'il fallait, par exemple, répéter 264 quelques centaines de fois. Pour abréger, on a recours à la multiplication, dont l'opération précédente nous fournira le point de départ. Remarquons, en effet, que, dans la somme effectuée plus haut, le chiffre 4 des unités est répété 5 fois, qu'ensuite le chiffre 6 des dizaines est répété 5 fois, et qu'enfin le chiffre 2 des centaines est répété 5 fois. Au moyen de la table de multiplication, ces répétitions successives peuvent être faites sans qu'il soit nécessaire d'écrire 5 fois 264 au dessous de lui-même.

6. MULTIPLICATION PAR UN NOMBRE D'UN SEUL CHIFFRE. Au dessous du multiplicande 264 écrivons le multiplicateur 5 et raisonnons ainsi :

$$\begin{array}{r} 264 \\ 5 \\ \hline 1320 \end{array}$$

5 fois 4 unités font 20 unités ou 2 dizaines et 0 unité. On pose 0 au rang des unités et l'on retient les 2 dizaines. 5 fois 6 dizaines font 30 dizaines, et 2 de retenue font 32 dizaines, c'est-à-dire 3 centaines et 2 dizaines. On écrit 2 dizaines au rang des dizaines et l'on retient les 3 centaines. 5 fois 2 centaines font 10 centaines, et 3 de retenue font 13 centaines, c'est-à-dire 3 centaines et 1 mille. On écrit les 3 centaines à leur rang et 1 mille en avant des centaines.

Dans la pratique on dit : 5 fois 4, 20 ; je pose 0 et je retiens 2. — 5 fois 6, 30 ; et 2 de retenue, 32. Je pose

2 et je retiens 3. — 5 fois 2, 10 ; et 3 de retenue, 13. Je pose 3 et j'avance 1.

7. RÈGLE. *Pour multiplier un nombre par un nombre d'un seul chiffre, on multiplie successivement les unités, les dizaines, les centaines, les mille, etc., du multiplicande par le multiplicateur, et à chaque résultat on ajoute la retenue provenant du résultat précédent. Le résultat des unités, après retenue des dizaines s'il y en a, est écrit à la colonne des unités ; le résultat des dizaines, après retenue des centaines s'il y en a, est écrit au rang des dizaines, etc.*

8. THÉORÈME. *Multiplier successivement un nombre par deux facteurs, c'est le multiplier par le produit de ces facteurs.* Ainsi, lorsqu'on multiplie une quantité d'abord par 3, et que le résultat obtenu est ensuite multiplié par 4. le produit auquel on arrive finalement est la première quantité répétée 12 fois (produit de 3 par 4) et non 7 fois (somme de 3 et de 4). Un exemple va nous le faire comprendre.

Pour quantité à répéter prenons la longueur AB.

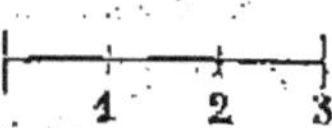

Si nous la répétons 3 fois, elle deviendra :

Si cette dernière longueur est à son tour répétée 4 fois, elle deviendra :

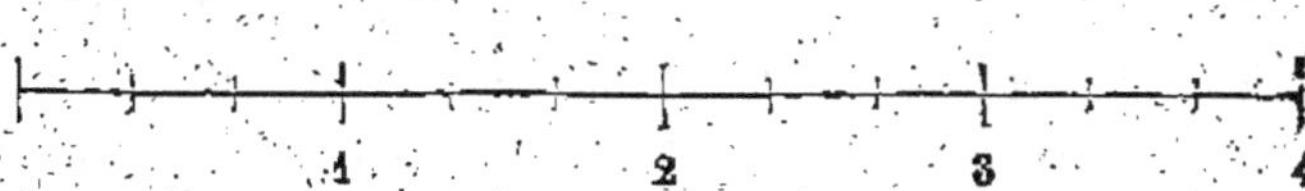

De manière que le résultat final contiendra 12 fois la longueur AB d'où l'on est parti, et non 7 fois. Or 12 est le produit des deux nombres 3 et 4 par lesquels on a successivement multiplié.

9. CONSÉQUENCE. Il résulte de là qu'on multiplie un nombre par 40 en le multipliant d'abord par 4 et ensuite par 10, car 4 fois 10 font 40. De même on multiplie un nombre par 600 en le multipliant d'abord par 6 et ensuite par 100, car 6 fois 100 font 600, etc., etc.

10. MULTIPLICATION D'UN NOMBRE PAR 10, PAR 100, PAR 1000, ETC. *On multiplie un nombre par 10 en écrivant un 0 à sa droite.* — Considérons en effet le nombre 364. Si l'on écrit un 0 à sa droite, il devient 3640. Comparons maintenant, chiffre par chiffre, les deux nombres

364 et 3640.

Dans le premier nombre, le chiffre 4 représente des unités; dans le second, il représente des dizaines, dont la valeur est 10 fois plus grande. Dans le premier nombre, le chiffre 6 représente des dizaines; dans le second, il représente des centaines, dont la valeur est 10 fois plus forte. Enfin le chiffre 3 représente des centaines dans le premier nombre, tandis que, dans le second, il représente des mille, dont la valeur est 10 fois plus grande. Ainsi, par la présence du 0 écrit à droite, chaque chiffre significatif a avancé d'un rang vers la gauche, et a, de la sorte, acquis une valeur 10 fois plus grande. Le nombre est donc 10 fois plus fort.

Pareillement, *on multiplie un nombre par 100, par 1000, par 10000, etc., en écrivant 2 zéros, 3 zéros, 4 zéros à sa droite*; car alors chaque chiffre significatif avance de 2 rangs, de 3 rangs, de 4 rangs vers la gauche, et acquiert ainsi une valeur 100 fois, 1000 fois, 10,000 fois plus grande.

11. MULTIPLICATION PAR UN NOMBRE DE PLUSIEURS CHIFFRES. Soit à multiplier 456 par 273. Pour répéter

un nombre 273 fois, il faut évidemment le répéter 3
fois, puis 70 fois, puis 200 fois et ajouter les trois résultats. Mais pour répéter un nombre 70 fois, il suffit,
nous venons de le voir, de le multiplier d'abord par 7
et ensuite par 10; ce qui se fait en écrivant un zéro à
la droite du produit. De même, pour répéter un
nombre 200 fois, il suffit de le multiplier par 2 et ensuite par 100, en écrivant 2 zéros à la droite du résultat. On est ainsi conduit à opérer trois multiplications
par un seul chiffre. Le résultat de la multiplication
par 3 reste tel que, le résultat de la multiplication
par 7 doit être suivi d'un zéro, enfin le résultat de la
multiplication par 2 doit être suivi de deux zéros.

$$\begin{array}{r} 456 \\ 273 \\ \hline \end{array}$$

$$\begin{aligned} 1368 \ &\text{ou} \quad 3 \text{ fois } 456 \\ 31920 \ &\text{ou} \quad 70 \text{ fois } 456 \\ 91200 \ &\text{ou} \ 200 \text{ fois } 456 \\ \hline 124488 \ &\text{ou} \ 273 \text{ fois } 456 \end{aligned}$$

Le produit de 456 par 3 est 1368 que l'on écrit tel
quel. Le produit de 456 par 7 est 3192 ; mais, comme
il faut encore multiplier par 10, on écrit un zéro à
droite et l'on a 31920. Le produit de 456 par 2 est
912 ; mais comme il faut encore multiplier par 100, on
écrit deux zéros à droite et l'on obtient 91200. Il ne
reste plus qu'à faire la somme de ces trois *produits
partiels.*

Il est visible que le zéro écrit à droite du produit
partiel par 7 n'a aucune influence sur la somme lorsqu'on additionne les trois produits partiels. Il sert
uniquement à faire occuper, aux chiffres significatifs
qui l'accompagnent, la place qui leur convient. De
même, les deux zéros écrits à la droite du produit par-

tiel par 2 font occuper, aux chiffres significatifs qui l'accompagnent, la position qui leur convient, mais ils sont par eux-mêmes sans influence sur la somme. On peut donc parfaitement les supprimer, les sous-entendre, à la condition expresse que les chiffres significatifs des divers produits partiels occupent les rangs voulus. C'est ce que l'on fait dans la pratique, conformément à l'exemple ci-après.

$$
\begin{array}{r}
456 \\
273 \\
\hline
1368 \\
3192 \\
912 \\
\hline
124488
\end{array}
$$

Le produit partiel par 7 est avancé d'un rang vers la gauche pour laisser la place du zéro sous-entendu et représenter ainsi le produit par 70. Le produit partiel par 2 est avancé de deux rangs vers la gauche pour laisser la place des deux zéros sous-entendus et représenter ainsi le produit par 200. Aussi le dernier produit partiel 912 ne doit pas être lu neuf cent douze, mais bien quatre-vingt-onze mille deux cents, comme s'il y avait réellement deux zéros à sa droite : 91200.

12. PAR QUEL CHIFFRE DU MULTIPLICATEUR IL CONVIENT DE COMMENCER. Dans l'exemple que nous venons de donner, le produit complet se compose de la somme de trois produits partiels, savoir : produit partiel des unités ou par 3, produit partiel des dizaines ou par 7, produit partiel des centaines ou par 2. Par lequel de ces produits convient-il de commencer l'opération. On peut commencer par l'un ou par l'autre indifféremment, à la condition que les chiffres de chacun d'eux occupent, dans les colonnes verticales, le rang qui leur

convient; ce qu'on obtient par des zéros écrits ou sous-entendus. Rien n'empêche par exemple de commencer par la gauche du multiplicateur ou par les centaines. L'opération est alors conduite comme il suit :

$$
\begin{array}{r}
456 \\
273 \\
\hline
912 \\
3192 \\
1368 \\
\hline
124488
\end{array}
$$

Dans ce cas, on le voit, tout revient à avancer d'un rang vers la droite chacun des produits partiels successifs, afin de laisser à la suite du produit partiel par 2 centaines les deux places que devraient occuper les deux zéros sous-entendus, etc.

Bien que cette manière d'opérer soit aussi naturelle que toute autre, l'usage cependant a prévalu de commencer par la gauche du multiplicateur.

13. RÈGLE. *Pour faire la multiplication de deux nombres de plusieurs chiffres, on écrit le multiplicateur au dessous du multiplicande et l'on tire un trait horizontal pour les séparer des produits partiels.*

On multiplie alors le multiplicande d'abord par le chiffre des unités du multiplicateur, puis par celui des dizaines, puis par celui des centaines, etc., en ayant soin de placer le premier chiffre de chaque produit partiel sur la colonne verticale du chiffre par lequel on multiplie.

Tous les produits partiels étant obtenus, on trace une ligne horizontale et l'on fait la somme de ces produits partiels. Cette somme est le produit cherché.

14. CAS OU IL SE TROUVE DES ZÉROS DANS LE CORPS DU MULTIPLICATEUR. Proposons-nous de multiplier 4526 par 3005.

$$\begin{array}{r} 4526 \\ 3005 \\ \hline 22630 \\ 13578 \\ \hline 13600630 \end{array}$$

Après avoir fait le produit partiel par les 5 unités, on passe immédiatement au produit partiel des mille ou par 3, sans tenir compte des deux zéros interposés, car ces deux zéros ne donnent évidemment aucun produit. On a soin, d'ailleurs, conformément à la règle énoncée ci-dessus, d'écrire le premier chiffre du produit partiel des mille au quatrième rang ou au rang des mille, enfin à la colonne verticale du chiffre 3 par lequel on multiplie. Les trois rangs laissés vides sont la place des trois zéros sous-entendus, zéros nécessaires pour exprimer le produit partiel des mille. On voit, en outre, qu'*une multiplication comprend autant de produits partiels qu'il y a de chiffres significatifs dans le multiplicateur.*

15. THÉORÈME. *Si l'un des facteurs est rendu 2, 3, 4 fois plus grand, le produit devient lui-même 2, 3, 4 fois plus grand.* Si, par exemple, on multiplie 25 par 6 d'une part et 25 par 18 d'autre part, comme 18 est égal à 3 fois 6, le second produit sera 3 fois plus grand que le premier. Et en effet, puisqu'on répète le multiplicande 25 un nombre de fois 3 fois plus grand, le résultat doit avoir une valeur 3 fois plus grande. Ainsi toutes les fois que le multiplicateur devient un certain nombre de fois plus fort, le produit devient ce même nombre de fois plus fort.

Pareille chose arrive au sujet du multiplicande. Supposons effectivement que le multiplicande devienne 4 fois plus grand, le multiplicateur restant le même. Alors on répète un même nombre de fois un nombre 4 fois plus fort. Nécessairement, le résultat est 4 fois plus fort.

Ainsi, quel que soit le facteur rendu un certain nombre de fois plus fort, le produit devient ce même nombre de fois plus grand.

16. THÉORÈME. *Si l'un des facteurs est rendu 4 fois plus grand, par exemple, et l'autre 5 fois plus grand, le produit est rendu 20 fois plus grand.* Si, en effet, le multiplicande est rendu 4 fois plus grand, par cela même, d'après ce qui précède, le produit devient 4 fois plus grand, ou se trouve multiplié par 4. — Si, d'autre part, le multiplicateur est en même temps rendu 5 fois plus grand, le produit, déjà rendu 4 fois plus grand à cause du multiplicande, devient en outre 5 fois plus grand, ou se trouve multiplié par 5 après avoir été déjà multiplié par 4. Mais nous avons déjà vu qu'une quantité successivement multipliée par 4 et par 5 est en définitive multipliée par 20. Le produit est donc rendu 20 fois plus fort.

(Remarquons bien que le produit est rendu plus fort un nombre de fois égal à 20 produit de 4 par 5, et non à 9 somme de 4 et de 5.)

17. THÉORÈME. *Un produit est rendu 2, 3, 4 fois plus petit, si l'un de ses facteurs est rendu 2, 3, 4 fois plus petit.* Car si le multiplicateur est rendu 4 fois plus petit, on répète le multiplicande un nombre de fois 4 fois moindre, et par conséquent le résultat est 4 fois moindre. — Si le multiplicande, au contraire, est rendu 4 fois moindre, le multiplicateur ne changeant

pas, on répète un même nombre de fois un nombre 4 fois moindre, ce qui doit nécessairement donner un résultat 4 fois plus petit.

Il suit de là que, *si un facteur est rendu 5 fois plus fort et l'autre 5 fois plus petit, le produit ne change pas de valeur ;* car, à cause du facteur rendu 5 fois plus fort, le produit est rendu 5 fois plus fort, mais, d'autre part, à cause du facteur rendu 5 fois moindre, le produit est rendu 5 fois moindre. Les deux modifications inverses se compensent et le produit ne change pas de valeur.

18. THÉORÈME. *Si l'un des facteurs est rendu 3 fois plus petit et l'autre 4 fois plus petit, le produit est rendu 12 fois plus petit.* Effectivement la modification apportée au premier facteur rend le produit 3 fois moindre. De plus, ce produit, déjà 3 fois moindre, est rendu 4 fois moindre par la modification apportée au second facteur. Il est donc en tout 12 fois moindre. (Remarquons encore que 12 est le produit de 3 par 4, et non la somme de 3 et de 4.)

19. THÉORÈME. *Un nombre terminé par des zéros est rendu 10 fois, 100 fois, 1000 fois, etc., plus petit, quand on supprime un zéro, deux zéros, trois zéros, etc., à sa droite.* Si par exemple au nombre 736000 on supprime deux zéros, le nombre devient 100 fois moindre.

Comparons en effet chiffre par chiffre le nombre primitif et le même nombre après la suppression de deux zéros.

$$736000 \qquad 7360$$

Dans le premier nombre, le chiffre 6 exprime des mille ; dans le second, il exprime des dizaines, dont la valeur est 100 fois moindre que celle des mille. — Dans le premier nombre, le chiffre 3 exprime des dizaines de mille ; dans le second, il exprime des centaines, dont la valeur est 100 fois moindre, etc. — Par la suppression de deux zéros, chaque chiffre significatif du premier nombre est donc descendu de deux rangs et représente ainsi une valeur 100 fois moindre. Le nombre lui-même est par conséquent 100 fois moindre.

20. MULTIPLICATION LORSQUE L'UN DES FACTEURS OU TOUS LES DEUX SONT TERMINÉS PAR DES ZÉROS. Les théorèmes précédents ont de nombreuses applications. En voici une. Soit à multiplier 37000 par 2500.

On opère la multiplication des deux nombres comme s'il n'y avait pas de zéros, et à la droite du produit obtenu on écrit autant de zéros qu'il y en a dans les deux facteurs réunis.

$$\begin{array}{r} 37 \\ 25 \\ \hline 185 \\ 74 \\ \hline 92500000 \end{array}$$

En supprimant les 3 zéros du multiplicande, on a rendu ce facteur 1000 fois plus petit, et par conséquent le produit est lui-même devenu 1000 fois moindre. En supprimant les 2 zéros du multiplicateur, on a rendu ce facteur, et par suite le produit, 100 fois moindre. Le produit rendu d'une part 1000 fois moindre et d'autre part 100 fois moindre se trouve 100 fois 1000, ou 100000 fois trop petit. Pour le ramener à la valeur qu'il doit avoir, il faut donc le rendre 100000 fois plus fort, ce qui se fait en écrivant 5 zéros à sa droite, c'est-à-dire autant qu'il y en a dans les deux facteurs à la fois.

Ainsi à la droite du produit 925 l'on écrit 5 zéros et l'on a 92500000 pour produit des deux nombres 37000 et 2500.

21. PREUVE DE LA MULTIPLICATION PAR UNE AUTRE MULTIPLICATION. Le produit ne change pas de valeur quand on intervertit l'ordre de ses facteurs. Si donc l'on prend pour multiplicande, le nombre qui a servi de multiplicateur dans une opération, et pour multiplicateur le nombre qui a servi de multiplicande, le nouveau produit doit être égal au premier si l'opération est bonne.

Opération.	Preuve.
614	342
342	614
1220	1368
2456	342
1842	2052
209988	209988

22. PREUVE PAR 9. La preuve par 9 s'opère comme il suit :

742	4
374	5
2968	2
5194	
2226	
277508	2

On traite le multiplicande comme il a été dit au sujet de la preuve par 9 de l'addition. Le résultat est écrit en face. On en fait autant pour le multiplicateur.

Les deux résultats obtenus sont *multipliés* l'un par l'autre. Le produit est 20. Ce nombre ayant plusieurs chiffres, on en fait la somme : 2 et 0 font 2, que l'on écrit. Si l'opération est bonne, le produit traité de la même manière doit donner 2. En effet, en négligeant les chiffres qui entre eux font 9, on a : 7 et 5 font 12, et 8 font 20. On recommence sur ce résultat de plusieurs chiffres : 2 et 0 font 2, que l'on écrit en face du produit. On arrive au même résultat, il est donc très-probable que l'opération est bonne.

23. USAGES DE LA MULTIPLICATION. Quelques exemples établiront dans quels cas il faut faire usage de la multiplication.

Une vigne comprend 43 rangées de souches. Chaque rangée se compose de 124 souches. Combien y a-t-il de souches dans la vigne ? Il faut répéter 124 souches autant de fois qu'il y a de rangées, il faut enfin multiplier 124 par 43.

Un tonneau contient 385 litres. Que contiendront 25 tonneaux pareils ? — Il faut répéter la contenance d'un tonneau, 385 litres, autant de fois qu'il y a de tonneaux; il faut multiplier 385 par 25.

Un mouton vaut 23 francs. Que vaut un troupeau de 142 moutons pareils ? — Il faut répéter le prix d'un mouton, 23 francs, autant de fois qu'il y a de moutons dans le troupeau, il faut multiplier 23 par 142.

Ce dernier problème conduit à une observation d'une certaine importance. Il est naturel de prendre pour multiplicande la quantité qu'il faut répéter, nombre de souches d'une rangée, contenance d'un tonneau, prix d'un mouton, et de prendre pour multiplicateur le nombre qui exprime combien de fois la quantité en question doit être répétée. Mais la commodité du calcul fait parfois renverser cet ordre. Ainsi, dans le troisième problème, l'ordre naturel serait de multiplier 23, prix d'un mouton, par 142, nombre de moutons. Mais comme le produit ne change pas lorsqu'on intervertit l'ordre des facteurs, on multiplie 142 par 23, ce qui est plus commode. D'une manière générale, *on prend pour multiplicateur le nombre le plus petit*, dans le but seul d'abréger.

Quand l'ordre naturel est suivi, le multiplicande est un nombre concret, 124 souches, 385 litres, etc.; et le multiplicateur est un nombre abstrait qui indique combien de fois ce nombre de souches, ce nombre de litres doit être répété. Le produit est alors de même nature que le multiplicande. Mais si cet ordre est interverti, il importe de ne pas perdre de vue la nature de la quantité que l'on répète pour savoir la nature du produit.

24. CALCUL MENTAL. Pour multiplier un nombre par 10, 100, 1000, etc., il suffit de supposer mentalement un zéro, ou deux, ou trois, etc., à la suite du nombre proposé.

Soit à multiplier maintenant 15 par 12. — On multiplie d'abord 15 par 10 en supposant un zéro à sa droite, ce qui donne 150. On multiplie ensuite 15 par 2. Le produit est 30. Additionnant 150 et 30, on trouve 180 pour le produit cherché.

Pour multiplier un nombre par 20, 30, 40, etc., on multiplie par 2, 3, 4, etc., etc., et l'on met un zéro à la droite du produit. On en mettrait deux pour le produit par 200, 300, 400, etc.; et ainsi de suite.

Soit à répéter 200 fois 17. — On multiplie 17 par 2. Le produit est 34. Avec deux zéros à la suite, ce nombre devient 3400, qui est le produit cherché.

Proposons-nous encore de multiplier 18 par 29. — Remplaçons le facteur 29 par le facteur 30, d'un emploi plus facile. 30 fois 18 font 540. On obtient ce nombre en répétant 18 3 fois et en mettant un zéro à la suite du résultat. Mais, dans 540, le multiplicande 18 est contenu une fois de trop, puisqu'on a remplacé le multiplicateur 29 par 30. On retranche donc 18 de 540 et le résultat 522 est le produit demandé.

Questionnaire.

1. Qu'est-ce que la multiplication ? — 2. Que donne la table de multiplication ? — 3. Démontrez que le renversement de l'ordre des facteurs ne change pas le produit ? — 4. Convient-il de savoir immédiatement le produit d'un chiffre plus fort par un chiffre plus faible ? — 5. Etablissez que la multiplication est une addition abrégée ? — 6. Comment se fait la multiplication par un nombre d'un seul chiffre ? — 7. Par quel chiffre du multiplicande faut-il nécessairement commencer ? — 8. Démontrez que multiplier successivement un nombre par deux facteurs, c'est le multiplier par le produit de ces facteurs ? — 9. Comment multiplie-t-on un nombre par 40, par 700 ? — 10. Comment multiplie-t-on un nombre par 10, 100, 1000, etc. ? — 11. Pourquoi avance-t-on chaque produit partiel d'un rang vers la gauche ? — 12. Par quel chiffre du multiplicateur convient-il de commencer ? — 13. Enoncez la règle générale de la multiplication ? — 14. Que fait-on quand il y a des zéros dans le corps du multiplicateur ? — 15. Qu'advient-il lorsque l'un des facteurs est rendu un certain nombre de fois plus grand ? — 16. Si l'un des facteurs devient 7 fois plus grand et l'autre 6 fois, que devient le produit ? — 17. Qu'advient-il si l'un des facteurs est rendu un certain nombre de fois plus petit ? — 18. Si l'un des facteurs est rendu 8 fois plus petit et l'autre 3 fois, que devient le produit ? — 19. Que devient un nombre terminé par des zéros lorsqu'on en supprime un, deux, trois, etc.? — 20. Comment se fait la multiplication quand l'un des facteurs ou tous les deux sont terminés par des zéros ? — 21. Comment se fait la preuve de la multiplication par une autre multiplication ? — 22. Comment se fait la preuve par 9 ? — 23. Dans quels cas faut-il faire usage de la multiplication ? — 24. En général, de quelle nature est le produit ?

4

Exercices sur la multiplication.

(Le signe de la multiplication est ✕, qui se prononce multiplié par.)

Faire les multiplications suivantes :

121.	345 ✕ 2	**124.** 1254 ✕ 87
	627 ✕ 3	4603 ✕ 92
	451 ✕ 4	3702 ✕ 85
	1248 ✕ 5	6479 ✕ 76
122.	1452 ✕ 6	**125.** 6424 ✕ 524
	2367 ✕ 7	7021 ✕ 672
	2514 ✕ 8	8009 ✕ 704
	3156 ✕ 9	7008 ✕ 609
123.	582 ✕ 24	**126.** 79000 ✕ 180
	671 ✕ 36	80300 ✕ 900
	894 ✕ 47	76400 ✕ 890
	976 ✕ 52	800401 ✕ 907

(Appliquer à ces opérations la preuve par la multiplication et la preuve par 9.)

Exercices de calcul mental.

127. Multiplier	17 par 10	**129.** Multiplier	12 par 19
	23 par 100		7 par 29
	19 par 1000		11 par 39
	145 par 10		28 par 49
	247 par 100		60 par 59
128. Multiplier	21 par 20	**130.** Multiplier	11 par 13
	32 par 30		14 par 15
	17 par 40		17 par 12
	16 par 50		13 par 14
	18 par 60		21 par 11

Problèmes sur la multiplication.

131. Répéter 27 fois le nombre 326.

132. Rendre 34 fois plus fort le nombre 142.

133. Trouver le produit de 86 par 97.

134. Que devient 263 multiplié par 38 ?

135. Quel est le produit des deux facteurs 92 et 85 ?

136. Un ouvrier gagne 4 francs par jour. Que gagne-t-il en 57 jours de travail ?

137. Un livre contient 362 pages, et chaque page contient 32 lignes. Quel est le nombre de lignes du livre ?

138. Combien y a-t-il d'heures dans l'année, se composant de 365 jours de 24 heures ?

139. Combien y a-t-il de minutes, combien y a-t-il de secondes dans les 24 heures dont le jour se compose (*l'heure vaut* 60 *minutes et la minute vaut* 60 *secondes*) ?

140. Combien y a-t-il de minutes dans l'année ?

141. Un train-omnibus de chemin de fer fait 8 lieues par heure. Quel trajet parcourt-il en 24 heures ?

142. Une locomotive à marchandises consomme en été 64 kilogrammes de houille pour le parcours d'une lieue. Quel est le poids du combustible dépensé pour le parcours de 85 lieues ?

143. En hiver, à cause du refroidissement de la chaudière, elle en consomme davantage : 72 kilogrammes pour le parcours d'une lieue. Quelle quantité de houille lui faudrait-il pour un trajet de 45 lieues ?

144. La toison d'un mouton pèse 3 kilogrammes. Que pèsera la laine provenant de 258 moutons ?

145. Il faut 1343 grains de blé meunier pour remplir la capacité d'un litre. Combien en faut-il pour remplir 584 litres.

146. Une fontaine fournit 87 litres d'eau par minute. Combien en fournit-elle en 24 heures ?

147. 9 litres de jus de betterave donnent 1 kilogramme de sucre. Combien de jus faut-il pour obtenir 207^k de sucre ?

148. Des arbres rangés sur une seule ligne sont plantés à 14 mètres l'un de l'autre. Il y en a 85. Quelle longueur occupent-ils ?

149. Que valent 254 kilogrammes de cocons à 7 francs le kilogramme ?

150. Il faut 28 litres de lait pour produire 1 kilogramme de beurre. Combien faut-il de lait pour en produire 18 kilogrammes ?

151. Que coûtent 12 douzaines de mouchoirs à 27 francs la douzaine ?

152. Une plantation de fraisiers contient 58 rangées de 164 pieds chacune. Combien y a-t-il de pieds de fraisier dans la plantation ?

153. Les nuages chassés par le vent le plus violent possible parcourent 50 mètres par seconde. Quelle distance parcourent-ils en 1 heure ?

154. Le son parcourt 340 mètres par seconde. A quelle distance est-on du lieu d'explosion de la foudre si le bruit du tonnerre arrive 13 secondes après l'éclair? (L'éclair se voit à l'instant même de l'explosion, le bruit n'arrive qu'après.)

155. Un maître maçon emploie 14 ouvriers qu'il paie 4 francs par jour. Quelle somme lui faut-il pour leur payer 12 journées de travail ?

156. La coupe d'un taillis a fourni 15 charretées de 252 fagots chacune. Que donneraient en fagots 7 coupes pareilles ?

157. Un travail a exigé 15 journées de 9 heures en employant 27 ouvriers. Combien un seul ouvrier mettrait-il d'heures pour le faire?

Problèmes sur l'addition, la soustraction et la multiplication.

158. Une fabrique occupe 85 ouvriers à 6 francs par jour, 42 ouvriers à 5ᶠ par jour, et 59 ouvriers à 4ᶠ par jour. Quelle est la somme nécessaire au paiement de ce personnel pour 15 jours de travail ?

159. Sur un envoi de pièces de porcelaine du prix de 14 francs l'une, 79 se trouvent détériorées et ne valent plus que 9ᶠ pièce. De combien est réduite la valeur de l'ensemble ?

160. On met au roulage 14 ballots de 105 kilogrammes chacun, 9 ballots de 85ᵏᵍ, enfin 17 ballots de 59ᵏᵍ. Quel est le poids de l'ensemble des ballots ?

161. Une propriété rapporte 850ᶠ, une autre 1260ᶠ par an. En 14 ans, combien la seconde rapporte-t-elle de plus que la première ?

162. Une bibliothèque comprend 48 rayons. Sur ce nombre, 29 contiennent 64 volumes chacun, 13 sont encore vides, et les autres contiennent 53 volumes chacun. Dire le nombre de volumes de la bibliothèque.

163. On doit répartir une somme entre 37 personnes, comme il suit : 9 doivent avoir 59 francs chacune ; 12 doivent avoir chacune 17ᶠ de moins, et les autres

13ᶠ de plus que les premières. Quelle est la somme à répartir ?

164. Un tailleur de pierres gagne 6 francs par jour. Sur les 365 jours de l'année, il faut défalquer 52 dimanches, 10 jours fériés et 17 jours de chômage. Que gagne-t-il par an ?

165. Pour un appartement, il faut 14 rouleaux de tapisserie à 2 francs l'un, et 4 rouleaux de bordure à 3ᶠ l'un. La pose du papier est payée 7ᶠ. Que dépensera-t-on pour faire tapisser 3 appartements pareils ?

166. Une maison rapporte 345 francs de loyer, une seconde 3 fois autant, une troisième le double des deux premières réunies. Que rapportent-elles ensemble ?

167. Quel intervalle en minutes y a-t-il du 14 avril inclusivement au 20 juillet inclusivement. (Avril a 30 jours, mai 31, juin 30.)

168. Sur un troupeau de 263 moutons achetés 19 francs l'un, 27 périssent et les autres sont revendus 22ᶠ. Y a-t-il perte ou gain, et de combien ?

169. La construction d'un mur de clôture coûte 3 francs le mètre courant. Combien dépensera-t-on pour entourer d'un mur un jardin dont les quatre côtés ont respectivement 63 mètres, 97ᵐ, 71ᵐ et 58ᵐ de longueur ?

170. Un tailleur avait fait provision de 8 *grosses* de boutons. Que lui reste-t-il après en avoir employé 762 ? (*La grosse vaut douze douzaines.*)

171. Sur 6 rames de papier qu'on avait achetées, on a employé 2 rames et 14 mains. Que reste-t-il encore de feuilles, sachant que la rame se compose de 20 mains, et que la main contient 25 feuilles ?

172. Dans une institution de 145 élèves, 74 paient 6 francs par mois, 63 paient 5ᶠ par mois, les autres sont gratuits. Quelle est la totalité des rétributions pour 10 mois ?

173. 85 brebis ont donné chacune : 1° 1 agneau de 12 francs ; 2° 4ᶠ de laine ; 3° un second agneau de 14ᶠ. Chaque brebis coûtait 25ᶠ et n'en vaut que 20 maintenant. Quel est le produit du troupeau ?

174. Une administration occupe 8 employés à 360 francs par trimestre chacun, et 5 employés à 270ᶠ par trimestre. En 6 ans, à combien s'élève le traitement de ce personnel ?

175. Le défoncement d'un sol à la charrue s'est fait en

4.

trois semaines. On a consacré à ce travail 6 jours de la première semaine, 4 de la seconde, 5 de la troisième. La première semaine, on employait 12 hommes à 3 francs la journée et 7 couples de bœufs à 4ᶠ la journée ; la seconde, 17 hommes et 6 couples de bœufs ; le troisième, 15 hommes et 5 couples de bœufs. Combien a coûté ce travail ?

CHAPITRE VII

Division

PAR UN NOMBRE D'UN SEUL CHIFFRE.

1. NOTIONS PRÉLIMINAIRES. Si l'on se proposait de répartir également 48 pommes entre 3 personnes, il faudrait de l'ensemble des 48 pommes faire 3 parts égales, et en donner une à chaque personne. L'opération arithmétique apte à dire la part de chaque personne s'appelle *division*, parce qu'elle divise, qu'elle partage. La quantité à partager, 48 pommes, se nomme *dividende* ; le nombre 3, désignant en combien de parts égales les 48 pommes doivent être divisées, s'appelle *diviseur* ; la part 16 de chaque personne s'appelle *quotient*.

Si le nombre des pommes était de 50, chacune des 3 personnes en aurait 16, ce qui ferait en tout 48 pommes ; et il en resterait 2 que l'on ne pourrait partager à moins de les couper au couteau. Ce nombre 2 s'appelle le *reste*.

Le nombre 48, pouvant être divisé en trois parties égales sans reste, est dit *divisible par 3*. Au contraire le nombre 50, qui, divisé par 3, laisse un reste, *n'est pas divisible par 3*.

En général : *Un nombre est divisible par un autre lorsque sa division par ce dernier donne un quotient sans reste ; il n'est pas divisible s'il y a un reste.*

Le reste évidemment est toujours moindre que le diviseur, car, s'il était égal au diviseur ou plus grand, il se prêterait au partage.

2. SIGNIFICATION DES TERMES LA MOITIÉ, LE TIERS, LE QUART, LE CINQUIÈME, etc. Si les pommes sont à partager entre 2 personnes, on dit que chaque personne a *la moitié* ou la deuxième partie de la totalité des pommes ; elle en a *le tiers* ou la troisième partie si le partage se fait entre 3 personnes ; elle en a *le quart*, ou la quatrième partie, si le partage se fait entre 4 personnes. Enfin elle a *le cinquième*, *le sixième*, *le septième*, etc., c'est-à-dire la cinquième partie, la sixième partie, la septième partie, etc., si le partage est fait entre 5, entre 6, entre 7 personnes. Ainsi prendre la moitié d'un nombre, c'est le diviser par 2 ; en prendre le tiers, le quart, le cinquième, etc., c'est le diviser par 3, par 4, par 5, etc.

3. REMARQUE. La division d'un nombre quelconque par un nombre d'un seul chiffre se ramène à prendre la moitié, le tiers, le quart, etc., d'un nombre pouvant avoir un seul chiffre ou deux au plus. Quelques exercices vont nous familiariser avec ce genre de recherches.

Quel est le quart de 12? Le quart de 12 répété 4 fois doit reproduire 12. Il faut donc chercher le nombre qui multiplié par 4 donne 12. La table de multiplication nous enseigne que 3 répété 4 fois donne 12. Le quart de 12 est donc 3.

Quel est le sixième de 48 ? Le sixième de 48 répété 6 fois doit reproduire 48. Il faut donc chercher le nombre qui multiplié par 6 donne 48. Ce nombre est 8, car 6 fois 8 font 48.

Quel est le cinquième de 30 ? D'après la table de multiplication, 6 répété 5 fois donne 30. Le cinquième de 30 est donc 6.

Pareillement le septième de 63 est 9, parce que 9 répété 7 fois donne 63 ; le huitième de 32 est 4, parce que 4 répété 8 fois donne 32.

Très-fréquemment la division est accompagnée d'un reste. Pour avoir, par exemple, le septième de 39, on consulte la table de multiplication ou mieux ses souvenirs, et l'on cherche le nombre qui répété 7 fois donne le produit le plus approché de 39 sans toutefois le dépasser. Ce nombre est 5, qui répété 7 fois donne 35. Le septième de 39 est donc 5, avec un reste 4 égal à la différence entre 35 et 39.

Soit encore à trouver le huitième de 55. En parcourant la table de multiplication, on voit que le produit par 8 le plus approché de 55 sans le dépasser est 48, qui se compose de 6 répété 8 fois. Le huitième de 55 est donc 6, avec un reste 7 égal à la différence entre 55 et 48.

4. DIVISION PAR UN NOMBRE D'UN SEUL CHIFFRE. Proposons-nous maintenant de diviser 648 par 2, ou, ce qui revient au même, d'en prendre la moitié. Cette moitié du nombre total doit évidemment comprendre la moitié des centaines, la moitié des dizaines et la moitié des unités. On opère donc comme il suit :

$$648$$
$$324$$

La moitié de 6 centaines est 3 centaines, que l'on écrit au rang des centaines et par conséquent sous le chiffre que l'on divise. La moitié de 4 dizaines est 2 dizaines, que l'on écrit au rang des dizaines. Enfin la moitié de 8 unités est 4 unités, que l'on écrit au rang des unités. La moitié du nombre proposé se compose donc de 3 centaines, de 2 dizaines et de 4 unités; c'est-à-dire que cette moitié est exprimée par le nombre 324.

Soit encore à prendre le tiers de 936, ou bien soit 936 à diviser par 3.

$$936$$
$$312$$

On dit : le tiers de 9, c'est 3. Le tiers de 3, c'est 1. Le tiers de 6, c'est 2. Le nombre 312 est le tiers de 936, parce qu'il comprend le tiers de ses centaines, le tiers de ses dizaines et le tiers de ses unités.

5. CAS OÙ LES DIVISIONS PARTIELLES FOURNISSENT DES RESTES. On se propose de diviser 912 par 4.

$$912$$
$$228$$

Le quart de 9 est 2, pour 8 ; et il reste 1. On écrit 2 au rang des centaines. Quant à la valeur 1 qui reste, remarquons que c'est une centaine qui vaut 10 dizaines. Ajoutons ces 10 dizaines à la dizaine qu'il y a dans le nombre proposé, et nous aurons en tout 11 dizaines. Le quart de 11 est 2, pour 8 ; et il reste 3. On écrit 2 au rang des dizaines. Le reste 3 est 3 dizaines, qui valent 30 unités. Ces 30 unités ajoutées aux 2 unités du nombre proposé font 32. Le quart de 32 est 8, que l'on écrit au rang des unités.

Soit à diviser 44156 par 7.

$$44156$$
$$6308$$

Le premier chiffre du nombre ne contenant pas 7, on en prend immédiatement deux, qui représentent 44 mille. Le septième de 44 est 6, pour 42 ; et il reste 2. On écrit 6 au rang des mille. Les 2 mille qui restent valent 20 centaines, qui ajoutées à la centaine du nombre proposé font 21 centaines. Le septième de 21 est 3 sans reste. On passe donc au chiffre suivant 5, sans rien lui ajouter. Le septième de 5 ne peut se prendre. On écrit 0 au rang des dizaines, et l'on réduit en unités les 5 dizaines. Ces 5 dizaines valent 50 unités, qui avec les 6 du nombre proposé font 56. Le septième de 56 est 8, que l'on écrit au rang des unités.

Divisons 43704 par 8. En abrégeant, l'on dit :

$$43704$$
$$5463$$

Le huitième de 43 est 5, pour 40. 40 ôtés de 43, il reste 3. Le huitième de 37 est 4, pour 32. 32 ôtés de 37, il reste 5. Le huitième de 50 est 6, pour 48. 48 ôtés de 50, il reste 2. Le huitième de 24 est 3.

Pour dernier exemple, proposons-nous de diviser 32868 par 6.

$$32868$$
$$5478$$

Le sixième de 32 est 5, pour 30. 30 ôtés de 32, il reste 2. Le sixième de 28 est 4, pour 24. 24 ôtés de 28, il reste 4. Le sixième de 46 est 7, pour 42. 42 ôtés de 46, il reste 4. Le sixième de 48 est 8.

6. CAS OU LE DIVIDENDE RENFERME DES ZÉROS. Soit à diviser 70002 par 6.

$$70002$$
$$11667$$

Le sixième de 7 est 1, pour 6. 6 ôtés de 7, il reste 1. Cet 1 de reste est une dizaine de mille. On la réduit en mille. Cela fait dix mille, sans rien en plus, puisque le nombre ne contient pas de mille. Le sixième de 10 est 1, pour 6 ; 6 ôtés de 10, il reste 4. Les 4 mille qui restent valent 40 centaines, auxquelles on n'ajoute rien puisque le nombre ne contient pas de centaines. Le sixième de 40 est 6, pour 36 ; 36 ôtés de 40, il reste 4. Les 4 centaines qui restent valent 40 dizaines. Le sième de 40 est 6, pour 36 ; 36 ôtés de 40, il reste 4. Les 4 dizaines qui restent valent 40 unités, qui, ajoutées aux 2 unités du nombre, font 42. Le sixième de 42 est 7.

7. PREUVE. Le quotient, avons-nous vu, exprime la *quote-part*, la *quotité* d'une somme, qui revient à chacun des partageants. Si l'on répète cette part, ce quotient, autant de fois qu'il y a de partageants, c'est-à-dire autant de fois qu'il y a d'unités dans le diviseur, on doit reproduire la somme à partager, ou le dividende. Par conséquent *le quotient multiplié par le diviseur reproduit le dividende*. On reconnaît donc que la division est bonne quand le produit du quotient par le diviseur est égal au dividende.

Opération.	Preuve.	
37394	5342	*quotient*
5342	7	*diviseur*
	37394	*produit égal au dividende.*

On a divisé 37394 par 7. Le quotient est 5342. Pour vérifier l'opération, on multiplie le quotient 5342 par le diviseur 7. Le produit est égal au dividende. L'opération est donc exacte.

8. CAS OU LA DIVISION DONNE UN RESTE. Très-fré-

quemment la division conduit à un reste. Soit par exemple à diviser 743 par 6, on dira :

$$743$$
$$123 \quad \text{reste } 5.$$

Le sixième de 7 est 1, pour 6; 6 ôtés de 7, il reste 1. Le sixième de 14 est 2, pour 12 ; 12 ôtés de 14, il reste 2. Le sixième de 23 est 3, pour 18; 18 ôtés de 23, il reste 5.

Pour faire la preuve quand il y a un reste, *on multiplie le quotient par le diviseur, et au produit on ajoute le reste. Le résultat doit être égal au dividende.*

Preuve.

123 *quotient*
6 *diviseur*
———
738
5 *reste*
———
743 *résultat égal au dividende.*

9. CALCUL MENTAL. La division mentale par un nombre d'un seul chiffre est conduite de la même manière que l'opération écrite. Veut-on, par exemple, diviser 152 par 4? On dit: le quart de 15 est 3, et il reste 3. Le quart de 32 est 8. Le résultat est 38. Toute la difficulté consiste à bien se représenter en imagination le nombre proposé, et à se rappeler les résultats fournis par chaque division partielle. Pour des nombres peu considérables, cette difficulté est bientôt vaincue.

Questionnaire.

1. Que se propose-t-on dans la division? — Qu'appelle-t-on dividende, diviseur, quotient, reste? — Dans quel cas un nombre est-il dit divisible ou non divisible par un

autre ? — 2. Qu'est-ce que prendre la moitié, le tiers, le quart, le cinquième, etc., d'un nombre ? — 3. Comment la table de multiplication fournit-elle la moitié, le tiers, le quart, le cinquième, etc., d'un nombre composé de deux chiffres au plus ? — 4. Comment prend-on la moitié, le tiers, le quart, etc. d'un nombre quelconque ? — 5. S'il y a un reste dans une division partielle, que fait-on ? — 6. Quelle marche faut-il suivre quand il se présente un zéro dans le dividende ? — 7. Si la division est sans reste, à quoi doit être égal le produit du quotient par le diviseur ? — Comment se fait la preuve de la division lorsqu'il n'y a pas de reste ? — 8. Comment se fait cette preuve lorsqu'il y a un reste ?

Exercices sur la division par un nombre d'un seul chiffre.

(Le signe de la division est un trait horizontal. — Au dessus, on place le dividende ; au dessous, le diviseur. Ainsi $\dfrac{48}{6}$ signifie 48 à diviser par 6.)

Faire les divisions suivantes :

176. $\dfrac{468}{2}$, $\dfrac{260}{2}$, $\dfrac{804}{2}$, $\dfrac{736}{2}$, $\dfrac{14704}{2}$, $\dfrac{31718}{2}$, $\dfrac{37592}{2}$.

177. $\dfrac{132}{3}$, $\dfrac{651}{3}$, $\dfrac{1092}{3}$, $\dfrac{2574}{3}$, $\dfrac{4005}{3}$, $\dfrac{1011}{3}$, $\dfrac{44412}{3}$.

178. $\dfrac{7924}{4}$, $\dfrac{10316}{4}$, $\dfrac{35708}{4}$, $\dfrac{10128}{4}$, $\dfrac{35136}{4}$, $\dfrac{17632}{4}$, $\dfrac{510112}{4}$.

179. $\dfrac{79430}{5}$, $\dfrac{1315}{5}$, $\dfrac{14025}{5}$, $\dfrac{94215}{5}$, $\dfrac{74340}{5}$, $\dfrac{32760}{5}$, $\dfrac{54145}{5}$.

180. $\dfrac{20412}{6}$, $\dfrac{5742}{6}$, $\dfrac{1110}{6}$, $\dfrac{91134}{6}$, $\dfrac{85212}{6}$, $\dfrac{70110}{6}$, $\dfrac{4314}{6}$.

181. $\dfrac{952}{7}$, $\dfrac{7294}{7}$, $\dfrac{15134}{7}$, $\dfrac{4263}{7}$, $\dfrac{2835}{7}$, $\dfrac{2254}{7}$, $\dfrac{3045}{7}$.

182. $\dfrac{23008}{8}$, $\dfrac{15024}{8}$, $\dfrac{61048}{8}$, $\dfrac{31968}{8}$, $\dfrac{205112}{8}$, $\dfrac{170120}{8}$, $\dfrac{215096}{8}$

183. $\dfrac{7524}{9}$, $\dfrac{80901}{9}$, $\dfrac{52704}{9}$, $\dfrac{61848}{9}$, $\dfrac{111060}{9}$, $\dfrac{2070}{9}$, $\dfrac{5004}{9}$

184. $\dfrac{731}{2}$, $\dfrac{8456}{4}$, $\dfrac{324}{7}$, $\dfrac{161}{3}$, $\dfrac{5041}{5}$, $\dfrac{4814}{7}$, $\dfrac{369}{8}$

185. $\dfrac{6204}{6}$, $\dfrac{961}{2}$, $\dfrac{546}{9}$, $\dfrac{4027}{6}$, $\dfrac{6140}{7}$, $\dfrac{3208}{8}$, $\dfrac{7162}{5}$.

Faire la preuve pour chaque opération.

186. $\dfrac{5281}{9}$, $\dfrac{4001}{9}$, $\dfrac{2571}{9}$, $\dfrac{23570}{9}$, $\dfrac{41064}{9}$, $\dfrac{1945}{9}$, $\dfrac{1862}{9}$

Vérifier sur les divisions du n° 186 que le reste est bien égal au résultat que l'on obtient en traitant le nombre comme il a été dit au sujet de la preuve par 9 de l'addition.

S'exercer à la division mentale pour les cas les plus simples parmi les exemples proposés.

CHAPITRE VIII

Division

PAR UN NOMBRE QUELCONQUE.

1. MARCHE DE L'OPÉRATION. Proposons-nous maintenant de partager 37,638 francs à parts égales entre 153 personnes. Le partage sera fait si l'on répartit également entre les 153 intéressés les dizaines de mille du nombre, les mille, les centaines, les dizaines et les unités. Par quel ordre de ces différentes espèces d'unités convient-il de commencer le partage ? Évidem-

ment par les unités de l'ordre le plus élevé, comme
lorsque le diviseur est un nombre d'un seul chiffre ;
on aura de la sorte l'avantage de pouvoir réduire les
restes des diverses divisions partielles en unités de
l'ordre immédiatement inférieur, afin de les soumettre
à un nouveau partage après les avoir réunies aux unités du même ordre que le dividende renferme.

Écrivons le dividende à gauche, le diviseur à droite,
séparons les deux nombres par un trait de haut en
bas, soulignons le diviseur d'un trait au dessous duquel
nous placerons le quotient et raisonnons ainsi :

$$
\begin{array}{r|l}
3\,7\,6.3.8 & 1\,5\,3 \\
3\,0\,6 & \overline{2\,4\,6} \\
\hline
7\,0\,3 & \\
6\,1\,2 & \\
\hline
9\,1\,8 & \\
9\,1\,8 & \\
\hline
0\,0\,0 &
\end{array}
$$

Il faut, disons-nous, répartir également entre 153
personnes les 3 dizaines de mille du nombre proposé, puis les 7 mille, puis les 6 centaines, puis les 3
dizaines et enfin les 8 unités. Mais les 3 dizaines de
mille ne se prêtent pas au partage parce qu'il n'y a pas
un nombre suffisant. On les réduit donc en unités de
l'ordre immédiatement inférieur, c'est-à-dire en mille.
Cela fait 30 mille, qui ajoutés aux 7 mille du second
chiffre, donnent 37 mille. Les 37 mille ne se prêtent
pas encore au partage, puisqu'il en faudrait au moins
153 pour que la répartition fût possible. On les réduit
donc en 370 centaines, qui réunies aux 6 centaines du
nombre, donnent 376 centaines. Maintenant le partage
peut se faire, il y aura des centaines pour chaque par-

tageant. Séparons par un point les 376 centaines du dividende : c'est sur elles que doit porter d'abord l'opération. De là résulte cette première règle :

On sépare sur la gauche du dividende autant de chiffres qu'il en faut pour contenir au moins une fois le diviseur.

Combien sur les 376 centaines à partager en revient-il à chacune des 153 personnes ; est-ce une seule, deux, trois, quatre ? On le détermine par quelques essais. Admettons qu'il en revienne 3 à chaque personne. Dans cette supposition, le nombre total des centaines distribuées serait égal à 3 répété autant de fois qu'il y a de partageants, c'est-à-dire serait égal à 3 multiplié par 153 ; en d'autres termes, le nombre de centaines distribuées vaudrait le produit du diviseur par le chiffre essayé 3. Ce produit est 459. Mais nous n'avons que 376 centaines à partager et non pas 459 ; la part 3 pour chaque personne est donc trop forte.

On reconnaît donc que le chiffre essayé est trop fort lorsque le produit du diviseur par ce chiffre ne peut se retrancher de la partie du dividende sur laquelle on opère.

Essayons 1 centaine par personne. Le nombre de centaines réparties serait alors de 153, moindre que 376, nombre de centaines dont on dispose réellement. Si l'on retranche 153 de 376, il reste 223 centaines, nombre assez grand pour se prêter encore au partage. La part 1 centaine par personne est alors trop faible, puisqu'il reste encore assez de centaines pour un nouveau partage.

Le chiffre essayé est donc trop faible lorsque son produit par le diviseur, étant retranché de la partie du dividende sur laquelle on opère, donne un reste plus grand que le diviseur.

Essayons enfin 2 centaines par personne. Les 2 centaines répétées 153 fois donnent 306. Dans ce cas, la totalité de la répartition ne dépasse pas le nombre 376 dont on dispose; de plus, si l'on retranche 306 de 376, on trouve 70, nombre plus faible que celui des partageants et par conséquent non susceptible tel qu'il est d'un nouveau partage. Le chiffre 2 est donc convenable.

Le chiffre essayé est bon quand le produit du diviseur par ce chiffre peut se retrancher de la partie du dividende sur laquelle on opère, et que le reste est moindre que le diviseur.

On retranche 306 de 376; il reste 70 centaines à répartir encore. A cet effet, on les réduit en dizaines. Les 700 dizaines qui en résultent, réunies aux 3 dizaines du dividende, donnent 703 dizaines à partager. Pour obtenir ce nombre 703, on voit qu'il suffit d'écrire à la droite du reste 70 le chiffre suivant du dividende, c'est-à-dire le chiffre 3 que l'on sépare par un point.

A la droite du reste, on abaisse le chiffre suivant du dividende, chiffre que l'on sépare par un point.

Pour trouver le nombre de dizaines revenant à chaque personne sur les 703 qu'il s'agit de partager, on fait quelques essais comme nous venons de le dire au sujet des centaines. Le chiffre 4 convient parce que son produit par 153 donne un nombre 612 moindre que 703, avec un reste 91 moindre que 153.

On écrit 612 sous 703 et l'on fait la soustraction. Le reste 91 représente 91 dizaines qu'il faut encore partager. Ces 91 dizaines valent 910 unités, qui réunies aux 8 unités du dividende donnent 918 unités. On obtient immédiatement ce nombre 918 en abaissant à la droite du reste 91 le chiffre 8 des unités du dividende.

Quelques essais apprennent combien il revient d'unités à chaque personne sur les 918 qu'il faut partager. Le chiffre 6 est bon, car, en le répétant 153 fois, ou bien en multipliant 153 par 6, on obtient précisément 918. Cela fait, il ne reste plus rien; le partage est donc terminé, et il revient à chaque personne 2 centaines, 4 dizaines et 6 unités, ou bien 246 francs.

2. RÈGLE. De ces développements on déduit la règle à suivre pour faire une division par un nombre de plusieurs chiffres.

On prend sur la gauche du dividende autant de chiffres qu'il en faut pour contenir le diviseur et on les sépare des autres par un point. Au moyen de quelques tâtonnements, on recherche par quel chiffre il faut multiplier le diviseur pour obtenir un produit contenu dans la partie séparée du dividende, avec un reste moindre que le diviseur. Le chiffre essayé est trop fort si la soustraction ne peut se faire, il est trop faible si le reste dépasse le diviseur.

On multiplie le diviseur par le chiffre trouvé et l'on écrit le produit sous la partie retranchée du dividende (306 sous 376 dans l'exemple proposé). On opère la soustraction, et à la suite du reste on abaisse le premier chiffre de la partie du dividende non encore employée. (A la suite du reste 70, on abaisse le chiffre 3 du dividende.)

On opère sur ce second dividende partiel comme sur le premier, c'est-à-dire que l'on recherche par quel chiffre il faut multiplier le diviseur pour obtenir un produit contenu dans ce dividende partiel, avec un reste moindre que le diviseur. Le chiffre essayé est trop fort si la soustraction ne peut se faire, il est trop faible si le reste dépasse le diviseur.

On multiplie le diviseur par le chiffre jugé conve-

nable et l'on écrit le produit sous le dividende partiel (612 sous 703). On opère la soustraction et à la suite du reste, on abaisse le chiffre suivant du dividende. (A la suite du reste 91, on abaisse le chiffre 8 du dividende.)

Ce troisième dividende partiel est traité de la même manière que les précédents, etc., etc.

En résumé, l'on voit qu'après avoir séparé sur la gauche du dividende autant de chiffres qu'il en faut pour contenir le diviseur, et déterminé le premier chiffre du quotient, on trouve les autres chiffres au moyen de nombres dont chacun se compose du reste précédent et du chiffre suivant du dividende abaissé à côté du reste.

3. DIVIDENDES PARTIELS. NOMBRE DE CHIFFRES DU QUOTIENT. Chacun des nombres servant à trouver l'un des chiffres du quotient s'appelle *dividende partiel*. Dans l'exemple proposé, les nombres 376, 703, 918 sont les dividendes partiels de l'opération. Chacun d'eux fournit un chiffre au quotient. La partie que l'on sépare à gauche du dividende donne le premier dividende partiel, et par conséquent le premier chiffre du quotient; chacun des autres chiffres du dividende, abaissé à son tour, donne, avec le reste précédent, un nouveau dividende partiel qui fournit un nouveau chiffre du quotient.

Donc, *pour avoir le nombre de chiffres du quotient, on sépare sur la gauche du dividende autant de chiffres qu'il en faut pour contenir le diviseur. On compte le nombre de chiffres qui restent. Ce nombre augmenté de 1 est égal au nombre de chiffres du quotient.*

Exemple : Combien y aura-t-il de chiffres au quotient si l'on divise 118991 par 463 ? — Pour contenir le diviseur il faut les quatre premiers chiffres du dividende. Cette partie constitue le premier dividende partiel. Chacun des deux autres chiffres abaissé à droite du reste précédent fournira son dividende partiel. Il y aura donc trois chiffres au quotient. En effectuant l'opération d'après la règle qu'on vient de donner, on trouve en effet :

$$
\begin{array}{r|l}
1189.9.1 & 463 \\
926 & \overline{257} \\
\hline
2639 & \\
2315 & \\
\hline
3241 & \\
3241 & \\
\hline
0000 &
\end{array}
$$

4. PRINCIPALES QUESTIONS QUI AMÈNENT A LA DIVISION. Pour répartir à parts égales une quantité entre un certain nombre de partageants, il faut diviser la quantité à partager ou le *dividende* par le nombre de partageants ou le *diviseur*. Une question inverse peut se présenter : on peut connaître : 1° la quantité à partager ; 2° la quote-part qui revient à chacun des intéressés, et se proposer de trouver le nombre des intéressés. On peut savoir, par exemple, que la somme partagée est de 48 francs, que la part de chaque personne ayant droit au partage est de 16 francs, et se demander quel est le nombre de personnes. Autant de fois la quote-part 16 sera contenue dans 48, autant il y aura de partageants. L'opération qui recherche combien de fois 16 est contenu dans 48 est encore une division : donc :

La division a pour but de trouver combien de fois un nombre appelé diviseur est contenu dans un autre appelé dividende.

Cette définition suppose que le dividende est plus grand que le diviseur, ce qui n'est pas toujours vrai. D'autre part, des questions essentiellement différentes peuvent conduire à la division, comme l'établissent les deux exemples que voici :

On partage 48 francs entre 3 personnes. Combien revient-il à chacune ? La division répond 16 francs.

On partage 48 francs entre un certain nombre de personnes. Il revient 16 francs à chacune. Combien y a-t-il de personnes ? La division répond 3 personnes.

Pour ces deux questions inverses, ce qui est diviseur dans la première devient quotient dans la seconde, et ce qui est quotient dans la première devient diviseur dans la seconde. Malgré ce renversement, une chose fondamentale reste la même, comme il suit. Si dans le premier cas on répète la quote-part 16 francs autant de fois qu'il y a de personnes, on doit retrouver 48 francs ou la somme partagée. Pareillement si dans le second cas on multiplie les 16 francs du diviseur par 3, nombre de personnes du quotient, on doit reproduire 48 francs. En d'autres termes, dans les deux cas, *le produit du quotient par le diviseur est égal au dividende*. Ainsi du produit 48, on connaît tantôt l'un des facteurs, 3, tantôt l'autre facteur, 16, et l'on se propose de trouver le facteur inconnu. En partant de ce point de vue, on généralise la définition de la division et on la rend applicable dans tous les cas, quelle que soit la nature de la question.

5. DÉFINITION GÉNÉRALE DE LA DIVISION. *La division a pour but, étant donnés un produit et l'un de ses facteurs, de trouver l'autre facteur. Le produit donné s'appelle* DIVIDENDE, *le facteur connu s'appelle* DIVISEUR, *le facteur cherché s'appelle* QUOTIENT.

6. CAS OU LE DIVISEUR N'EST PAS CONTENU DANS LE

5.

DIVIDENDE PARTIEL. Soit à diviser 2266524 par 754. D'après la règle du paragraphe 3, le quotient doit avoir quatre chiffres.

$$\begin{array}{r|l} 2266.5.2.4 & 754 \\ \underline{2262} & \overline{3006} \\ 4524 \\ \underline{4524} \\ 0000 \end{array}$$

Prenons sur la droite du dividende autant de chiffres qu'il en faut pour contenir le diviseur et séparons-les par un point. Cherchons par quel chiffre il faut multiplier 754 pour avoir un produit contenu dans 2266 avec un reste moindre que le diviseur. Ce chiffre est 3. Le produit 2262 du diviseur par le chiffre 3 du quotient est retranché de 2266. Le reste est 4. A la suite du 4, on abaisse le chiffre 5 du dividende. Le dividende partiel 45 centaines ne contient pas le diviseur. Il n'y a donc pas de centaines au quotient. On écrit 0 au quotient à la droite du 3, et l'on abaisse le chiffre suivant du dividende. Le nombre 452 dizaines ne contient pas le diviseur. Il n'y a donc pas de dizaines au quotient. On écrit 0 au quotient et l'on abaisse le chiffre 4 du dividende. Le dividende partiel 4524 fournit 6 au quotient. Le quotient est donc 3006.

Lorsqu'on arrive à un dividende partiel qui ne contient pas le diviseur, on écrit 0 au quotient et l'on abaisse le chiffre suivant du dividende.

Soit encore la division suivante :

$$\begin{array}{r|l} 480.0.0.0 & 64 \\ \underline{448} & \overline{7500} \\ 320 \\ \underline{320} \\ 000 \end{array}$$

Le quotient doit avoir 4 chiffres. Mais, après avoir obtenu les deux premiers chiffres 7 et 5, le reste est 0, et les chiffres du dividende que l'on devrait encore abaisser un à un sont des zéros. Les deux chiffres du quotient qui restent à trouver sont donc des 0. Par conséquent :

Lorsqu'on arrive à des dividendes partiels nuls, on écrit au quotient autant de zéros qu'il reste encore de chiffres à trouver.

7. MÉTHODE POUR ABRÉGER LES ESSAIS QUI DONNENT CHAQUE CHIFFRE DU QUOTIENT.

$$
\begin{array}{r|l}
2\,3\,6\,3\,.0.4 & 5\,4\,7 \\
2\,1\,8\,8 & \overline{4\cdot3\cdot2} \\ \hline
1\,7\,5\,0 & \\
1\,6\,4\,1 & \\ \hline
1\,0\,9\,4 & \\
1\,0\,9\,4 & \\ \hline
0\,0\,0\,0 &
\end{array}
$$

Chercher par quel chiffre il faut multiplier 547 pour obtenir un produit contenu dans 2363, c'est chercher combien de fois 2363 contient 547. Il faudrait donc se demander : en 2363 combien de fois 547 est-il contenu?

Pour abréger, on ne considère du diviseur que le premier chiffre, le chiffre 5 ; et dans le dividende partiel on laisse de côté deux chiffres, c'est-à-dire autant qu'on en laisse de côté dans le diviseur.

On dit alors : en 23 combien de fois 5 ? La réponse est 4. Ce chiffre 4 cependant peut être trop fort à cause des retenues provenant des dizaines et des unités négligées dans le diviseur. On l'essaye. Il est convenable si la soustraction peut se faire, et si le reste est moindre que le diviseur. C'est ce qui a eu lieu.

A la suite du reste 175, on abaisse le chiffre 0 du dividende, et, négligeant deux chiffres dans le dividende partiel et dans le diviseur, on dit : en 17 combien de fois 5? 3 fois. Le chiffre 3 convient si la soustraction peut se faire, et si le reste est moindre que le diviseur. C'est ce qui a lieu encore.

A la suite du reste 109, on abaisse le chiffre 4 du dividende, et, négligeant deux chiffres dans le dividende partiel ainsi formé et dans le diviseur, on dit : en 10 combien de fois 5? 2 fois. La soustraction se fait, le chiffre 2 est bon.

Par cette méthode, on n'a jamais un chiffre trop faible, mais on s'expose à avoir un chiffre trop fort.

$$\begin{array}{r|l} 5\ 1\ 8\ 7.0 & 7\ 9\ 8 \\ 4\ 7\ 8\ 8. & \overline{6\ 5} \\ \hline 3\ 9\ 9\ 0 \\ 3\ 9\ 9\ 0 \\ \hline 0\ 0\ 0\ 0 \end{array}$$

En 51, combien de fois 7? La réponse est 7. Pour reconnaître si ce chiffre n'est pas trop fort, on essaye mentalement la multiplication sur les deux premiers chiffres du diviseur et l'on dit : 7 fois 9 font 63, qui donnent 6 de retenue. 7 fois 7 font 49 et 6 de retenue font 55, nombre qui ne peut se soustraire de 51. Le chiffre 7 est donc trop fort. On essaye alors 6. 6 fois 9 font 54, qui donnent 5 de retenue. 6 fois 7 font 42, et 5 de retenue font 47, qui peut se soustraire de 51. Le chiffre 6 est bon. Et ainsi de suite.

8. RESTE DE LA DIVISION. Très-fréquemment, il arrive que le diviseur n'est pas contenu un nombre exact de fois dans le dividende. Il y a alors un reste, qui doit être moindre que le diviseur, car, s'il était plus

grand, le diviseur serait contenu au moins une fois de plus dans le dividende.

```
4 7.6.3 | 3 6
  3 6   | 1 3 2
-----
1 1 6
1 0 8
-----
    8 3
    7 2
  -----
    1 1  reste.
```

Après avoir trouvé les trois chiffres du quotient 132, on a un excédant 11, moindre que le diviseur. Cet excédant est le *reste* de la division.

9. DIVISION ABRÉGÉE. Pour abréger l'opération, on est dans l'usage de ne pas écrire les divers produits partiels du diviseur par chacun des chiffres du quotient, et de les soustraire des dividendes partiels correspondants à mesure que la multiplication les forme. C'est ainsi qu'il faut s'habituer à faire la division. Nous allons en donner un exemple.

```
3 6 7.4.2 | 2 7 8
  8 9 4   | 1 3 2
    6 0 2
      4 6
```

Le premier chiffre du quotient étant trouvé, il faut faire le produit du diviseur par ce chiffre, et soustraire ce produit du dividende partiel 367. Pour opérer la soustraction en même temps que la multiplication, on dit :

1 fois 8, c'est 8; 8 ôtés de 17, il reste 9 et je retiens 1. (Cet 1 de retenue a pour but de compenser les dix uni-

tés que l'on vient d'ajouter aux 7 unités afin de rendre la soustraction possible.) 1 fois 7, c'est 7, et 1 de retenue font 8. La retenue 1 que l'on ajoute ici est une dizaine et compense les 10 unités ajoutées au chiffre 7 du nombre 367. De cette manière, la différence ne change pas. 8 ôtés de 16, il reste 8, et je retiens 1. (Ici encore le chiffre 6 est augmenté de 10 pour rendre la soustraction possible ; il faut donc, afin que la différence ne change pas, augmenter le second nombre d'une unité de l'ordre immédiatement supérieur. Tel est le but de cette retenue 1). 1 fois 2, c'est 2, et 1 de retenue font 3. 3 ôtés de 3, il reste 0, que l'on n'écrit pas.

Pour cette partie de l'opération, il a suffi d'augmenter de 10 les chiffres 7 et 6 du dividende, ce qui par deux fois a donné naissance à la retenue 1. Mais il faut souvent augmenter de 20, de 30, de 40, de 50, etc., le chiffre du dividende, afin que la soustraction soit possible. Alors on retient 2, 3, 4, 5, etc., c'est-à-dire que l'on augmente le nombre à soustraire, non écrit, de 2, de 3, de 4, de 5, etc., unités de l'ordre immédiatement supérieur, afin de compenser l'altération qu'a subie le premier nombre.

C'est ainsi que le second chiffre du quotient donne lieu à la marche suivante :

3 fois 8 font 24. 24 ôtés de 24, il reste 0, et je retiens 2. 3 fois 7 font 21, et 2 de retenue font 23. 23 ôtés de 29, il reste 6, et je retiens 2. 3 fois 2 font 6, et 2 de retenue font 8. 8 ôtés de 8, il reste 0.

Pour le troisième chiffre du quotient, on a : 2 fois 8 font 16. 16 ôtés de 22, il reste 6, et je retiens 2. 2 fois 7 font 14, et 2 de retenue font 16. 16 ôtés de 20, il reste 4, et je retiens 2. 2 fois 2 font 4, et 2 de retenue font 6. 6 ôtés de 6, il reste 0.

Soit enfin la division suivante à opérer par la méthode abrégée.

$$\begin{array}{c|c} 7\ 6\ 4.3 & 8\ 9 \\ 5\ 2\ 3 & 8\ 5 \\ 7\ 8 & \end{array}$$

8 fois 9 font 72. 72 ôtés de 74, il reste 2 et je retiens 7. 8 fois 8 font 64, et 7 de retenue font 71. 71 ôtés de 76, il reste 5.

5 fois 9 font 45. 45 ôtés de 53, il reste 8 et je retiens 5. 5 fois 8 font 40, et 5 de retenue font 45. 45 ôtés de 52, il reste 7.

10. THÉORÈME. *Le quotient ne change pas de valeur quand on multiplie ou que l'on divise à la fois le dividende et le diviseur par le même nombre.*

Si le dividende est rendu 4 fois plus grand, par exemple, le quotient devient 4 fois plus grand, parce que la quantité à partager est 4 fois plus forte. Mais si d'autre part le diviseur devient 4 fois plus grand, le quotient est rendu 4 fois plus petit, parce que le nombre des partageants est 4 fois plus fort. Alors, si l'on multiplie à la fois le dividende et le diviseur par 4, le quotient est rendu d'une part 4 fois plus grand, et de l'autre 4 fois plus petit, ce qui n'altère pas sa valeur primitive.

Pareillement, si le dividende est rendu 4 fois plus petit, le quotient devient 4 fois moindre, parce que la quantité à partager est 4 fois moindre. Mais si en même temps le diviseur est rendu 4 fois plus petit, le quotient devient 4 fois plus fort, parce que le nombre des partageants est 4 fois moindre. Ces deux altérations inverses se compensent et le quotient conserve sa valeur première.

Parmi les nombreuses et importantes applications de ce principe, nous citerons ici la suivante.

11. DIVISION DANS LE CAS OU LE DIVIDENDE ET LE DIVISEUR SONT TERMINÉS PAR DES ZÉROS. Soit à diviser 48000 par 200. On supprime 2 zéros au diviseur, et un pareil nombre de zéros au dividende. On rend ainsi le dividende et le diviseur 100 fois plus petits l'un et l'autre, ce qui ne change pas la valeur du quotient. Il suffit donc de diviser 480 par 2, et le quotient 240 est précisément le quotient de 48000 par 200. Donc, *quand le dividende et le diviseur sont terminés par des zéros, on en supprime dans l'un et l'autre nombre autant qu'il y en a dans celui qui en contient le moins, et l'on opère sur les deux nombres simplifiés. Le quotient obtenu est le quotient même des nombres proposés.*

12. PREUVE PAR LA MULTIPLICATION. *S'il n'y a pas de reste, le diviseur multiplié par le quotient doit reproduire le dividende.*

S'il y a un reste, on l'ajoute au produit du diviseur par le quotient, et le résultat doit reproduire le dividende.

Voici un exemple de cette preuve dans le cas où il y a un reste.

<table>
<tr><td>Opération.</td><td>Preuve.</td></tr>
<tr><td>478.3|1 5 4
1 6 3|3 1
  9|</td><td>154 diviseur.
31 quotient.
154
462
4774
9 reste.
4783 dividende.</td></tr>
</table>

13. PREUVE PAR 9. Examinons d'abord le cas où il n'y a pas de reste :

$$
\begin{array}{ll}
994.2.8\ \overset{\centerdot}{7}4\overset{\centerdot}{2} & \quad 4 \\
2522\ \overline{134} & \quad 8 \\
\ \ 2968 & \quad \overline{} \\
\ \ 0000 & \quad 5
\end{array}
$$

On traite le diviseur, comme il a été dit, pour obtenir le reste par 9. Le résultat 4 est écrit en face du diviseur. On en fait autant pour le quotient. Le résultat 8 est écrit en face. On *multiplie* les deux résultats l'un par l'autre : 4 fois 8 font 32. 3 et 2 font 5, que l'on écrit sous les deux premiers résultats. Si l'opération est bonne, le dividende doit donner 5. En effet, en ne tenant pas compte des 9, on a 4 et 2 font 6, et 8 font 14 ; 1 et 4 font 5.

En somme, on applique ici la preuve par 9 de la multiplication. Le diviseur et le quotient sont les deux facteurs, le dividende est le produit.

S'il y a un reste, on opère comme il suit :

$$
\begin{array}{ll}
76\overset{\centerdot}{4}\overset{\centerdot}{3}\,|\,8\overset{\centerdot}{9} & \quad 8 \\
523\,|\,\overline{85} & \quad 4 \\
\ \ 78\,| & \quad \overline{5} \\
& \quad 6 \\
& \quad \overline{2}
\end{array}
$$

Le diviseur fournit 8. Le quotient donne : 8 et 5 font 13 ; 1 et 3 font 4. On *multiplie* 8 par 4 : 4 fois 8 font 32 ; 3 et 2 font 5, que l'on écrit sous les deux nombres précédents. Le reste de la division, 78, est traité de la même manière. 7 et 8 font 15 ; 1 et 5 font 6, que l'on écrit sous le 5. On *ajoute* les deux résultats : 5 et 6 font 11 ; 1 et 1 font 2, que l'on écrit au dessous. Si la division est bonne, le dividende doit conduire au chiffre 2. En effet : 7 et 4 font 11, 1 et 1 font 2.

14. USAGES DE LA DIVISION. 1° *La division sert à répartir à parts égales une quantité entre un certain nombre de partageants.* Exemples : 6 personnes ont à se partager 360 francs. Que revient-il à chacune ? Il faut diviser 360 francs par 6. — 17 mètres d'étoffe coûtent 85 francs. Que coûte 1 mètre ? Il faut répartir également les 85 francs entre les 17 mètres, il faut diviser 85 par 17.

Dans ces deux exemples, le dividende et le diviseur sont de nature différente. Ils représentent des francs et des personnes dans le premier cas, des francs et des mètres dans le second. Dans les deux cas, le quotient représente des francs, comme le dividende. Donc, en général, quand le dividende et le diviseur sont de nature différente, le quotient est de la nature du dividende.

2° *La division sert à trouver combien de fois une quantité est contenue dans une autre de même espèce.* Exemple : 1 litre d'huile coûte 3 francs. Combien aura-t-on de litres d'huile pour 72 francs ? — Autant de fois 3 francs est contenu dans 72 francs, autant de litres on aura. Il faut diviser 72 par 3. — Dans ce cas, le dividende et le diviseur sont de même espèce, ils représentent l'un et l'autre des francs; mais le quotient est de nature différente, il représente des litres. Il faut donc, quand on fait une division, ne pas perdre de vue la nature de la quantité que l'on recherche, car la nature du dividende ne nous renseigne pas toujours à ce sujet.

3° *D'une manière générale, la division sert, lorsqu'on connaît un produit et l'un de ses facteurs, à trouver l'autre facteur.* Exemple : A 4 francs par journée, une personne a gagné 72 francs. Combien a-t-elle fait de journées ? — Si l'on connaissait le nombre de journées, en multipliant ce nombre par 4, prix d'une journée, on devrait obtenir 72 francs. 72 est donc le produit d'un facteur connu 4 et d'un facteur inconnu, qui est le nombre de journées. Pour avoir ce nombre de journées, il faut diviser le produit 72 par le facteur connu 4.

Questionnaire.

1. Combien de chiffres faut-il séparer sur la gauche du dividende ? — Comment reconnaît-on que le chiffre essayé au quotient est trop fort, trop faible, convenable ? — Que faut-il faire après avoir trouvé un chiffre du quotient ? — 2. Énoncez la règle à suivre pour faire une division. — 3. Qu'appelle-t-on dividendes partiels ? — Comment reconnaît-on le nombre de chiffres que doit avoir le quotient ? — 4-5. Donnez les diverses définitions de la division. — 6. Que doit-on faire quand un dividende partiel ne contient pas le diviseur ? — 7. Comment abrège-t-on les essais qui donnent chaque chiffre du quotient ? — 8. Qu'est-ce que le reste d'une division ? — 9. En quoi consiste la division abrégée ? — 10. Quelles modifications peut-on faire subir au dividende et au diviseur sans changer la valeur du quotient ? — 11. Comment opère-t-on lorsque le dividende et le diviseur sont terminés l'un et l'autre par des zéros ? — Comment se fait la preuve par la multiplication lorsqu'il n'y a pas de reste et lorsqu'il y a un reste ? — 13. Comment se fait la preuve par 9 lorsqu'il n'y a pas de reste et lorsqu'il y a un reste ? — 14. Quels sont les principaux cas où il faut faire usage de la division ?

Exercices sur la division.

Le dividende est au dessus du trait horizontal, le diviseur est au dessous.

Faire les divisions suivantes :

$$187. \quad \frac{4715}{45} , \quad \frac{4182}{34} , \quad \frac{5427}{27} , \quad \frac{21476}{52} , \quad \frac{4608}{64}$$

188. $\dfrac{1806}{21}$, $\dfrac{1794}{78}$, $\dfrac{2730}{65}$, $\dfrac{994}{71}$, $\dfrac{2075}{83}$.

189. $\dfrac{147492}{241}$, $\dfrac{22176}{352}$, $\dfrac{23004}{426}$, $\dfrac{22528}{704}$, $\dfrac{150747}{561}$.

190. $\dfrac{101943}{423}$, $\dfrac{107304}{526}$, $\dfrac{214312}{712}$, $\dfrac{424008}{604}$, $\dfrac{161910}{315}$.

191. $\dfrac{50014}{1471}$, $\dfrac{161024}{2516}$, $\dfrac{2489023}{4421}$, $\dfrac{242536}{3416}$, $\dfrac{165478}{527}$.

192. $\dfrac{4027}{141}$, $\dfrac{15918}{274}$, $\dfrac{62042}{371}$, $\dfrac{74612}{452}$, $\dfrac{85627}{918}$.

193. $\dfrac{142915}{8721}$, $\dfrac{627414}{7036}$, $\dfrac{841965}{4701}$, $\dfrac{947210}{6721}$, $\dfrac{254052}{5919}$.

194. $\dfrac{61284}{347}$, $\dfrac{514279}{1457}$, $\dfrac{630007}{1608}$, $\dfrac{700002}{908}$, $\dfrac{809070}{879}$.

Faire la preuve par la multiplication, et la preuve par 9.

Problèmes sur la division.

195. Partager 79425 en 45 parties égales.

196. Combien de fois 153 est-il contenu dans 4131 ?

197. Rendre 9112 34 fois plus petit.

198. Le produit de 54 par un autre facteur est 4374. Quel est cet autre facteur ?

199. Par quel nombre faut-il multiplier 21 pour obtenir 1407 ?

200. Combien de fois plus grand faut-il rendre le nombre 68 pour obtenir 2924 ?

201. On obtient environ 1 kilogramme d'huile de 6^{ks} d'olives. Combien d'huile fourniront 2544^{ks} d'olives ?

202. Il a fallu 4375 carreaux de brique pour carreler 7 appartements pareils. Combien en comprend chaque appartement ?

203. 364 moutons ont fourni 6552 kilogrammes de viande nette. Quel est le rendement par tête ?

204. Le rapport de 67 ruches est de 1407 francs par an. Que rapporte une ruche ?

205. En 36 heures une fontaine a rempli un bassin conte-

nant 44928 litres. Combien de litres d'eau la fontaine fournit-elle par heure ?

206. Sur 4464 francs à répartir également entre 72 personnes, que revient-il à chacune ?

207. Le prix de 164 kilogrammes de cocons est de 1148 francs. Quel est le prix du kilogramme ?

208. Un mur de clôture de 215 mètres de longueur revient à 1720 francs. Dire le prix du mètre.

209. 157 oliviers ont donné 1884 litres d'huile. Quel est le rendement d'un seul arbre ?

210. On a retiré 201 francs pour le prix de 67 journées de travail. Dire le prix d'une journée.

211. Une machine à vapeur dépense en combustible 3915 francs pour 145 jours de travail. Quelle est la dépense par jour ?

212. On compte 29 tuiles pour chaque rangée d'une toiture. Le nombre total des tuiles est de 5017. Combien la toiture a-t-elle de rangées ?

213. Un expéditeur de fruits a envoyé à Paris, dans le courant de la saison, 6308 douzaines d'abricots en 83 corbeilles égales. Combien de douzaines y en avait-il dans chaque corbeille ?

214. La soie vaut 103 francs le kilogramme. Quelle quantité de soie aura-t-on pour 7004ᶠ ?

215. On veut répartir également sur 17 wagons une charge totale de 77571 kilogrammes. Déterminer la charge d'un wagon.

216. Combien faudra-t-il de fûts de 525 litres chacun pour contenir 4725ˡ de vin ?

217. Pour reboiser une montagne, un forestier sème 345 glands de chêne par jour. Combien de jours mettra-t-il au semis de 19320 glands ?

218. Pour 216 litres de semence on a récolté 3024ˡ de froment. Combien de fois la récolte a-t-elle reproduit la semence ?

219. Entre combien de personnes a été partagée une somme de 2394 francs, sachant que la part de chacune a été de 57ᶠ.

220. Une machine consomme 1265 kilogrammes de houille par journée de travail. Pour combien de jours a-t-elle de combustible avec une provision de 43010ᵏˢ de houille ?

221. Combien une roue portant sur son bord 168 dents

doit-elle faire de jours pour passer 4536 dents devant le même point du mécanisme ?

222. Les bateaux à vapeur les plus rapides parcourent en un jour une distance de 144 lieues. Combien un de ces bateaux mettrait-il de jours pour traverser l'Atlantique sur une largeur de 1872 lieues et passer d'Europe en Amérique ?

223. Un kilogramme d'or monnayé vaut 3100 francs. Que pèse une somme en or de la valeur de 207700ᶠ ?

224. Une imprimerie doit en 25 jours fournir 114500 feuilles d'impression. Combien doit-elle en faire par jour ?

225. Des ouvriers gagnent 96 francs par mois chacun. La totalité du salaire pour un mois de travail est de 2304ᶠ. Combien sont-ils ?

226. Le fleuve dont le cours est le plus long est le Mississipi, dans l'Amérique du Nord. Sa longueur est de 6590000 mètres. Combien de jours ses eaux emploient-elles pour se rendre de la source à la mer, à raison de 86400ᵐ par jour ?

227. Dans une commune, 368 habitants se cotisent à parts égales pour l'établissement d'une fontaine qui doit coûter 17296 francs. Quelle est la quote-part de chacun ?

228. Une balle de coton pèse environ 440 kilogrammes. Combien de balles représentent les 587000000ᵏ de coton produits par les États-Unis en 1859 ?

229. La totalité de ce coton représentait une somme de 600000000 de francs. Quelle est la valeur d'une balle ?

Problèmes sur les quatre règles.

230. Un travail commencé à 7 heures du matin s'est terminé à 4 heures du soir. Combien ce travail a-t-il pris d'heures ?

231. Pâques arrive le 12 avril. Trouver la date de l'Ascension, fixée 40 jours après ? (Avril a trente jours.)

232. En général, un piéton sans charge fait 125 pas à la minute et parcourt 6000 mètres par heure. Combien ces 6000 mètres représentent-ils de pas ?

233. Rome a été fondée 753 ans avant notre ère. Combien d'années compte-t-on maintenant depuis la fondation de Rome ?

234. On retire 8 kilogrammes de soie filée de 100ᵏ de

cocons. Quel poids de cocons faut-il pour 184ᵏ de soie
filée ?

235. Le mont Blanc et le mont Rose, dans les Alpes, ont
ensemble une hauteur de 9446 mètres. Le mont Blanc a
174ᵐ de plus que le mont Rose. Calculer la hauteur de
chacune des deux montagnes.

236. Pour nous venir du soleil, éloigné de 38000000 de
lieues, la lumière met 8 minutes et 13 secondes, en tout
493 secondes. Combien de lieues la lumière franchit-elle
par seconde ?

237. Un entrepreneur s'engage à faire exécuter pour
814 francs un travail qui doit employer pendant 12
jours 14 ouvriers payés 4ᶠ par journée. Quel sera son bénéfice ?

238. Le contre-maître d'une fabrique a 4242 francs d'ap-
pointements par an. Que gagne-t-il par jour de travail, en
supposant que l'usine chôme 62 jours sur les 365 jours de
l'année ?

239. On évalue qu'une nichée de moineaux détruit par
jour environ 240 chenilles. Si dans la commune il se trouve
500 nichées, quelle est la quantité de chenilles détruite en
3 semaines ?

240. Paul, dont les contributions s'élèvent à 112 francs,
en a payé au percepteur d'abord le quart. Il a fait plus
tard deux paiements : l'un de 30ᶠ, l'autre de 14ᶠ. Que doit-il
encore ?

241. Un fermier a acheté 86 dindes qui lui ont coûté
2 francs pièce. Il a dépensé 53ᶠ pour les élever ; 8 ont péri
de maladie et les autres ont été vendues 6ᶠ pièce. Quel est
le bénéfice ?

242. La température s'accroît dans le sein de la terre à
raison de 1 degré du thermomètre pour 30 mètres de profondeur en plus. A quelle profondeur trouverait-on la température de 38 degrés, si le thermomètre marque 10 degrés
dans la couche supérieure ?

243. Le puits artésien de Grenelle à Paris et celui de
Mondorf, sur la frontière de la France et du Luxembourg,
ont le premier 547 mètres de profondeur et le second
700ᵐ. La température des couches supérieures étant de
10 degrés pour le premier et de 12 degrés pour le second,
on demande la température des eaux qui remontent du fond
de chacun des deux puits.

244. 1000 kilogrammes de savon blanc de Marseille con-

tiennent 452^{ks} d'humidité. A combien se réduiraient ces 1000^{ks} si le savon était parfaitement sec ?

245. Tous les quatre ans, l'année est bissextile, c'est-à-dire compte 366 jours au lieu de 365. Combien de jours embrasse une période de 4 années consécutives ?

246. Un ouvrier entre dans un atelier le 17 juin et en sort le 21 juillet. Son salaire est de 3 francs par jour. Que doit-il recevoir, 5 dimanches non comptés ? (Juin a 30 jours.)

247. Cet ouvrier dépensait 2 francs par jour pour sa nourriture. Que lui restera-t-il ?

248. Pour 150 francs, on a 42 volumes de deux prix différents. 24 coûtent 4^f pièce. Dire le prix de chacun des autres.

249. Un ballot de la valeur de 864 francs contient 36 douzaines de paires de bas. Que vaut la paire ?

250. Un champ de 253 mètres de longueur doit être labouré en 147 sillons. Quelle distance aura parcourue l'attelage à la fin du labour ?

251. Une maison dont on paie 2500 de loyer à son propriétaire est louée à 17 sous-locataires qui paient 45 francs par trimestre chacun. Quel est le bénéfice du locataire principal s'il fait dans l'an pour 180^f de réparations ?

252. En échange d'une pièce de velours de 17 mètres, un marchand reçoit de son fournisseur une pièce de drap de 28^m. Le velours vaut 31 francs le mètre et le drap 26^f. Qui des deux doit à l'autre et combien ?

253. Le poids d'une charrette vide à 2 chevaux se décompose ainsi : roues, 510 kilogrammes ; essieu, 90^{ks} ; corps de la charrette, 300^{ks}. Chargée, elle pèse en tout 2877^{ks}. Quelle est la charge utile par cheval ?

254. 245 kilogrammes de farine ont fourni 114 pains de 3^{ks} chacun. Quel est l'excédant en poids du pain sur la farine ? (Cet excédant provient de l'eau nécessaire au pétrissage.)

255. On doit se libérer d'une dette de 768 francs en trois paiements : le premier sera de 246^f, le second sera moitié moindre. Quel sera le troisième ?

256. Partager 1144 francs entre deux personnes de manière que l'une ait 7 fois plus que l'autre.

257. Un bassin de 6624 litres de capacité reçoit par heure 1852^l d'eau d'une fontaine, tandis qu'il en perd dans le

même temps 1564) par une ouverture. En combien d'heures sera-t-il rempli ?

258. Louis sort avec 240 francs dans la poche pour faire diverses emplettes. Il laisse le quart de la somme chez un premier marchand, le tiers chez un second, enfin le cinquième chez un autre. En rentrant, quelle somme a-t-il ?

259. Trois barriques de poudre de garance pèsent ensemble 3523 kilogrammes. La seconde pèse 37^{ks} de plus que la première, et la troisième 57^{ks} de plus que la première. Quel est le poids de chacune d'elles ?

260. Un cheval non chargé parcourt au petit pas une distance de 4586 mètres en une heure, et au grand trot une distance de 13400^m. En 3 heures, quelle longueur parcourrait-il au grand trot de plus qu'au petit pas ?

261. Par le lavage, 1000 kilogrammes de laine mérinos brute se réduisent à 312^{ks}. Quel poids de laine brute représentent 12792^{ks} de laine lavée ?

262. En tournant autour du soleil, la terre parcourt environ 27000 lieues par heure. Elle met un an ou 365 jours de 24 heures pour faire le tour complet, dont on demande la longueur.

263. Un jardinier veut planter des tulipes en un certain nombre de rangées. S'il en met 10 à chaque rangée, il lui en reste 30. S'il en met 13 à chaque rangée, il lui en manque 21. Combien a-t-il de tulipes et combien de rangées veut-il faire ?

264. On emploie pour l'éclairage d'un magasin 6 lampes qui brûlent chacune tous les 5 jours pour 3 francs d'huile. On les remplace par 4 lampes au pétrole dépensant chacune pour 15^f de liquide par mois. Au bout d'un an, quelle économie ce changement réalisera-t-il ?

265. Une rame de papier comprend 20 mains, et la main contient 25 feuilles. Une personne a besoin de 4000 feuilles de papier. Combien doit-elle acheter de rames ?

266. Pour transformer en vapeur 625 litres d'eau, il faut brûler 100 kilogrammes de houille coûtant 3 francs. Combien dépensera-t-on pour réduire en vapeur 33125 litres d'eau ?

267. Une machine à coudre du prix de 248 francs fait le travail de 3 ouvrières gagnant 1^f par jour. Elle est conduite par une ouvrière qui gagne 2^f par jour. Après combien de jours de travail aura-t-on économisé le quart du prix de la machine sur les journées que l'on paie en moins ?

6

268. Un menuisier emploie 3 ouvriers qui lui fabriquent en 30 jours des meubles vendus 700 francs. La valeur des matières premières est de 215^f et la journée d'un ouvrier se paie 4^f. Quel est le gain du maître menuisier?

269. Un convoi de chemin de fer transporte 64 voyageurs de 1re classe, 87 de 2e classe et 269 de 3e classe. En 1re classe on paie 7 francs, en 2e classe, 6^f, en 3e classe, 4^f. Trouver la somme payée par l'ensemble des voyageurs.

270. Un kilogramme de houille anglaise fournit environ 330 litres de gaz d'éclairage, et un kilogramme de houille de Saint-Étienne en fournit 250^l. Combien faudrait-il de houille de la seconde qualité pour donner autant de gaz que 4175^k de la première?

271. On achète à 1 franc la douzaine 648 oranges, et l'on revend le tout 65^f. Que gagne-t-on sur cette vente?

272. Dans une fabrique de plumes métalliques, 5 ouvrières sont occupées à découper les plumes. Chacune d'elles en découpe ordinairement 300 par minute. La journée étant de 10 heures, combien les 5 ouvrières découpent-elles de plumes en 1 jour?

273. On confectionne dans un atelier 40 paires de bottines qui se vendent 12 francs la paire. Le prix des journées des ouvriers s'élevant à 50^f et la matière première coûtant 340^f, quel est le bénéfice du maître d'atelier?

274. On compte dans une ville 43 fontaines publiques débitant chacune et continuellement 15 litres d'eau par minute. En 24 heures, quelle quantité d'eau fournissent-elles ensemble?

275. Deux courriers partent au même moment de deux villes distantes de 63 lieues et vont au devant d'un de l'autre. Le premier fait 3 lieues par heure, et le second 4. Après 7 heures de marche, de combien seront-ils distants l'un de l'autre?

276. Combien de temps les deux mêmes courriers mettront-ils pour se rencontrer?

277. Un marchand achète un tonneau d'huile pesant brut 485 kilogrammes. La tare est de 23^k et l'huile est payée 1 franc le kilogramme. Quelle somme le marchand doit-il débourser s'il lui est fait un rabais de 37^f sur le montant de la facture?

278. Sur 779373 personnes qui ont fréquenté les cours d'adultes en 1867, 96130 ne savaient rien en entrant, et 78332 de ces dernières ont su au moins lire et écrire en

sortant. Combien y en a-t-il qui n'ont rien appris, et combien qui, en entrant, savaient au moins lire et écrire ?

279. En 1857, il a été fabriqué en France 82451625 kilogrammes de sucre, c'est-à-dire 28471759^{ks} de plus qu'en 1856 et 45964162^{ks} de plus qu'en 1855. Combien la France a-t-elle produit de sucre pour l'ensemble de ces trois années ?

280. En 1861, l'ensemble des chemins de fer exploités représentait une longueur de 13119 lieues pour l'Europe, de 574^l pour l'Asie, de 93^l pour l'Afrique, de 13597^l pour l'Amérique du Nord, de 198^l pour l'Amérique du Sud, de 140^l pour l'Australie. Mises bout à bout, combien de fois ces voies ferrées feraient-elles le tour de la terre, qui a 10000^l de circuit ?

281. L'exécution de l'ensemble de ces voies a coûté 29 milliards et 28 millions. A combien revient en moyenne une lieue de chemin de fer ?

282. A cette même époque, l'ensemble des chemins de fer de la France formait une longueur de 2319 lieues. En se basant sur le prix moyen d'une lieue du problème précédant, calculer la somme dépensée à leur construction.

283. On doit solder 3000 francs en trois payements qui se feront en janvier, mai et septembre. Le payement de mai est plus faible de 188^f que celui de janvier, et plus fort de 74^f que celui de septembre. Trouver la somme donnée à chacune de ces trois époques.

CHAPITRE IX

Nombres décimaux.

1. ORIGINE DES FRACTIONS DÉCIMALES. On se propose, par exemple, d'évaluer la longueur d'une table. On porte l'unité de longueur, le mètre, sur la dimension à mesurer autant de fois qu'elle peut y être contenue. On trouve que le mètre est contenu 3 fois dans la longueur de la table avec un reste moindre que le mètre. Com-

ment évaluer ce reste ? On divise le mètre en *dix parties égales* appelées *dixièmes*, et l'on cherche combien de fois une de ces parties est contenue dans le reste. Si elle y est contenue 4 fois, on dit que la longueur de la table est de 3 mètres et 4 dixièmes de mètre.

Mais il peut se faire qu'avec 1 dixième de mètre pour mesure, il y ait encore un reste. Alors le dixième de mètre est à son tour divisé en dix parties égales, qui prennent le nom de *centièmes*, parce qu'une de ces parties est contenue 100 fois dans l'unité principale, le mètre. En effet, si le mètre est divisé en 10 parties égales ou dixièmes, et que chaque dixième soit subdivisé en dix parties égales, il y a évidemment dans le mètre 10 fois 10 ou 100 de ces dernières parties.

Avec le centième de mètre pour mesure, il peut encore arriver que le reste de la longueur de la table ne puisse s'évaluer avec exactitude et laisse un excédant moindre que le centième. On est donc conduit à faire pour le centième de mètre ce que l'on a déjà fait pour le dixième de mètre et pour le mètre, c'est-à-dire à subdiviser ce centième en 10 parties égales, qui, étant contenues chacune 10 fois 100 ou 1000 fois dans le mètre, prennent, pour ce motif, le nom de *millièmes* de mètre.

On est conduit pareillement, pour obtenir dans la mesure de la longueur tel degré de précision que l'on veut, à diviser le millième de mètre en 10 parties égales, qui, étant contenues chacune 10 fois 1000 ou 10000 fois dans le mètre, prennent le nom de *dix-millièmes*. Le dix-millième, à son tour, se subdivise en 10 *cent-millièmes* ; et le cent-millième en 10 *millio-nièmes*, etc.

2. Division de l'unité principale en unités secondaires de 10 en 10 fois plus petites. Ce que

nous venons de dire de l'unité de longueur, le mètre, s'applique à toute espèce d'unité, quelle que soit sa nature. Toute unité se divise en 10 parties égales ou *dixièmes*. Le dixième se divise en 10 parties égales appelées *centièmes*. Le centième se divise en 10 parties égales appelées *millièmes*. Le millième se divise en 10 parties égales appelées *dix-millièmes*, etc., etc.

L'unité vaut ainsi 10 dixièmes, ou 100 centièmes, ou 1000 millièmes, ou 10000 dix-millièmes, etc., etc.

Le dixième est 10 fois moindre que l'unité, le centième est 10 fois moindre que le dixième, le millième est 10 fois moindre que le centième, etc.

3. RANG QUE DOIT OCCUPER CHAQUE SUBDIVISION DANS L'ÉCRITURE NUMÉRIQUE. Nous avons vu que la numération écrite est basée sur ce principe, savoir : qu'un chiffre placé à la droite d'un autre exprime des unités d'un ordre 10 fois moindre. C'est ainsi qu'après les mille viennent, à droite, les centaines, qui valent 10 fois moins ; qu'après les centaines viennent les dizaines, qui valent 10 fois moins. Ce principe est parfaitement applicable aux diverses unités secondaires provenant des subdivisions de l'unité principale. Ainsi les dixièmes, 10 fois moindres que l'unité, doivent s'écrire à la droite du chiffre des unités. Les centièmes, dix fois moindres que les dixièmes, doivent s'écrire à la droite du chiffre des dixièmes ; les millièmes, dix fois moindres que les centièmes, doivent s'écrire à la droite du chiffre des centièmes, etc., etc.

Pour indiquer où commencent les subdivisions de l'unité principale, on met une virgule après le chiffre des unités simples.

Le premier chiffre à droite de cette virgule représente les dixièmes, le second représente les centièmes,

6.

le troisième représente les millièmes, le quatrième représente les dix-millièmes, etc.

Ainsi le nombre 4,6 se lit : 4 unités et 6 dixièmes. Le nombre 3,07 se lit : 3 unités et 7 centièmes. Le nombre 2,008 se lit : 2 unités et 8 millièmes.

Si le nombre ne contient pas d'unités simples, on met un zéro en avant de la virgule. Ainsi le nombre 0,3 se lit : 3 dixièmes ; le nombre 0,009 se lit : 9 millièmes.

On appelle *nombre décimal* tout nombre composé de deux parties : l'une, à gauche de la virgule, exprimant des unités, et l'autre, à droite, exprimant des subdivisions de l'unité de 10 en 10 fois plus petites. La partie à gauche de la virgule est ce qu'on nomme la *partie entière*, parce qu'elle exprime des unités entières, des unités non subdivisées ; la partie à droite de la virgule s'appelle la *partie décimale*, parce qu'elle représente des subdivisions de l'unité de 10 en 10 fois moindres. Cette dernière partie s'appelle encore *fraction décimale*. Le mot fraction dérive d'un mot signifiant diviser, partager. *On appelle fraction, une ou plusieurs parties de l'unité divisée en parties égales.* Si la division se fait en 10 parties, en 100, en 1000 etc., la fraction est qualifiée de *décimale*, parce qu'elle est basée sur le diviseur 10.

Quand un nombre décimal ne contient pas de partie entière, c'est-à-dire lorsqu'il a zéro à la gauche de la virgule, on le nomme *fraction décimale*.

4. LECTURE D'UN NOMBRE DÉCIMAL. Soit le nombre décimal 3,45. En se rappelant que le premier chiffre après la virgule représente des dixièmes et le second des centièmes, on lira ce nombre : 3 unités, 4 dixièmes et 5 centièmes. Mais on peut, comme il suit, abréger la lecture : 1 dixième vaut 10 centièmes ; 4 dixièmes

valent donc 40 centièmes, qui, avec les 5 centièmes suivants, font 45 centièmes. Le nombre peut donc se lire : 3 unités, 45 centièmes.

Soit encore le nombre 2,324. On pourrait le lire : 2 unités, 3 dixièmes, 2 centièmes et 4 millièmes. Mais les 3 dixièmes valent 30 centièmes, qui valent à leur tour 300 millièmes. De même les 2 centièmes valent 20 millièmes. On peut donc, plus rapidement, lire le nombre : 1 unités 324 millièmes. Un raisonnement pareil nous montrerait que 4,026 se lit : 4 unités, 26 millièmes ; que 0,0523 se lit : 523 dix-millièmes.

5. RÈGLE. De ces divers exemples résulte la règle que voici : *Pour lire un nombre décimal, on énonce d'abord la partie entière. On lit ensuite la partie décimale de la même manière qu'un nombre ordinaire ; et, à la suite de l'énoncé, on ajoute* DIXIÈMES *s'il n'y a qu'un seul chiffre après la virgule,* CEN-TIÈMES, *s'il y en a deux,* MILLIÈMES *s'il y en a trois,* DIX-MILLIÈMES *s'il y en a quatre, etc.*

Ainsi :

4,027	se lit :	4 unités, 27 millièmes.
53,251		53 unités, 251 millièmes.
0,0474		474 dix-millièmes.
152,27		152 unités, 27 centièmes.
0,006424		6424 millionièmes.

Un autre genre de lecture est encore en usage. Soit le nombre 3,27. Remarquons que les trois unités valent 300 centièmes, qui, avec les 27 centièmes suivants font 327 centièmes. Le nombre proposé peut donc se lire : 327 centièmes. De même 1,4 se lit : 14 dixièmes; 2,452 se lit : 2452 millièmes. Donc *on lit le nombre comme s'il n'y avait pas de virgule, et, à la suite de l'énoncé, on dit* DIXIÈMES *s'il n'y a qu'un seul chiffre après la virgule,* CENTIÈMES *s'il y en a deux,* MIL-LIÈMES *s'il y en a trois,* etc.

6. ÉCRITURE D'UN NOMBRE DÉCIMAL. Si le nombre décimal est énoncé en deux parties, la partie entière et la partie décimale, *on écrit d'abord la partie entière, à la suite de laquelle on met une virgule; puis, à la droite de la virgule, on écrit la partie décimale, en ayant soin que le dernier chiffre soit au rang indiqué par l'énoncé.*

Ce rang est le premier, après la virgule, pour les dixièmes, le second pour les centièmes, le troisième pour les millièmes, le quatrième pour les dix-millièmes, etc. La partie décimale est donc nécessairement composée d'un seul chiffre, s'il s'agit de dixièmes, de deux chiffres s'il s'agit de centièmes, de trois chiffres s'il s'agit de millièmes, etc.

Soit à écrire 4 unités et 27 centièmes. Puisqu'il s'agit de centièmes, il faut deux chiffres à la partie décimale. Ces deux chiffres sont précisément donnés par le nombre lui-même. On écrit donc 4,27.

Il peut se faire que l'énoncé ne fournisse pas lui-même le nombre de chiffres nécessaires pour atteindre le rang voulu. *On fait alors précéder les chiffres significatifs d'autant de zéros qu'il est nécessaire pour atteindre ce rang.*

Soit à écrire 2 unités et 41 millièmes. Puisqu'il s'agit de millièmes, il faut trois chiffres à la partie décimale. Mais le nombre proposé n'en fournit que deux. Il faut alors faire précéder d'un zéro ces deux chiffres pour atteindre le rang des millièmes ou le troisième. On écrit donc 2,041.

Soit enfin 56 millionièmes. Il n'y a pas de partie entière. Nous écrirons donc 0 avant la virgule. En outre, les millionièmes exigent six chiffres, et, comme le nombre proposé n'en fournit que deux, nous ferons précéder ces deux chiffres de quatre zéros. On écrit donc 0,000056.

S'il est énoncé en une seule fois, on écrit le nombre tel qu'il est énoncé, sans se préoccuper de sa nature décimale ; puis, à partir de la droite, on sépare par une virgule un seul chiffre s'il s'agit de dixièmes, deux s'il s'agit de centièmes, trois s'il s'agit de millièmes, etc.

Soit à écrire 327 centièmes. On écrit 327 comme s'il était question d'unités simples ; mais, comme il s'agit de centièmes, on sépare deux chiffres par une virgule à partir de la droite, et l'on a 3,27.

Soit encore 1407 millièmes. On écrit 1407 et l'on sépare les trois derniers chiffres par une virgule ; ce qui donne 1,407.

Soit enfin 148 dix-millièmes. — On écrit 148, et comme il s'agit de dix-millièmes, il faut à partir de la droite séparer 4 décimales par une virgule. Le nombre n'ayant que trois chiffres, on écrit un zéro à droite, puis une virgule et enfin un zéro qui tient la place des unités absentes. On a ainsi 0,0148.

7. DES ZÉROS ÉCRITS A LA DROITE D'UN NOMBRE DÉCIMAL N'EN CHANGENT PAS LA VALEUR. En effet, 4 dixièmes, par exemple, valent 40 centièmes, ou 400 millièmes, ou 4000 dix-millièmes. On peut donc écrire indifféremment 0,4 ou 0,40 ou 0,400 ou 0,4000., etc., car ces nombres ont même valeur. D'une manière générale : si l'on écrit un zéro, deux, trois à la droite d'un nombre décimal, on lui fait exprimer des unités d'un ordre 10 fois, 100 fois, 1000 fois plus petit, mais en compensation ces unités sont en nombre 10 fois ,

100 fois, 1000 fois plus grand; la valeur ne change donc pas.

Il résulte de là que, *si un nombre décimal est terminé par des zéros, il est inutile d'en tenir compte.* Ainsi 1,400 se lit : 1 unité ou 4 dixièmes, ou, plus simplement, 14 dixièmes.

8. MULTIPLICATION D'UN NOMBRE DÉCIMAL PAR 10, 100, 1000, etc. *Pour rendre un nombre décimal 10 fois, 100 fois, 1000 fois plus fort, il suffit d'avancer la virgule d'un rang, de deux, de trois vers la droite, enfin d'autant de rangs qu'il y a de zéros dans le multiplicateur.*

Si dans le nombre 3,456 on avance la virgule de deux rangs vers la droite, on obtient 345,6. Il faut établir que ce second nombre est 100 fois plus fort que le premier. Comparons, en effet, chiffre par chiffre, les deux nombres

$$3,456 \quad \text{et} \quad 345,6$$

Dans le premier, le chiffre 3 exprime des unités ; dans le second, il exprime des centaines, dont la valeur est 100 fois plus forte. Dans le premier, le chiffre 4 exprime des dixièmes; dans le second, il exprime des dizaines, dont la valeur est 100 fois plus forte. Dans le premier, le chiffre 5 exprime des centièmes ; dans le second, il exprime des unités, dont la valeur est 100 fois plus forte. Enfin, dans le premier, le chiffre 6 exprime des millièmes, et dans le second, il exprime des dixièmes, dont la valeur est 100 fois plus forte. Ainsi, par le déplacement de la virgule de deux rangs vers la droite, chaque chiffre significatif du premier nombre a acquis une valeur 100 fois plus forte. Le nombre en entier est donc devenu 100 fois plus fort, ou bien a été multiplié par 100.

Veut-on multiplier 2,45 par 10? on avance la virgule d'un rang vers la droite et l'on a 24,5, nombre 10 fois plus fort que le nombre proposé.

Veut-on multiplier 0,4572 par 1000? on avance la virgule de trois rangs vers la droite et l'on a 457,2, nombre 1000 fois plus fort que le nombre proposé.

Veut-on multiplier 5,024 par 1000000 ? il faudrait avancer la virgule de six rangs vers la droite, et le nombre proposé n'a que trois chiffres à sa partie décimale. Mais rien n'empêche d'écrire des zéros à la droite de ce nombre, puisque ces zéros n'en changent pas la valeur. Écrivons trois zéros. Le nombre, sans changer de valeur, devient 5,024000. Maintenant nous pouvons avancer la virgule de six rangs et nous avons pour le résultat demandé : 5024000. Il est inutile d'écrire la virgule à la suite du chiffre des unités puisqu'il n'y a pas de partie décimale.

149. DIVISION D'UN NOMBRE ENTIER PAR 10, 100, 1000, etc. *On divise un nombre entier par 10, 100, 1000, etc., en séparant sur sa droite, par une virgule, autant de chiffres qu'il y a de zéros dans le diviseur.* Si dans le nombre 357 on sépare sur la droite deux chiffres par une virgule, on a 3,57, nombre 100 fois plus faible que le nombre proposé. La comparaison, chiffre à chiffre, des deux nombres le démontre.

$$357 \qquad 3,57$$

Dans le premier, le chiffre 3 exprime des centaines; dans le second, le même chiffre 3 exprime des unités, dont la valeur est 100 fois moindre. Le chiffre 5, dans le premier nombre, exprime des dizaines; dans le second, il exprime des dixièmes, dont la valeur est 100 fois moindre. Le chiffre 7, dans le premier nombre, exprime des unités; dans le second, il exprime des centièmes, dont la valeur est 100 fois moindre. Ainsi, par l'effet de la virgule séparant les deux derniers chiffres, chacun des chiffres significatifs du premier nombre ne représente plus que des unités 100 fois moindres. Le nombre en entier est donc rendu 100 fois moindre, ou bien a été divisé par 100.

S'il faut diviser 428 par 10, on sépare un chiffre par une virgule et l'on a 42,8, nombre 10 fois moindre que le nombre proposé.

S'il faut diviser 5403 par 1000, on sépare trois chiffres et l'on a 5,403, nombre 1000 fois moindre que le nombre proposé, et ainsi de suite.

Une difficulté peut se présenter. Soit à diviser 47 par 10000. Il faudrait séparer quatre chiffres par une virgule, et le nombre proposé n'en a que deux. Mais rien ne s'oppose à ce que l'on écrive des zéros à la gauche de ce nombre entier, car ces zéros n'apportent aucun changement à la valeur du nombre. Écrivons donc 00047 qui a même valeur que 47, et séparons quatre chiffres, nous aurons 0,0047 pour le résultat demandé.

10. DIVISION D'UN NOMBRE DÉCIMAL PAR 10, 100, 10000, etc. *Pour diviser un nombre décimal par 10, 100, 1000, etc., on avance la virgule d'autant de rangs vers la gauche qu'il y a de zéros dans le diviseur.* Si dans le nombre 342,7, on avance la virgule de deux rangs vers la gauche, on a 3,427, nombre 100 fois moindre que le nombre proposé. En effet, chaque chiffre significatif représente des unités 100 fois moindres que dans le premier nombre. On le démontrerait par un raisonnement en tout semblable au précédent.

Soit à rendre 10 fois moindre le nombre 4,5. Il faut avancer la virgule d'un rang vers la gauche, et comme alors il n'y a plus d'unités, on écrit un zéro à leur place. On a ainsi 0,45.

S'il n'y a pas assez de chiffres pour pouvoir reculer la virgule d'un nombre suffisant de rangs, on écrit des zéros à gauche. Soit à diviser 41,7 par 1000. Il faut avancer la virgule de trois rangs vers la gauche. On écrit donc un zéro pour le troisième rang qui manque, et un second pour les unités absentes. On a de la sorte : 0,0417.

Questionnaire.

1. Qu'appelle-t-on dixième, centième, millième, etc. ? — 2. Combien l'unité vaut-elle de dixièmes, de centièmes, de millièmes, etc. ? — 3. Quel rang dans l'écriture numérique occupent les dixièmes, les centièmes, les millièmes, etc. ? — Qu'est-ce qu'un nombre décimal ? — Qu'est-ce qu'une fraction décimale ? — 4. Comment lit-on un nombre décimal ? — 5. Comment peut-on le lire encore? — 6. Comment écrit-on un nombre décimal ? — Que fait-on si l'énoncé ne renferme pas lui-même le nombre de chiffres nécessaires pour atteindre le rang voulu ? — 7. Des zéros écrits à la droite d'un nombre décimal changent-ils la valeur de ce nombre ? — 8. Comment multiplie-t-on un nombre décimal par 10, 100, 1000, etc. ? — 9. Comment divise-t-on un nombre entier par 10, 100, 1000, etc. ? — 10. Comment divise-t-on un nombre décimal par 10, 100, 1000, etc ?

Exercices sur la numération des nombres décimaux.

Lire les nombres suivants et les écrire en lettres :

284.		286.		288.	
	4,35		21,002136		114,615
	3,04		0,200007		204,0016
	5,005		0,408505		27,007016
	0,024		11,0809		1,10101
	1,0007		0,1504		2,0000008
285.	0,0147	287.	0,252	289.	6,0754
	21,13		0,054		7,918
	0,01		0,1012		8,0405
	0,008		0,00452		0,4308
	15,135		0,04678		0,0071

Exprimer en chiffres les nombres suivants :

290. Deux unités, vingt-quatre centièmes.
Douze unités, soixante-huit millièmes.
Sept unités, quatre dixièmes.
Vingt-trois unités, cent vingt-un millièmes.
Dix-sept unités, quatorze centièmes.

291. Dix-huit centièmes.
Cent soixante-deux dix-millièmes.
Trois unités, six cent quatre-vingt-quatre cent-millièmes.
Quatre-vingt-dix-sept millionièmes.
Sept unités, onze millièmes.—

292. Vingt-cinq millièmes.
Deux unités, quarante-cinq centièmes.
Une unité, quinze dix-millièmes.
Cinquante-trois cent-millièmes.
Trente-deux millièmes.

293. Cent douze unités, huit cent quatre millionièmes.
Trente-deux cent millièmes.
Quatre dix-millièmes.
Quarante-sept centièmes.
Septante-trois dixièmes.

294. Cinquante-deux dixièmes.
Cent vingt-huit centièmes.
Six cent trois dixièmes.
Quatre mille vingt-huit millièmes.
Cinq mille cinq cent trois centièmes.

295. Trois mille onze millièmes.
Quinze mille trois dix-millièmes.
Six cent mille vingt-huit cent-millièmes.
Neuf cent douze dixièmes.
Quatorze mille deux cent trois millièmes.

296. Rendre 10, 100, 1000, 10000 fois plus forts les nombres suivants :
3,45
0,063
1,87645
0,009
7,8

297. Rendre 10, 100, 1000, 10000 fois plus faibles les
nombres suivants :

34512,5
6724,27
471
18,1
745692.

CHAPITRE X

Addition et soustraction des nombres décimaux.

1. RÈGLE. *Pour faire la somme de plusieurs nombres décimaux, on les écrit les uns au dessous des autres de manière que les unités de même ordre soient sur la même ligne verticale, dixièmes sous dixièmes, centièmes sous centièmes, etc. On commence alors par la droite et l'on fait l'addition comme s'il s'agissait de nombres ordinaires. Au total, on met une virgule qui corresponde à la rangée des virgules des nombres additionnés.*

Soit à faire la somme des nombres $23,15 + 0,7 + 2,145 + 4,6472$. La seule difficulté consiste à bien écrire les nombres, de façon que les unités de même ordre soient sur la même rangée verticale. Si l'on a soin de faire correspondre les virgules sur une même file, les divers chiffres prennent le rang qui leur convient. On peut en débutant, pour faciliter le régulier arrangement des chiffres, mettre des zéros ou des points à la droite des nombres décimaux, afin que tous les rangs soient occupés; mais il faut s'habituer à se passer de cet inutile échafaudage. En complétant par des points les rangées, les nombres proposés s'écriraient ainsi :

$$23,15..$$
$$0,7...$$
$$2,145.$$
$$4,6472$$

Ces points deviennent inutiles si les nombres sont écrits avec la régularité voulue, et l'on a :

$$23,15$$
$$0,7$$
$$2,145$$
$$4,6472$$
$$\overline{30,6422}$$

Commençant par la droite, on dit: 2 ; 5 et 7 font 12, je pose 2 et je retiens 1. 1 de retenue et 5 font 6, et 4 font 10, et 4 font 14. Je pose 4 et je retiens 1. 1 de retenue et 1 font 2, et 7 font 9, et 1 font 10, et 6 font 16. Je pose 6 et retiens 1, etc., etc. Le total obtenu, on met une virgule sous la file des virgules des nombres additionnés.

La raison des retenues que l'on fait d'une colonne à l'autre, s'il y a lieu, est évidente. Quand, par exemple, on a trouvé 12 à la colonne des millièmes, on écrit 2 millièmes et l'on retient 10 millièmes, qui valent 1 centième, pour reporter ce centième à la colonne des centièmes. Enfin, quand on a trouvé 16 à la colonne des dixièmes, on écrit 6 dixièmes et l'on retient 10 dixièmes, qui valent 1 unité, pour reporter cette unité à la colonne des unités.

2. PREUVE DE L'ADDITION DES NOMBRES DÉCIMAUX. La preuve de l'addition des nombres décimaux se fait comme celle des nombres ordinaires. On peut recommencer l'addition en allant de bas en haut, on peut

employer la preuve par 9. Nous donnerons un exemple de celle-ci :

$$
\begin{array}{cc}
14,52 & 3 \\
0,007 & 7 \\
3,61 & 1 \\
5,2708 & 4 \\
\hline
23,4078 & 6
\end{array}
$$

Négligeant les 9 et les chiffres qui entre eux font 9, on a pour le premier nombre : 1 et 2 font 3, que l'on écrit en face. Pour le second, on a 7. Pour le troisième, 1. Pour le quatrième, 5 et 8 font 13 ; 1 et 3 font 4. On ajoute ces restes : 3 et 7 font 10, et 1 font 11, et 4 font 15. 1 et 5 font 6, que l'on écrit sous la colonne des restes.

Si l'addition est bonne, le total doit donner 6 pour reste. En effet, en négligeant 2 et 7 qui font 9, on a : 3 et 4 font 7, et 8 font 15 : 1 et 5 font 6.

3. SOUSTRACTION DES NOMBRES DÉCIMAUX. RÈGLE. *On écrit le plus petit nombre sous le plus grand, de manière que les unités de même ordre soient sur la même rangée verticale, et, commençant par la droite, on opère comme sur des nombres ordinaires. Au reste, on met une virgule qui corresponde à la rangée des virgules des deux nombres proposés.*

Proposons-nous de soustraire 3,547 de 14,382. On écrit les deux nombres comme suit :

$$
\begin{array}{r}
14,382 \\
3,547 \\
\hline
10,835
\end{array}
$$

et l'on dit : 7 ôtés de 12, il reste 5 et je retiens 1. 1 de retenue, et 4 font 5 ; 5 ôtés de 8, il reste 3. 5 ôtés de 13, il reste 8 et je retiens 1. 1 de retenue et 8 font 4. 4 ôtés de 4, il reste 0. 0 ôté de 1, il reste 1.

7 ne pouvant se retrancher du chiffre correspondant 2, on augmente ce chiffre de 10 millièmes, et l'on dit, 7 ôtés de 12, il reste 5. Pour compenser les 10 millièmes dont le nombre supérieur vient d'être augmenté, on augmente le nombre inférieur de 1 centième, qui vaut 10 millièmes, et l'on dit 1 et 4 font 5. Tel est le motif qui fait retenir 1 après la soustraction des millièmes. Et ainsi de suite.

4. CAS OÙ LES CHIFFRES DÉCIMAUX NE SONT PAS EN MÊME NOMBRE. Comme il faut soustraire chaque chiffre du nombre inférieur du chiffre correspondant supérieur, une difficulté se présente quand à certains chiffres du nombre inférieur il ne correspond rien. Soit, par exemple, à soustraire 3,428 de 8,6. De quels chiffres retrancherons-nous 8 et 2 qui n'ont pas de chiffres correspondants dans le plus grand nombre ? *Dans ce cas, on écrit à la droite du plus grand nombre autant de zéros qu'il en faut pour qu'il y ait parité de décimales entre les deux nombres proposés.* On a vu que les zéros écrits à la droite d'un nombre décimal ne changent pas la valeur de ce nombre.

$$\begin{array}{r} 8,600 \\ 3,428 \\ \hline 5,172 \end{array}$$

On dit, une fois les zéros complémentaires écrits : 8 ôtés de 10, il reste 2 et je retiens 1. 1 de retenue et 2 font 3 ; 3 ôtés de 10, il reste 7 et je retiens 1, etc. *Il est plus expéditif de se passer de ces zéros et de faire la soustraction comme s'ils étaient réellement écrits :*

$$\begin{array}{r} 5,7 \\ 2,024 \\ \hline 3,676 \end{array}$$

4 ôtés de 10, il reste 6 et je retiens 1. 1 de retenue et 2 font 3 ; 3 ôtés de 10, il reste 7 et je retiens 1. 1 de retenue et 0 font 1 ; 1 ôté de 7, il reste 6, etc., etc.

Si le plus grand nombre ne contient pas de partie décimale, on y supplée par des zéros que l'on écrit, ou mieux que l'on sous-entend.

$$\begin{array}{r} 7 \\ 4,13 \\ \hline 2,87 \end{array}$$

3 ôtés de 10, il reste 7 et je retiens 1. 1 de retenue et 1 font 2 ; 2 ôtés de 10, il reste 8 et je retiens 1. 1 de retenue et 4 font 5 ; 5 ôtés de 7, il reste 2.

Enfin si le plus petit nombre a moins de décimales que le plus grand, on le complète au moyen de zéros exprimés ou sous-entendus :

$$\begin{array}{r} 3,175 \\ 1,4 \\ \hline 1,775 \end{array}$$

On dit : 0 ôté de 5, il reste 5, 0 ôté de 7, il reste 7, etc.

Pour dernier exemple proposons-nous de retrancher 0,374 de 1. Dans ce cas le calcul mental est aisément applicable. D'après ce qui précède, il faut faire suivre le chiffre 1 de trois zéros exprimés ou mieux sous-entendus. Mais alors, conformément à la remarque du paragraphe 6, chapitre V, il suffit de chercher ce qu'il faut ajouter à chacun des chiffres du petit nombre pour faire 9, et ce qu'il faut ajouter à son dernier chiffre pour faire 10. Le résultat se trouve donc immédiatement et est égal à 0,626.

5. PREUVE DE LA SOUSTRACTION DES NOMBRES DÉCIMAUX. Elle se fait absolument comme celle des nombres ordinaires. Le plus petit nombre et le reste, étant ajoutés, doivent reproduire le plus grand nombre.

Questionnaire.

1. Comment se fait l'addition des nombres décimaux ? — 2. Comment se fait la preuve ? — 3. Comment se fait la soustraction des nombres décimaux ? — 4. Que faut-il faire lorsque les chiffres décimaux ne sont pas en même nombre ? — 5. Comment se fait la preuve ?

Exercices sur l'addition et la soustraction des nombres décimaux.

Faire les additions suivantes :

298. $14,03 + 0,8 + 6,27.$
299. $8,627 + 0,48 + 1,00045.$
300. $14,1 + 128 + 7,431 + 13.$
301. $5 + 7,03 + 14 + 8,0047.$
302. $0,723 + 0,81 + 0,9 + 0,0849.$
303. $142 + 2,27 + 1,1 + 0,347 + 0,0543.$
304. $1,8 + 1,09 + 1,007 + 1,0006.$
305. $3,4 + 21 + 11 + 0,074.$
306. $9,21 + 0,642 + 31 + 0,604 + 7.$
307. $1,34515 + 0,02427 + 0,54272 + 0,48.$
308. $0,40006 + 2,52 + 0,00007 + 21.$
309. $231,627 + 1640,78 + 269,064 + 45,7.$
310. $1461,75 + 124,069 + 0,64 + 2,8.$
311. $627,007 + 461 + 21,7 + 0,0051.$

Faire la preuve de ces diverses opérations.

Faire les soustractions suivantes :

312. 6,27 — 2,49 ; 3,415 — 1,024 ; 2,0267 — 0,9465.

313. 14,12 — 11,29 ; 164,0241 — 28,9047 ; 11,86 — 3,79.

314. 2,14 — 0,147 ; 3,5 — 1,028 ; 5,47 — 2,5 ; 4,528 ; — 3,7.

315. 1,8 — 0,9764 ; 2,3 — 0,781 ; 7,2 — 1,0048.

316. 4,527 — 3,8 ; 7,3207 — 4,01 ; 6,4522 — 3,52.

317. 8 — 0,462 ; 9 — 4,0025 ; 14 — 7,6424.

318. 241 — 13,748 ; 21,7 — 15,000068 ; 6 — 0,000458.

319. 17,1 — 12,62 ; 8,6 — 4,009 ; 1,68 — 0,6008.

320. 0,7 — 0,09 ; 0,11 — 0,0876 ; 0,2 — 0,07461.

321. 0,3 — 0,05421 ; 0,41 — 0,2467 ; 0,2 — 0,160766.

Exercices de calcul mental.

Faire les soustractions suivantes :

322. 1 — 0,542 ; 1 — 0,84 ; 1 — 0,074.

323. 1 — 0,0742 ; 1 — 0,4072 ; 1 — 0,67.

324. 1 — 0,0058 ; 1 — 0,894256 ; 1 — 0,0743287.

325. 1 — 0,167 ; 1 — 0,124919 ; 1 — 0,3000405.

Faire la preuve de ces diverses opérations.

CHAPITRE XI

Multiplication des nombres décimaux.

1. DÉMONSTRATION. Proposons-nous de multiplier 4,23 par 5,6. Écrivons le multiplicateur sous le multiplicande, et, ne tenant aucun compte de la virgule, opérons comme on le fait avec les nombres ordinaires :

$$\begin{array}{r} 4,23 \\ 5,6 \\ \hline 2538 \\ 2115 \\ \hline 23,688 \end{array}$$

7.

Le produit, en ne tenant compte des virgules, est 23688. Mais, en effaçant la virgule du multiplicande, ou tout simplement en n'en tenant compte, on a rendu le multiplicande 100 fois plus fort. Le produit se trouve donc 100 fois plus fort qu'il ne convient. D'autre part, en ne tenant pas compte de la virgule du multiplicateur, on a rendu ce multiplicateur 10 fois plus fort, et, par suite, le produit 10 fois plus fort qu'il ne doit l'être. Le produit se trouve ainsi rendu 100 fois trop fort par la suppression de la virgule au multiplicande, et en outre dix fois plus fort encore par la suppression de la virgule au multiplicateur. Il se trouve ainsi 10 fois 100 ou 1000 fois trop fort. Pour le ramener à sa réelle valeur, il faut donc rendre le produit 1000 fois plus petit, ce qui se fait en séparant trois décimales à droite par une virgule. *Il y a ainsi au produit autant de chiffres décimaux qu'il y en a dans les deux facteurs réunis.* De là résulte la règle suivante :

2. RÈGLE. *Pour faire la multiplication de deux nombres décimaux, on opère comme s'il n'y avait pas de virgule, et l'on sépare au produit autant de décimales qu'il y en a dans les deux facteurs réunis.*

Appliquons cette règle aux nombres 12,045 et 0,17. L'opération revient à multiplier 12045 par 17 sans tenir compte de la virgule.

$$
\begin{array}{r}
12{,}045 \\
0{,}17 \\
\hline
84315 \\
12045 \\
\hline
2{,}04765
\end{array}
$$

Le produit obtenu est 204765. Mais le multiplicande

a 3 décimales, le multiplicateur en a 2 ; en tout 5. On sépare donc par une virgule les 5 derniers chiffres du produit.

Soit enfin à multiplier 0,028 par 0,009 :

$$
\begin{array}{r}
0,028 \\
0,009 \\
\hline
0,000,252
\end{array}
$$

Abstraction faite des virgules, le produit est 252. Maintenant il faut séparer six décimales puisqu'il y en a trois dans le multiplicande et trois dans le multiplicateur. Le produit 252 n'ayant pas assez de chiffres pour donner ces six décimales, on écrit à sa gauche autant de zéros qu'il est nécessaire et l'on a 0,000252 pour produit des deux nombres proposés.

3. SIGNIFICATION DE LA MULTIPLICATION PAR UNE FRACTION DÉCIMALE. Soit à multiplier 14 par 0,5. Nous avons défini ailleurs la multiplication une opération qui a pour but de répéter un nombre appelé multiplicande, autant de fois qu'il y a d'unités dans un autre nombre appelé multiplicateur. Mais, dans le cas proposé, le multiplicateur 0,5 ne contient pas l'unité une seule fois. La définition précédente est donc ici inapplicable. Que signifie alors la multiplication de 14 par 0,5 ?

Le raisonnement nous a conduits à répéter 14 5 fois, comme s'il n'y avait pas de virgule ; et à séparer ensuite une décimale, ce qui revient à diviser le produit par 10. La multiplication de 14 par 0,5 est donc une opération complexe : il y a d'abord une multiplication par 5, dans le sens entendu jusqu'ici, et après une division par 10. 14 se trouve ainsi rendu 5 fois plus fort d'une part, et 10 fois plus faible de l'autre. Cette dernière modification étant le double de la première, puisque 10 vaut 2 fois 5, il en résulte que 4 est ainsi rendu 2 fois plus faible ou se trouve divisé par 2. La multiplication par 0,5 équivaut donc à la division par 2. Opérons, en effet, la multiplication :

$$
\begin{array}{r}
14 \\
0,5 \\
\hline
7,0
\end{array}
$$

En séparant une décimale d'après la règle, on obtient 7, qui est précisément le quotient de 14 par 2 ou la moitié de 14. Remarquons que le multiplicateur 0,5 est lui-même la moitié de l'unité, qui vaut 10 dixièmes.

Soit encore 12 à multiplier par 0,25. Il faut d'abord multiplier par 25, comme s'il n'y avait pas de virgule, et ensuite séparer deux décimales ou diviser par 100. La multiplication de 12 par 0,25 consiste donc à rendre 12 d'abord 25 fois plus fort, et après 100 fois plus petit. Elle consiste en définitive à rendre 12 4 fois plus petit, 25 étant contenu 4 fois dans 100. Ainsi le produit de 12 par 0,25 équivaut au quotient de 12 par 4 ou bien au quart de 12. Opérons, en effet :

$$
\begin{array}{r}
12 \\
0,25 \\
\hline
60 \\
24 \\
\hline
3,00
\end{array}
$$

Après la séparation des deux décimales, il vient 3, qui est précisément le quart de 12. Remarquons maintenant que 0,25 est le quart de l'unité, qui vaut 4 fois 25 ou 100 centièmes.

On voit donc que, lorsque le multiplicateur est la moitié, le tiers, le quart, etc., de l'unité, le produit est la moitié, le tiers, le quart du multiplicande. De là résulte cette définition de la multiplication applicable à tous les cas.

4. DÉFINITION GÉNÉRALE DE LA MULTIPLICATION. *La multiplication a pour but de trouver un nombre appelé produit, qui soit à l'égard d'un nombre appelé multiplicande ce qu'un autre nombre appelé multiplicateur est à l'égard de l'unité.*

Soit à multiplier 14 par 5. Qu'est le multiplicateur 5 à l'égard de l'unité? Il est égal à 5 fois cette unité. Le produit à son tour doit être égal à 5 fois le multiplicande. Là rentre la définition donnée en débutant.

Soit à multiplier 14 par 0,5. Qu'est le multiplicateur 0,5 à l'égard de l'unité? Il vaut 5 fois la dixième partie de l'unité. Le produit, à son tour, doit valoir 5 fois la dixième partie du multiplicande, ou, plus simplement, la moitié de ce multiplicande. C'est ce que nous venons de trouver.

Soit à multiplier, enfin, 12 par 0,25. Qu'est le multiplicateur 0,25 à l'égard de l'unité? Il vaut 25 fois la centième partie de l'unité. Le produit, à son tour, doit donc valoir 25 fois la centième partie du multiplicande, ou plus simplement le quart de ce multiplicande.

5. REMARQUE. *Toutes les fois que le multiplicateur est plus petit que l'unité, le produit est plus petit que le multiplicande.* Les observations qui précèdent permettent de se rendre compte d'un fait fort singulier pour les débutants. Dans le sens le plus vulgaire du mot, multiplier signifie accroître, et, d'après cela, on s'attend à obtenir un produit toujours plus fort que le multiplicande. C'est là une profonde erreur lorsque le multiplicateur est plus faible que l'unité.

Sans nous préoccuper du multiplicande, inutile à connaître, supposons que le multiplicateur soit un nombre moindre que l'unité, 0,134, par exemple. D'après la définition qui précède, le produit doit être à l'égard du multiplicande ce que le multiplicateur est à l'égard de l'unité. Si le multiplicateur est moindre que l'unité, le produit est donc moindre que le multiplicande. Le multiplicateur vaut 134 fois la millième partie de l'unité, le produit vaut 134 fois la millième partie du multiplicande.

On arrive au même résultat en remarquant que multiplier un nombre par 0,134, c'est d'abord le répéter 134 fois ou le rendre 134 fois plus fort ; ensuite le diviser par 1000 en séparant trois décimales, ou le rendre 1000 fois plus petit. Comme cette dernière opération évidemment l'emporte, le produit est plus petit que le multiplicande. Pareille chose arrive toutes les fois que le multiplicateur est moindre que l'unité.

6. PREUVE DE LA MULTIPLICATION DES NOMBRES DÉCIMAUX. On fait la preuve de la multiplication des nombres décimaux absolument comme pour les nombres entiers : en renversant l'ordre des facteurs ou bien en employant la preuve par 9.

7. CALCUL MENTAL. Les précédentes observations facilitent le calcul mental dans certains cas.

Trouver le produit de 32 par 0,25.—Comme 0,25 est le quart de 100 centièmes ou de l'unité, le produit doit être égal au quart de 32, c'est-à-dire à 8.

Que donne 24 multiplié par 0,125 ?—Comme 0,125 est le huitième de 1000 millièmes ou de l'unité, le produit est égal au huitième de 24, c'est-à-dire à 3.

Questionnaire.

1-2. Comment se fait la multiplication des nombres décimaux ? — Démontrez qu'il faut au produit autant de décimales qu'il y en a dans les deux facteurs réunis. — 3. Que signifie la multiplication d'un nombre par 0,5, par 0,25, etc. ? — 4. Donnez la définition générale de la multiplication. — 5. Dans quel cas le produit est-il plus petit que le multiplicande ? — 6. Comment se fait la preuve de la multiplication des nombres décimaux ? — 7. Quelle opération peut-on faire au lieu de multiplier un nombre par 0,5, par 0,25, par 0,125 ?

Exercices sur la multiplication des nombres décimaux.

Faire les multiplications suivantes :

326.
48 × 3,15.
16 × 2,07.
21 × 0,56.
18 × 0,05.
143 × 1,141.

327.
0,527 × 8.
3,08 × 17.
4,245 × 12.
0,0078 × 124.
7,09 × 52.

328.
3,7 × 12,56.
0,8 × 1,024.
0,712 × 1,5.
0,014 × 3,21.
5,027 × 6,031.

329.
14,0371 × 0,0052.
134,85 × 3,0255.
16,0007 × 1,0002.
4,2252 × 3,4627.
0,45 × 7,2074.

330.
0,0017 × 0,0021.
0,0167 × 0,0643.
0,1405 × 0,0008.
0,078 × 0,00654.
0,14156 × 0,1795.

331.
0,00004 × 7,00001.
8,07061 × 0,000024.
0,004 × 21,00028.
12,6 × 0,0025.
7,41 × 1,00001.

332.
1468,729 × 16,00563.
0,253 × 123,000472.
1,00211 × 2,004501.
3,1416 × 0,051.
0,0007 × 0,000006.

333.
61,027 × 0,64.
0,244 × 0,00469.
2,0202 × 8,0808.
1,101 × 4,007.
0,62 × 0,006284.

Exercices de calcul mental.

Faire les multiplications suivantes.

334. $28 \times 0,25.$ 335. $48 \times 0,50.$
              $44 \times 0,5.$ $36 \times 0,05.$
              $15 \times 0,2.$ $56 \times 0,125.$
              $20 \times 0,05.$ $14 \times 0,05.$

CHAPITRE XII

Division des nombres décimaux.

1. DÉMONSTRATION. Proposons-nous de diviser 38,1 par 1,524. Écrivons deux zéros à la droite du dividende, afin que les deux termes de la division aient le même nombre de décimales. Le dividende devient ainsi 38,100, nombre ayant même valeur que le nombre proposé. Il s'agit donc de diviser 38,100 par 1,524. Effaçons maintenant la virgule dans les deux termes. Le dividende deviendra 38100; et le diviseur, 1524. Si nous divisions ces deux nombres, le premier par le second, que serait le quotient par rapport au quotient cherché ? — Par la suppression de la virgule, le dividende est devenu 1000 fois plus fort et par suite le quotient a été rendu 1000 fois plus fort; par la suppression de la virgule, le diviseur est devenu 1000 fois plus fort; et par suite le quotient a été rendu 1000 fois plus faible. Par la suppression des deux virgules à la fois, le quotient se trouve de la sorte 1000 fois trop fort d'une part et 1000 fois trop faible de l'autre. Il ne change donc pas de valeur. Il suffit alors de diviser 38100 par 1524 et le quotient trouvé sera le quotient de 38,100 par

1,524, ou bien le quotient des deux nombres proposés, savoir : 38,1 et 1,524.

2. RÈGLE. *Si le dividende et le diviseur n'ont pas le même nombre de décimales, on écrit des zéros à la droite de celui qui en a le moins, pour établir la parité du nombre de décimales. On efface alors la virgule dans les deux termes et l'on fait la division des deux nombres entiers ainsi obtenus. Le quotient de ces deux nombres entiers est le même que le quotient des deux nombres décimaux proposés.*

Il est bien entendu que, s'il y avait parité de décimales dans les deux termes, il suffirait d'effacer la virgule sans préparation préalable.

Appliquons cette règle à l'exemple proposé. Le diviseur 1,524 ayant trois décimales, et le dividende 38,1 n'en ayant qu'une, on écrit deux zéros à la droite de celui-ci, qui devient 38,100. On efface alors la virgule et l'on divise le nombre entier 38100 par le nombre entier 1524.

$$\begin{array}{r|l} 38100 & 1524 \\ 7620 & \overline{25} \\ 0000 & \end{array}$$

Le quotient des deux nombres entiers est 25. Le quotient des deux nombres décimaux proposés, 38,1 et 1,524 est aussi 25.

(On ne perdra pas de vue que le quotient des deux nombres entiers n'a besoin d'aucune retouche pour représenter le quotient des deux nombres décimaux. Tel qu'il est, il doit rester.)

3. CAS OÙ L'UN DES DEUX TERMES EST SANS DÉCIMALES. *Si l'un des deux termes est sans décimales, on écrit à sa droite autant de zéros qu'il y a de décimales dans l'autre terme; puis on efface la*

*virgule et l'on fait la division comme il vient d'être
dit.*

Soit à diviser 12 par 0,75. Pour faire disparaître les
décimales, on multiplie les deux termes par 100 ; ce
qui se fait en écrivant deux zéros à la droite de 12,
qui devient 1200 ; et en effaçant la virgule du diviseur, qui devient 75. On est ainsi conduit à diviser
1200 par 75.

La règle générale est du reste parfaitement applicable ici. Écrivons 12 sous cette forme 12,00 ayant
même valeur que la première. Les deux termes ont
ainsi deux décimales chacun. Effaçons maintenant la
virgule de part et d'autre, et nous aurons à diviser
1200 par 75. Le quotient 16 est le quotient de 12 divisé
par 0,75.

4. QUAND LE DIVISEUR EST MOINDRE QUE L'UNITÉ,
LE QUOTIENT EST PLUS GRAND QUE LE DIVIDENDE.
Soit à diviser 4 par 0,125. En opérant comme il vient
d'être dit, on est amené à diviser 4000 par 125. Le
quotient est 32.

$$\begin{array}{r|l} 4\,0\,0.0 & 125 \\ 2\,5\,0 & \overline{32} \\ 0\,0\,0 & \end{array}$$

La division de 4 par 0,125 donne donc 32 pour quotient, nombre plus grand que le dividende 4. Un quotient plus fort que le dividende nous cause au début
un certain étonnement, parce que, au mot de division,
nous attachons d'ordinaire l'idée de diminution. Mais
il est très-facile de se rendre compte de ce fait en ap-
parence singulier. La division recherche combien de
fois le diviseur est contenu dans le dividende. Si le
diviseur est égal à l'unité, ce diviseur est contenu dans
le dividende un nombre de fois égal précisément à ce

dividende. Si le diviseur est plus petit que l'unité, il doit être contenu dans le dividende un plus grand nombre de fois et par conséquent le quotient doit être plus grand que le dividende.

On peut raisonner encore ainsi. Le dividende est un produit dont le quotient est le multiplicande et dont le diviseur est le multiplicateur. Or nous avons reconnu que, lorsque le multiplicateur (diviseur) est plus petit que l'unité, le produit (dividende) est moindre que le multiplicande (quotient). A un diviseur moindre que l'unité correspond donc un quotient plus grand que le dividende.

5. REMARQUE. Si l'on divise 7 par 0,125, le quotient sera plus fort que le dividende, puisque le diviseur est plus petit que l'unité. Combien de fois sera-t-il plus fort ? — Si le diviseur était égal à l'unité, le dividende 7 le contiendrait 7 fois. Si le diviseur était égal à la moitié de l'unité, le dividende le contiendrait un nombre de fois double ou 14 fois. S'il était égal au tiers, au quart, etc., de l'unité, le dividende le contiendrait le triple, le quadruple de fois, ou 21 fois, 28 fois. En général, *si le diviseur est contenu un certain nombre de fois dans l'unité, le quotient est égal à ce même nombre de fois le dividende.*

Mais 0,125 est contenu 8 fois juste dans l'unité. Le quotient de 7 par 0,125 vaut donc 8 fois 7 ou 56. Ainsi, *diviser un nombre par 0,5, c'est le multiplier par 2 ; le diviser par 0,25, c'est le multiplier par 4; le diviser par 0,125, c'est le multiplier par 8.* Cette observation a son utilité dans le calcul mental.

6. ÉVALUATION D'UN QUOTIENT EN DÉCIMALES. Nous avons reconnu que la division des nombres entiers donne très-fréquemment un reste, dont nous n'avons pas tenu compte jusqu'ici. Les fractions décimales per-

mettent de poursuivre la division sur ce reste. C'est ce qu'on appelle évaluer un quotient en décimales. En voici un exemple. Divisons 314 par 125.

$$\begin{array}{r|l} 314 & 125 \\ 640 & \overline{2,512} \\ 150 & \\ 250 & \\ 000 & \end{array}$$

Après avoir trouvé 2 au quotient, il reste 64. Le dividende n'a pas de chiffres à abaisser, le reste est moindre que le diviseur; la division est donc terminée, si l'on veut se borner à la partie entière du quotient. Il n'en est plus de même si l'on se propose d'évaluer en décimales la suite du quotient. Remarquons que le reste 64 est égal à 64 unités, qui valent chacune 10 dixièmes, et en tout 640 dixièmes. On écrit donc un zéro à la droite du reste, et ce reste se trouve ainsi converti en dixièmes. Il faut maintenant diviser 640 dixièmes par 125. Le quotient évidemment sera des dixièmes. On écrit donc une virgule à la droite du chiffre 2 du quotient pour placer au rang convenable le chiffre des dixièmes que l'on va trouver. Le quotient de 640 par 125 est 5, que l'on écrit au rang des dixièmes; et il reste 15. Le reste est 15 dixièmes, qui valent 150 centièmes. On obtient ce nombre de centièmes en écrivant un zéro à la droite du reste 15. Puis on divise 150 par 125. Le quotient 1 est écrit au rang des centièmes, et il reste 25 centièmes, que l'on réduit en millièmes en écrivant un zéro à leur droite. Enfin les 250 millièmes sont divisés par 125, et le quotient 2 est écrit au rang des millièmes.

7. RÈGLE. Du raisonnement qui précède résulte la

*règle que voici pour évaluer un quotient en décimales:
On met une virgule à la droite de la partie entière
du quotient et l'on écrit un zéro à la droite du reste
pour le convertir en dixièmes. On obtient ainsi un
dividende partiel qui fournit au quotient le chiffre
des dixièmes. — A la droite du nouveau reste, s'il y
en a, on écrit encore un zéro pour le convertir en
centièmes. Le dividende partiel ainsi obtenu fournit
le chiffre des centièmes du quotient. — S'il y a
encore un reste, on écrit à sa droite un zéro pour
le convertir en millièmes et avoir le dividende partiel qui doit fournir au quotient le chiffre des millièmes. — On continue de la sorte jusqu'à ce que
l'on arrive à un reste nul, ou du moins jusqu'à ce
que le quotient ait le nombre de décimales voulu par
la question proposée.*

8. DIVISION D'UN NOMBRE ENTIER PAR UN NOMBRE
ENTIER PLUS GRAND. Si l'on avait à partager 3 francs
entre 8 personnes, il faudrait diviser 3 par 8. L'évaluation d'un quotient en décimales nous permet de
faire cette division.

$$
\begin{array}{r|l}
30 & 8 \\
60 & \\
40 & \overline{0,375} \\
00 & \\
\end{array}
$$

On dit : En 3 combien de fois 8? 0 fois. On écrit
donc 0 au rang des unités du quotient, et l'on place
une virgule après ce 0. Les 3 unités qui restent valent
30 dixièmes, nombre que l'on obtient en écrivant un
zéro à la droite du 3. Si l'on partage 30 dixièmes
entre huit personnes, la part de chacune est de 3 que
l'on écrit au rang des dixièmes du quotient; et il reste

6 dixièmes à partager. Ces 6 dixièmes sont convertis en centièmes au moyen d'un zéro écrit à la droite du 6. Cela fait, on divise 60 par 8. Le quotient 7 centièmes est écrit au rang des centièmes du quotient. Il reste encore 4 centièmes à partager. On les réduit en millièmes en écrivant un zéro à leur droite et l'on divise 40 par 8. Le quotient 5 est écrit au rang des millièmes du quotient. La part de chaque personne est donc les 0,375 d'un franc. Ou plus généralement 0,375 est le quotient de 3 divisé par 8. En effet, en multipliant 0,375 par 8, on obtient 3.

$$\begin{array}{r} 0,375 \\ 8 \\ \hline 3,000 \end{array}$$

On aurait pu, avec plus de simplicité, faire la division ainsi qu'il a été indiqué lorsque le diviseur est un nombre d'un seul chiffre.

$$\begin{array}{c} 3 \\ 0,375 \end{array}$$

On dit : le huitième de 3, c'est 0. Il reste 3 unités, qui valent 30 dixièmes. Le huitième de 30 dixièmes est 3 dixièmes pour 24; et il reste 6 dixièmes, qui valent 60 centièmes. Le huitième de 60 centièmes est 7 centièmes pour 56; et il reste 4 centièmes, qui valent 40 millièmes. Le huitième de 40 millièmes est 5 millièmes.

Divisons encore 3 par 625. L'opération est conduite de la manière suivante :

$$\begin{array}{r|l} 3000 & 625 \\ 5000 & \overline{0,0048} \\ 0000 & \end{array}$$

Après avoir écrit le dividende et le diviseur à la manière ordinaire, c'est-à-dire comme il suit,

$$3 \mid 625$$

on dit : En 3 combien de fois 625? 0 fois. On écrit 0 au quotient avec une virgule. On réduit les 3 unités du dividende en dixièmes, c'est-à-dire que l'on écrit un zéro à leur droite, et l'on dit : En 30 combien de fois 625? 0 fois. On écrit 0 au rang des dixièmes du quotient et l'on réduit les 30 dixièmes du dividende en centièmes au moyen d'un zéro placé à leur droite, ce qui donne 300. En 300 combien de fois 625? 0 fois. On écrit 0 au rang des centièmes du quotient, et l'on réduit les 300 centièmes en millièmes en écrivant un nouveau 0 à droite du dividende. En 3000 combien de fois 625? 4 fois. La soustraction faite, il reste 500 millièmes que l'on réduit en dix-millièmes au moyen d'un zéro écrit à leur droite. En 5000 combien de fois 625? 8 fois. 8 est écrit au rang des dix-millièmes. La soustraction donne pour reste 0. Le quotient est donc 0,0048.

En résumé, dans les cas semblables à celui qui vient de nous occuper, *après avoir mis 0 au rang des unités du quotient, on écrit 0 à diverses reprises, si c'est nécessaire, tant à la droite du dividende qu'à la droite du quotient, jusqu'à ce que le dividende ainsi modifié contienne le diviseur. La division s'achève alors comme d'habitude.*

Soit enfin à diviser 7 par 500

$$\begin{array}{c|c} 7 & 500 \\ 20 & \overline{0,014} \\ 00 & \end{array}$$

on dit : 7 ne contient pas 500. On écrit 0 au rang des unités du quotient et l'on fait suivre ce 0 d'une virgule. Maintenant, d'après la règle générale, il faudrait écrire 0 à la droite du 7, ce qui donnerait 70 pour dividende. Mais, dans ce cas, le dividende et le diviseur étant terminés par des zéros, on peut diviser l'un et l'autre par 10, ce qui ne change pas la valeur du quotient. Cette division par 10 s'obtient en barrant un 0 de part et d'autre. Il est donc inutile d'écrire le zéro à la droite du 7, mais il faut barrer un zéro à la droite du diviseur. On a de la sorte 7 à diviser par 50. Le quotient est encore 0, que l'on écrit au rang des dixièmes du quotient. On est une seconde fois conduit à mettre 0 à la droite du 7. Le dividende et le diviseur étant de nouveau terminés par un zéro, on peut les diviser l'un et l'autre par 10 au moyen de la suppression de ce zéro sans changer la valeur du quotient. Il est donc inutile d'écrire le zéro du dividende si l'on barre le zéro du diviseur. On a ainsi 7 à diviser par 5, et le chiffre obtenu doit se mettre au rang du quotient où l'on est arrivé, c'est-à-dire au rang des millièmes. La division s'achève alors comme d'habitude.

Donc : *quand le diviseur est terminé par des zéros, au lieu d'écrire un zéro à la droite du dividende, il faut en barrer un à la droite du diviseur.*

9. CAS OU LA DIVISION NE SE TERMINE PAS. Proposons-nous de diviser 21 par 17.

$$
\begin{array}{r|l}
21 & 17 \\
40 & \overline{1,2352} \\
60 & \\
90 & \\
50 & \\
16 &
\end{array}
$$

Après avoir obtenu quatre décimales au quotient, il reste encore 16, qui se prêterait à une nouvelle division, donnant elle-même naissance à un autre reste; et ainsi de suite indéfiniment avec les deux nombres proposés. Le quotient dans ce cas ne peut donc pas s'évaluer exactement en décimales.

L'opération qui précède nous offre l'occasion d'une remarque importante. Quelle est la valeur du reste 16? Serait-ce 16 unités? Évidemment non. Remarquons qu'en écrivant un zéro à la droite des restes successifs, nous avons converti ces restes en dixièmes, en centièmes, en millièmes, en dix-millièmes. 50, en particulier, qui nous fournit les 2 dix-millièmes du quotient, représente des dix-millièmes. L'excédant 16 représente donc des dix-millièmes, c'est-à-dire des unités du même ordre que le dernier chiffre du quotient. S'il était besoin d'employer ce reste, il faudrait l'écrire 0,0016.

D'une manière générale: *Le reste représente des unités du même ordre que le dernier chiffre du quotient.*

10. PREUVE DE LA DIVISION DES NOMBRES DÉCIMAUX. Cette preuve se fait, comme celle des nombres entiers, soit par 9, soit par la multiplication du quotient par le diviseur. Le produit, s'il n'y a pas de reste, doit donner le dividende. S'il y a un reste, la somme de ce reste et du produit doit donner le dividende.

Effectuons cette dernière preuve sur l'opération qui précède. Faisons d'abord le produit du quotient par le diviseur.

$$
\begin{array}{r}
1,2\ 3\ 5\ 2 \\
1\ 7 \\
\hline
8\ 6\ 4\ 6\ 4 \\
1\ 2\ 3\ 5\ 2 \\
\hline
2\ 0,9\ 9\ 8\ 4
\end{array}
$$

Au produit ajoutons le reste 16, en remarquant, d'après le paragraphe précédent, que ce nombre représente des unités du même ordre que le dernier chiffre du quotient et doit être écrit 0,0016.

$$\begin{array}{r} 20,9984 \\ 0,0016 \\ \hline 21,0000 \end{array}$$

On revient ainsi au dividende 21.

11. QUOTIENTS APPROCHÉS. Bien des fois l'évaluation complète du quotient ne peut se faire qu'avec un nombre embarrassant de décimales, ou même ne peut avoir lieu, aussi loin que la division soit poussée. Alors on arrête le quotient après tel ou tel chiffre, suivant le degré d'exactitude que l'on désire avoir. Il est rare que, dans les questions usuelles, il soit nécessaire d'évaluer le quotient avec plus de trois ou quatre décimales.

Si le quotient s'arrête à la première décimale, on dit qu'il est évalué *à un dixième près*, parce que l'erreur que l'on commet en négligeant le reste est moindre qu'un dixième. S'il s'arrête à la seconde, à la troisième décimale, il est évalué, *à un centième, à un millième près*, parce que l'erreur commise en négligeant le reste est moindre qu'un centième, qu'un millième.

Si, dans un problème, le quotient d'une division est un nombre définitif, c'est-à-dire un nombre qui ne doive pas après entrer dans d'autres opérations, en particulier dans une multiplication, il suffit le plus souvent de l'évaluer avec deux ou trois décimales. C'est ce que l'on ferait, par exemple, s'il fallait partager 4 francs entre 7 personnes. Mais si le quotient doit subir après une multiplication, il faut le calculer avec une approximation déterminée par les circonstances du problème. Supposons, par exemple, que le quotient doive, en dernier lieu, être multiplié par 1000. Par le fait de cette multiplication, les millièmes du quotient passeront au rang des unités; par conséquent, si dans le résultat final on veut avoir deux décimales exactes, il faut que le quotient en renferme au moins deux d'exactes au delà des millièmes, c'est-à-dire en renferme cinq.

Dans la pratique, *on calcule une décimale de plus que ne l'exigent les conditions du problème. Si cette décimale en plus dépasse 5, on l'efface et l'on augmente d'une unité la décimale précédente. Si elle est 5 ou moindre que 5, on l'efface sans rien changer à la décimale précédente.*

Supposons que la division de deux nombres ait fourni le quotient incomplet 3,1568 dont on ne veut conserver que trois décimales. Comme la quatrième décimale dépasse 5, on l'efface en augmentant d'une unité la décimale précédente, ce qui donne 3,157 pour quotient approché. On fait ainsi une erreur en *plus*, mais moindre que l'erreur en *moins* que l'on ferait en prenant 3,156 pour quotient. Effectivement, le nombre 3,156 diffère du quotient complet de 8 millièmes au moins, tandis que le quotient 3,157 en diffère de 2 millièmes au plus.

Questionnaire.

1.2. Comment se fait la division des nombres décimaux ? — Démontrez la règle. — 3. Que fait-on lorsque l'un des termes est sans décimales ? — 4. Dans quel cas le quotient est-il plus grand que le dividende ? — 5. Si le diviseur est contenu un certain nombre de fois dans l'unité, combien de fois le quotient contient-il le dividende ? — 6.-7. Comment évalue-t-on un quotient en décimales ? — 8. Comment se fait la division d'un nombre entier par un nombre entier plus grand ? — 9. A quel ordre d'unités appartient le reste d'une division ? — 10. Comment se fait la preuve de la division des nombres décimaux ? — 11. Qu'est-ce qu'un quotient approché à un dixième, un centième, etc. ? — 12. Quelle est la règle usitée en pratique pour la dernière décimale d'un quotient ?

Exercices sur la division des nombres décimaux.

Faire les divisions suivantes avec un quotient exact.

336. $\dfrac{5,4}{1,35}, \dfrac{10,4}{2,08}, \dfrac{37,5}{6,25}, \dfrac{2,8}{0,112}.$

337. $\dfrac{3}{0,25}, \dfrac{7}{0,125}, \dfrac{9}{0,5625}, \dfrac{12}{0,8}.$

338. $\dfrac{14}{0,4}, \dfrac{9,23}{0,065}, \dfrac{4,914}{0,042}, \dfrac{0,396}{0,0165}.$

339. $\dfrac{4,182}{1,23}, \dfrac{31,508}{51,4}, \dfrac{1,8788}{67,1}, \dfrac{0,012636}{2,43}.$

340. $\dfrac{160,768}{31,4}, \dfrac{0,2556}{18}, \dfrac{0,036352}{1,42}, \dfrac{0,392224}{54,4}.$

341. $\dfrac{7}{8}, \dfrac{12}{15}, \dfrac{9}{72}, \dfrac{18}{45}.$

342. $\dfrac{14}{56}, \dfrac{6}{75}, \dfrac{11}{176}, \dfrac{3}{24}.$

Faire les divisions suivantes avec trois décimales au quotient

343: $\dfrac{4}{17}, \dfrac{21}{13}, \dfrac{140}{19}, \dfrac{8}{12}.$

344. $\dfrac{2}{15}, \dfrac{5}{9}, \dfrac{15}{14}, \dfrac{16}{21}.$

345. $\dfrac{262}{4719}, \dfrac{729}{5817}, \dfrac{1451}{173}, \dfrac{5024}{531}.$

346. $\dfrac{1,17}{0,9}$, $\dfrac{0,093}{4,1}$, $\dfrac{50,27}{0,0049}$, $\dfrac{13,677}{0,91}$.

347. $\dfrac{0,00014}{2,84}$, $\dfrac{19,1101}{3,5}$, $\dfrac{4,005}{0,00152}$, $\dfrac{0,0061}{0,000028}$.

Pour les divisions des cinq derniers numéros, faire la preuve par la multiplication et l'addition du reste.

Exercices de calcul mental.

348. Diviser 5 par 0,25
    — 7 — 0,5
    — 9 — 0,20
    — 6 — 0,50

349. Diviser 3 par 0,125
    — 1 — 0,200
    — 4 — 0,25
    — 2 — 0,500

Évaluer à 0,1 près les quotients de

350.   3,157 par 73
       8   par 5,9
       11   par 17
       49   par 0,67.

Évaluer à 0,01 près les quotients de

351.   14   par 31
       108   par 7,01
       4,002 par 2,3
       9,38   par 19.

Évaluer à 0,001 près les quotients

352.   71   par 13
       1   par 7
       0,6   par 29
       7,603 par 349.

CHAPITRE XIII

Le mètre.

1. SYSTÈME MÉTRIQUE. Le mot *système* signifie *ensemble*. Le système métrique est l'ensemble des

8.

mesures légales usitées en France. On le qualifie de métrique parce qu'il est basé sur le *mètre*, c'est-à-dire que toutes les mesures dérivent de l'unité fondamentale, le mètre.

2. TERMES DÉSIGNANT LES MULTIPLES ET LES SOUS-MULTIPLES DE CHAQUE UNITÉ DE MESURE. Le système métrique est en parfait rapport avec notre numération décimale, car chaque unité de mesure est accompagnée d'unités supérieures de dix en dix fois plus grandes, appelées *multiples*; et d'unités inférieures de dix en dix fois plus petites, appelées *sous-multiples*. Les mêmes expressions servent à désigner les multiples et les sous-multiples des diverses unités de mesure. Ce sont pour les multiples :

Déca, qui signifie dix.
Hecto, qui signifie cent.
Kilo, qui signifie mille.
Myria, qui signifie dix mille.

Pour les sous-multiples :

Déci, qui signifie dixième partie.
Centi, qui signifie centième partie.
Milli, qui signifie millième partie.

Ces expressions précèdent l'unité de mesure que l'on a en vue. Ainsi kilomètre signifie mille mètres; hectare signifie cent ares ; centilitre signifie centième partie du litre ; décagramme signifie dix grammes, etc.

Dans l'écriture abrégée, on représente comme il suit ces expressions :

M veut dire myria.
k   —   kilo.
h   —   hecto.
D   —   déca.

d veut dire déci.
c — centi.
m — milli.

On remarquera l'emploi des majuscules M et D pour *myria* et *déca*, et des minuscules *m* et *d* pour *milli* et *déci*.

On fait suivre ces lettres de l'initiale du nom de l'unité à laquelle le nombre se rapporte. Ainsi 4^{kg} se lit 4 kilogrammes; 5^{Dm} se lit 5 décamètres; 7^{hl} se lit 7 hectolitres; 8^{cg} se lit 8 centigrammes; 9^{Mm} se lit 9 myriamètres; 3^{mg} se lit 3 milligrammes; 7^{ha} se lit 7 hectares, etc.

3. MÈTRE. *Le mètre est l'unité de mesure pour les longueurs.* La longueur du mètre n'a pas été choisie arbitrairement. Pour qu'il fût possible de retrouver en tout temps et en tout lieu la valeur du mètre, sur laquelle est basé le système métrique, on l'a déduite de la longueur la plus générale et la plus invariable qui soit à notre disposition, on l'a déduite du tour de la terre. Le tour entier de la terre étant divisé en quarante millions de parties, une de ces parties constitue le mètre. Le mètre est donc contenu 40000000 de fois dans le circuit du globe terrestre; ou bien *le mètre est la quarante-millionième partie du tour de la terre.*

4. MULTIPLES ET SOUS-MULTIPLES DU MÈTRE. Les multiples du mètre sont :

Le *décamètre*, qui vaut 10 mètres.
L'*hectomètre*, qui vaut 100 mètres.
Le *kilomètre*, qui vaut 1000 mètres.
Le *myriamètre*, qui vaut 10000 mètres.

Les sous-multiples sont :
Le *décimètre*, qui vaut la dixième partie du mètre.

Le *centimètre*, qui vaut la centième partie du mètre.
Le *millimètre*, qui vaut la millième partie du mètre.

Le mètre se divise donc en 10 parties égales, appelées décimètres; chaque décimètre se divise en 10 parties égales, appelées centimètres; chaque centimètre se divise en 10 parties égales, appelées millimètres.

Le décamètre vaut 10 mètres; l'hectomètre vaut 10 décamètres, ou 100 mètres; le kilomètre vaut 10 hectomètres, ou 1000 mètres; le myriamètre vaut 10 kilomètres, ou 10000 mètres.

Ces diverses unités se trouvent ainsi de 10 en 10 fois plus fortes en remontant des plus petites aux plus grandes; et de 10 en 10 fois plus faibles en descendant des plus grandes aux plus petites. Elles suivent donc la même loi que les unités des divers ordres dans la numération décimale, ce qui apporte une extrême facilité dans l'écriture numérique.

5. VALEUR DES SOUS-MULTIPLES DU MÈTRE. Pour donner une idée des trois sous-multiples du mètre, nous figurons ici le décimètre, divisé en ses dix centimètres. Le premier centimètre est lui-même divisé en ses dix millimètres (fig. 1).

6. USAGES. Le mètre sert à l'évaluation des longueurs de moyenne étendue. La longueur d'un champ, d'une pièce d'étoffe, d'un mur, d'un appartement, etc., se mesure au mètre. — Si l'objet est de petites dimensions, ou s'il faut apporter dans la mesure un certain degré de précision, on se sert du décimètre, du centimètre, du millimètre, suivant le degré d'exactitude que l'on désire obtenir. Les dimensions d'une feuille de papier, d'une brique, d'une règle, s'évaluent avec les sous-multiples du mètre. — Les grandes distances,

particulièrement les longueurs des routes, s'évaluent avec l'hectomètre, le kilomètre, le myriamètre. Aussi appelle-t-on ces trois dernières mesures *mesures itinéraires*, c'est-à-dire mesures des routes. Sur les routes importantes, des bornes, dites *bornes kilométriques*, indiquent la distance de kilomètre en kilomètre, ou de demi-kilomètre en demi-kilomètre.

On nomme *lieue métrique* la distance de quatre kilomètres. Un piéton sans charge, réglant son pas de manière à fournir une course de quelque durée, parcourt environ six kilomètres en une heure, c'est-à-dire une lieue métrique et demie.

7. LECTURE ET ÉCRITURE D'UNE LONGUEUR. Un nombre concret est accompagné du nom de l'espèce d'unité à laquelle elle se rapporte. Pour désigner des mètres, on est dans l'usage d'écrire un *m* à droite et un peu au dessus du chiffre des unités. Cet *m* s'appelle l'*indice*, parce qu'il indique la nature de l'unité. Ainsi 13^m se lit 13 mètres.

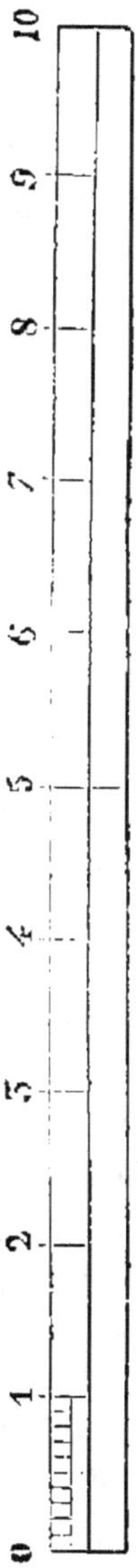

S'il y a des sous-multiples du mètre, on les écrit comme les nombres décimaux, c'est-à-dire que l'on met une virgule après le chiffre des unités et que l'on place les décimètres au rang des dixièmes, les centimètres au rang des centièmes, les millimètres au rang des millièmes. Ainsi 4^m,12 se lit 4 mètres, 1 décimètre et 2 centimètres; ou, ce qui est mieux, 4 mètres 12 centimètres, de même qu'on lirait 4 unités 12 centièmes s'il n'y avait pas l'indice *m*. Pareillement, 3^m,145 pourrait se lire 3 mètres, 1 décimètre, 4 centimètres, et 5 mil-limètres ; mais on dit plus rapidement 3 mètres 145 mil-limètres, de la même manière que l'on dirait, en l'absence de l'indice, 3 unités 145 millièmes.

Un nombre contenant les sous-multiples du mètre se lit donc comme un nombre décimal abstrait ; seulement, en tenant compte de l'indice, on dit mil-limètres pour millièmes, centimètres pour centièmes, etc.

L'écriture d'une longueur énoncée ne présente pas plus de difficulté.

On écrit le nombre comme si c'était un nombre décimal abstrait, et l'on met l'indice m au chiffre des unités.

Soit à écrire 15 mètres 18 millimètres. On écrit le nombre comme s'il était énoncé 15 unités, 18 millièmes, et l'on met l'indice *m* au chiffre des unités : 15^m,018.

Soit encore 24 centimètres. Écrivons 24 centièmes et mettons l'indice au 0 qui remplace les unités absentes ; nous aurons : 0^m,24.

Suivant la nature de la question, on peut prendre pour unité tantôt un sous-multiple, tantôt un multiple du mètre. L'indice doit faire connaître l'unité adoptée. Ainsi, 24^{mm} se lit 24 millimètres ; 12^{dm} se lit 12 déci-mètres ; 142^{cm} se lit 142 centimètres.

De même 18^{km} se lit 18 kilomètres ; 9^{hm} se lit 9 hec-tomètres ; 7^{Mm} se lit 7 myriamètres ; 9^{Dm} se lit 9 déca-mètres.

Quand à la suite de l'unité adoptée se trouvent des décimales, ces décimales expriment des longueurs de 10 en 10 fois plus faibles. Ainsi 16^{km},745 exprime 16 kilomètres par sa partie entière, 7 hectomètres par le premier chiffre décimal, 4 décamètres par le second et 5 mètres par le troisième. On le lit : 16 kilomètres et

745 mètres. En effet, le mètre est la millième partie du kilomètre pris pour unité, et les trois décimales placées à la suite de la virgule désignent des millièmes de l'unité.

8. MESURES RÉELLES ET MESURES FICTIVES. Les mesures *réelles* sont celles dont on fait *réellement* usage pour évaluer les quantités, celles enfin que l'on manie. Les autres sont des mesures *fictives*; l'esprit les conçoit, mais on n'en fait pas réellement usage. Ainsi, le kilomètre est bien une longueur, mais on ne fait pas emploi d'une mesure réelle, cordon, ruban, règle, chaîne ou autre chose de ce genre, ayant la longueur d'un kilomètre. Le mètre, au contraire, est représenté par un objet que l'on manie, que l'on porte sur la longueur à mesurer. Le mètre est une mesure réelle, le kilomètre est une mesure fictive.

Une même loi règle les mesures réelles adoptées. C'est celle-ci : *Toute mesure réelle plus grande que l'unité vaut 1 fois, 2 fois, 5 fois, soit l'*UNITÉ SIMPLE*, soit le* DÉCA*, soit l'*HECTO*, soit le* KILO; *toute mesure réelle plus petite que l'unité vaut 1 fois, 2 fois, 5 fois, soit le* DÉCI*, soit le* CENTI; *soit le* MILLI.

La série complète des mesures est loin d'exister pour chaque espèce d'unité du système métrique. Celles qui, par leurs dimensions trop grandes ou trop petites, seraient embarrassantes, ne sont pas adoptées. Les mesures réelles sont vérifiées et poinçonnées par le vérificateur des poids et mesures.

9. MESURES RÉELLES DE LONGUEUR. Les mesures réelles adoptées pour les longueurs sont :

Le *double décamètre*, qui vaut	20 mètres.
Le *décamètre* (chaîne d'arpenteur) =	10 mètres.
Le *demi-décamètre* —	5 mètres.

Le *double mètre*, qui vaut   2 mètres.
Le *mètre*,   —   1 mètre.

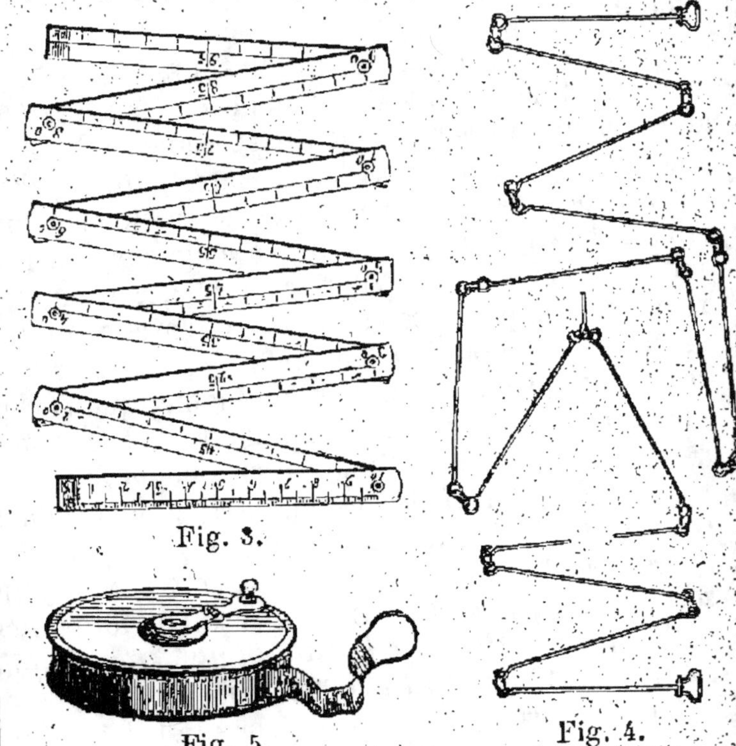

Fig. 2.

Fig. 3.

Fig. 5.

Fig. 4.

Le *demi-mètre*, qui vaut   5 décimètres.
Le *double décimètre*,   —   2 décimètres.
Le *décimètre*,   —   1 décimètre.

Le mètre dont on se sert pour mesurer les étoffes est une règle en bois, protégée par une garniture de métal à ses deux extrémités (fig. 2).

Les maçons, menuisiers, charpentiers, etc., emploient de préférence le mètre *pliant*, qui se replie en dix parties d'un décimètre chacune. L'instrument est en buis, en cuivre jaune, en baleine, en ivoire (fig. 3).

Le décimètre et le double décimètre sont de fines règles à bord tranchant, divisées en centimètres et millimètres. On les fait en buis ou en ivoire.

La chaîne d'arpenteur, ou décamètre, est formée de 50 tringles de gros fil de fer unies par des anneaux. La première et la dernière sont armées de poignées. Chaque tringle ou *chaînon* a deux décimètres de longueur. Cinq chaînons font un mètre. Les chaînons sont unis l'un à l'autre par des anneaux de fer ; mais, de mètre en mètre ou de cinq en cinq chaînons, l'anneau de fer est remplacé par un anneau de cuivre jaune, qui permet de reconnaître aisément les mètres. Enfin, au milieu de la chaîne, un appendice en fer indique la longueur de 5 mètres (fig. 4). Pour se servir de la chaîne d'arpenteur, deux personnes la prennent chacune par l'une des poignées et la tendent sur la ligne à mesurer.

Un décamètre moins embarrassant est celui qui se compose d'un long ruban divisé en mètres et déci mètres par des traits coloriés. Le ruban est contenu dans une boîte circulaire dans laquelle il s'enroule au moyen d'une petite manivelle située sur l'une des faces de la boîte. Quand on veut se servir de la mesure, on l'extrait de sa boîte en la tirant par l'anneau ou la poignée qui la termine extérieurement (fig. 5).

10. OPÉRATIONS SUR LES NOMBRES MÉTRIQUES. Le calcul sur des nombres exprimant des longueurs mesurées au mètre se fait absolument de la même manière que sur les nombres décimaux. Il en est de même pour tous les nombres se rapportant à une unité quelconque du système métrique. La seule condition à observer, c'est que les nombres de même nature soient rapportés à la même unité. S'il s'agit de

longueurs à additionner, par exemple, il faut que tous les nombres représentent soit des mètres, soit des kilomètres, soit des décimètres, sinon on ferait la somme de quantités d'espèce différente. Si l'énoncé de la question renferme des longueurs rapportées à des unités de plusieurs sortes, avant d'opérer, on ramène ces nombres à la même unité, particulièrement au mètre, par le déplacement de la virgule ou l'emploi de zéros.

Combien font, par exemple, 327 mètres et 17 décamètres ? — Réduisons les décamètres en mètres, en multipliant 17 par 10. Nous aurons ainsi à faire la somme de 327 mètres et de 170 mètres.

Que reste-t-il de 5 kilomètres si l'on en retranche 1259 mètres ? — Réduisons les 5 kilomètres en 5000 mètres et la soustraction sera sans difficulté, etc., etc.

Questionnaire.

1. Que signifie le mot système ? — Qu'est-ce que le système métrique ? — 2. Comment désigne-t-on les multiples et les sous-multiples des diverses unités de mesure ? — Quels signes emploie-t-on pour représenter ces multiples et ces sous-multiples ? — 3. Qu'est-ce que le mètre ? — 4. Dites les multiples et les sous-multiples du mètre ? — 5. Montrez au tableau quelle est à peu près la longueur du mètre, du décimètre, du centimètre, etc. ? — 6. Quels sont les usages du mètre, de ses sous-multiples, de ses multiples ? — Qu'appelle-t-on mesures itinéraires ? — Quelle est la valeur de la lieue métrique ? — 7. Comment lit-on et écrit-on un nombre métrique ? — 8. Qu'appelle-t-on mesures réelles et mesures fictives ? — Quelle est la loi qui règle les mesures réelles ? — 9. Quelles sont les mesures réelles de longueur ? — 10. Comment se font les opérations arithmétiques sur les nombres métriques ?

Exercices sur le mètre.

Lire les longueurs suivantes :

353. $2^m,14$.
$0^m,156$.
$0^m,014$.
$32^m,07$.

354. $7^{km},552$.
$8^{km},48$.
$9^{km},062$.
$7^{km},14$.

355. $2^{hm},25$.
$1^{hm},7$.
$9^{km},08$.
$17^{hm},16$.

356. $8^m,7$.
$0^m,09$.
$0^m,008$.
$1^m,25$

357. $6^{km},4572$.
$2^{mm},07$.
$1^{Mm},009$.
$5^{km},9$.

Écrire en chiffres les longueurs suivantes :

358. Trois mètres quinze centimètres.
Six mètres vingt-huit millimètres.
Soixante-quinze millimètres.
Dix-sept décimètres.

359. Cent soixante-deux centimètres.
Six cent vingt-huit millimètres.
Quatre-vingt-huit décimètres.
Huit mille cent douze millimètres.

360. Quatre kilomètres sept décamètres.
Douze kilomètres six hectomètres.
Quinze kilomètres trois hectomètres sept mètres.
Vingt-sept hectomètres trente-deux mètres.

361. Cinq myriamètres trois hectomètres.
Huit myriamètres deux kilomètres sept décamètres.
Onze myriamètres un hectomètre neuf mètres.
Six myriamètres un kilomètre quatre hectomètres.

Dire combien font en mètres les longueurs des numéros 360 et 361.

Problèmes sur le mètre.

362. Quel est le tour de la terre : 1° en myriamètres ; 2° en kilomètres ; 3° en hectomètres ; 4° en décamètres ?

363. Quel est le tour de la terre en lieues métriques?

364. En creusant un puits, on a traversé $0^m,85$ de terre végétale, $3^m,6$ de gravier, $5^m,27$ d'argile. C'est alors que l'eau a surgi. Quel est la profondeur du puits?

365. Un chemin vicinal a été exécuté en quatre ans. La première année on a fait 9^{km} et 7^{Dm}; la seconde année, 8^{km} et 5^{hm}; la troisième année, 11^{km}, 3^{hm} et 6^{Dm}; enfin la quatrième année 7^{km}, 5^{Dm} et 8^m. Quelle est en mètres la longueur du chemin?

366. Les roues d'une charrette ont $5^m,652$ de circuit. Combien de tours ont fait ces roues après un parcours de 4^{km}?

367. Quel parcours représentent 1627 tours des mêmes roues?

368. On veut entourer de mûriers un terrain qui mesure $1591^m,2$ de circuit. Les mûriers devant être séparés l'un de l'autre par une distance de $15^m,6$, combien en faudra-t-il pour entourer ce terrain et combien coûtera la plantation, chaque mûrier planté revenant à 2 fr.?

369 La longueur d'un rail est de 6 mètres. En laissant d'un rail à l'autre l'intervalle de $0^m,004$ pour laisser du jeu à la dilatation du fer, combien de rails faudra-t-il pour la double ligne d'une voie ferrée de 100 kilomètres de longueur?

370. Déterminer la somme des intervalles vides d'une ligne de rails de la même voie?

371. Les traverses en bois qui soutiennent les rails sont distantes l'une de l'autre de $0^m,90$. Combien en faut-il pour une voie de 25^{km} et 8^{hm} de longueur?

372. Une locomotive Crampton du chemin de fer du Nord effectue, par an, un parcours total de 47400^{km}. De combien ce parcours dépasse-t-il le tour de la terre?

373. Une ligne télégraphique à double fil revient avec ses poteaux de pin, ses supports, etc., à 360 fr. par kilomètre. Que coûtera une ligne de 25^{km}, 6^{hm}, 7^{Dm}?

374. La distance du soleil à la terre est de 38 000 000 de lieues métriques. Évaluer cette distance en myriamètres.

375. Dans un escalier spiral on compte 153 marches qui conduisent à une hauteur de $27^m,54$. Quelle est la hauteur d'une marche?

376. Les deux dimensions d'une ardoise font ensemble $0^m,37$. La longueur dépasse la largeur de $0^m,09$. Quelles sont les deux dimensions de l'ardoise?

377. Un rouleau de tapisserie a $0^m,47$ de largeur. Comi

bien de fois faudra-t-il cette largeur pour tapisser un mur de 8ᵐ,7 de longueur ?

378. Sur trois longueurs mesurées, la première a 1ᵐ,85, la seconde a 0ᵐ,287 de plus, et la troisième 0ᵐ,45 de moins que la première. Quelle est la longueur de l'ensemble?

379. Le tour de la terre est divisé en 360 parties égales qu'on appelle degrés. Quelle est en mètres la valeur d'un degré?

380. Combien d'épingles de 0ᵐ,045 de longueur peut-on retirer d'un fil de laiton de 12ᵐ,7 de longueur?

CHAPITRE XIV

Le mètre carré. — L'are.

1. CARRÉ. Mesurer une superficie, c'est chercher combien de fois il faudrait lui superposer, pour la recouvrir, un carré pris pour unité de surface. *Le carré est une figure formée de quatre côtés égaux disposés d'équerre l'un sur l'autre.*

2. SUPERFICIE D'UN CARRÉ. Si le côté d'un carré est égal à 2 fois, 3 fois, 4 fois...; 10 fois, etc., le côté d'un autre carré, la superficie du premier est égale à 4 fois, 9 fois, 16 fois..., 100 fois, etc., celle du second. — Le côté AB du grand carré contient, par exemple, 10 fois le côté *ab* du petit carré. Alors la superficie du grand contient 100 fois celle du petit. — Par le premier point de division du côté AC menons une parallèle au côté AB, c'est-à-dire une ligne droite qui soit partout également distante de AB. Nous détacherons ainsi du grand carré une bande qui aura dans un sens la dimension du petit carré, et dans l'autre 10 fois cette dimension. Si nous faisions la même construction pour les autres points de division du côté AC, nous obtiendrions évidemment en tout 10 bandes pareilles. Maintenant, par le premier point de division du côté AB, menons, à travers la bande, une parallèle au côté AC. Nous détacherons de la bande un carré égal au petit carré *abcd*. Si la même construction était répétée pour toute la bande, on obtiendrait 10 de ces carrés pour la bande entière. On en obtiendrait par conséquent 10 fois 10, ou 100 pour le grand carré entier, qui contient 10 fois

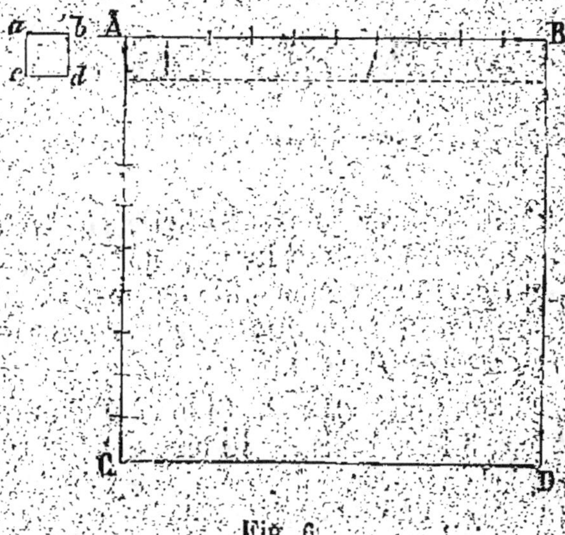

Fig. 6.

cette bande. Le carré dont le côté est décuple a donc une superficie centuple.

On trouverait de même que, si le côté est 2 fois, 3 fois, 4 fois, etc., plus grand, la superficie est 4 fois, 9 fois, 16 fois, etc., plus grande. Remarquons que 4 est égal à 2 fois 2, que 9 est égal à 3 fois 3, que 16 est égal à 4 fois 4, que 100 est égal à 10 fois 10; c'est-à-dire que chaque fois la superficie est exprimée par un nombre égal au côté du carré multiplié par lui-même. *On obtient donc la superficie d'un carré en multipliant son côté par lui-même.*

3. SUPERFICIE D'UN RECTANGLE. *On appelle rectangle une figure formée de quatre côtés égaux deux à deux et d'équerre l'un sur l'autre.* La superficie du rectangle revenant fort souvent, nous établirons ici comment on l'obtient. — Supposons que l'unité de surface soit le carré *abcd*. On cherche combien de fois le côté *ab* de ce carré est contenu dans la *longueur* HK du rectangle, et combien de fois il est contenu dans la *hauteur* HM. La longueur le contient 8 fois et la hauteur 5 fois. On fait le

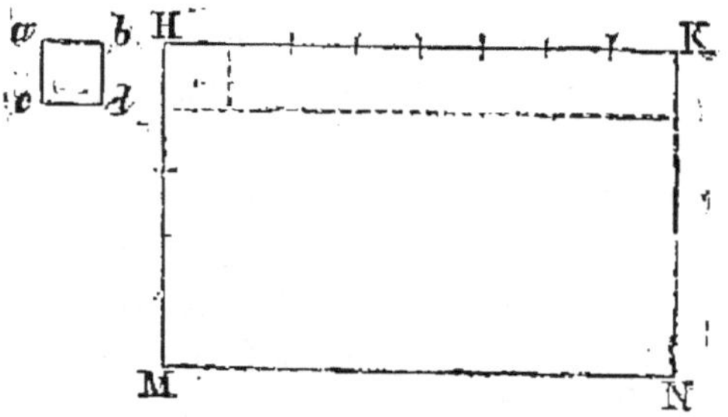

Fig. 7.

produit de ces deux nombres : 5 fois 8 font 40. Le rectangle contient 40 fois le carré pris pour unité de superficie. — En effet, en menant des parallèles à HK par les points de division de HM, on décomposerait le rectangle en 5 bandes pareilles à celle qui est figurée. De même, en menant des parallèles à HM par les points de division de HK, on décomposerait chaque bande en 8 carrés pareils à celui qui est figuré et égaux chacun au carré pris pour unité de superficie. Chaque bande vaut 8 carrés, et il y a 5 bandes. Le rectangle vaut donc 5 fois 8 ou 40 fois le carré pris pour unité. — *On obtient donc la superficie d'un rectangle en multipliant la longueur par la largeur.*

4. MÈTRE CARRÉ. *L'unité de superficie est le mètre carré, c'est-à-dire un carré qui a un mètre de côté.*

Le décimètre carré est un carré qui a un décimètre de côté.

Le centimètre carré est un carré qui a un centimètre de côté.

Le millimètre carré est un carré qui a un millimètre de côté.

Le mètre carré vaut 100 fois le décimètre carré. En effet, son côté étant 10 fois plus grand, sa superficie doit être 10 fois 10 ou 100 fois plus grande, d'après ce qui a été démontré au paragraphe 2.

Pareillement, le décimètre carré vaut 100 fois le centimètre carré, parce que son côté est 10 fois plus grand. Enfin le centimètre carré vaut 100 fois le millimètre carré, parce que son côté est 10 fois plus grand.

En résumé, le mètre carré vaut 100 fois le décimètre carré, 100 fois 100 ou 10000 centimètres carrés, 100 fois 10000 ou 1000000 de millimètres carrés.

On emploie quelquefois encore les expressions de kilomètre carré, myriamètre carré, etc. Il faut entendre par là un carré dont le côté a un kilomètre, un myriamètre, etc., de longueur. Quant à la valeur de ces surfaces exprimées en mètres carrés, elle est facile à trouver d'après le paragraphe 2. Il suffit de multiplier la longueur du côté par elle-même pour avoir le nombre de mètres carrés.

Aussi le décamètre carré vaut 10×10, ou 100 mètres carrés.

Le kilomètre carré vaut $1\,000 \times 1\,000$, ou 1.000.000 de mètres carrés.

Le myriamètre carré vaut $10\,000 \times 10\,000$, ou 100.000.000 de mètres carrés, etc.

Le mètre carré n'est pas une mesure réelle, c'est-à-dire un carré que l'on superpose réellement sur la surface à mesurer autant de fois qu'il peut y être contenu ; *c'est une mesure fictive*, à laquelle la géométrie rapporte les surfaces par des procédés qu'elle enseigne, ainsi que nous venons de l'établir pour le rectangle et le carré.

5. LECTURE ET ÉCRITURE D'UNE SUPERFICIE EXPRIMÉE EN MÈTRES CARRÉS. L'indice du mètre carré est ^{mq} que l'on place un peu à droite et au-dessus du chiffre des unités. Ainsi, 4^{mq} se lit 4 mètres carrés.

Examinons comment doivent se lire les décimales qui peuvent accompagner un nombre de mètres carrés.

Nous venons de voir que le décimètre carré est contenu 100 fois dans le mètre carré. Il vaut par conséquent 1 *centième* de mètre carré. Alors le nombre $1^{mq},23$, qui comprend 23 centièmes de l'unité, n'importe la nature de cette unité, doit se lire 1 mètre carré et 23 décimètres carrés.

Soit encore le nombre $2^{mq},7$. Rien n'empêche de supposer un 0 à la droite du 7, et alors le nombre contient 70 centièmes de l'unité. Mais comme le centième de l'unité actuelle est le décimètre carré, le nombre se lit 2 mètres carrés et 70 décimètres carrés.

Supposons un plus grand nombre de décimales, supposons le nombre $5^{mq},0175$. Les décimales expriment 175 dix-millièmes de l'unité. Mais le centimètre carré est contenu 10 000 fois dans le mètre carré, dont il est par conséquent le dix-millième. Le nombre proposé se lit donc 5 mètres carrés et 175 centimètres carrés.

Soit enfin $0^{mq},894$. Avec un zéro écrit à la droite des décimales, le nombre représente 8940 dix-millièmes de l'unité et par conséquent doit se lire 8940 centimètres carrés.

En résumé : *S'il y a deux chiffres décimaux, ces chiffres représentent des décimètres carrés ; s'il y en a quatre, ils représentent des centimètres carrés ; s'il* y en a six, ils représentent des millimètres carrés.

Si le nombre des décimales est impair, c'est-à-dire égal à 1, ou 3, ou 5, on le rend pair par un zéro que l'on écrit ou que l'on suppose à la droite des décimales. La lecture se fait alors comme il vient d'être dit.

On voit que la partie décimale d'un nombre dont l'unité est le mètre carré doit toujours avoir un nombre pair de chiffres, 2, 4 ou 6, pour être exprimé en décimètres carrés, centimètres carrés, millimètres carrés. Le dernier chiffre à droite peut être un zéro sous-entendu.

Si l'on veut énoncer séparément les décimètres carrés, les centimètres carrés, etc., on remarquera que *les deux premiers chiffres à droite de la virgule re-présentent des décimètres carrés, les deux suivants des centimètres carrés, les deux suivants des milli-mètres carrés.*

Ainsi, le nombre 2^{mq},140852 se lit : 2 mètres carrés, 14 décimètres carrés, 8 centimètres carrés, 52 milli-mètres carrés. Mais il est préférable de lire le nombre en une seule fois et de dire 2 mètres carrés, 140852 millimètres carrés.

Quelquefois la lecture se fait d'une autre manière. Ainsi le nombre 3^{mq},8 se lit 3 mètres carrés et 8 dixièmes de mètre carré. Et en effet, par sa position au premier rang après la virgule, le chiffre 8 exprime des dixièmes de l'unité, quelle que soit cette unité. *Il ne faut pas confondre le dixième de mètre carré avec le décimètre carré.* Le dixième de mètre carré est la dixième partie de la superficie totale et vaut par conséquent la dixième partie des 100 décimètres carrés contenus dans le mètre carré; il vaut enfin 10 déci-mètres carrés. Aussi ce chiffre 8, placé au premier rang après la virgule, exprime-t-il 80 décimètres carrés, ainsi que nous venons de le voir.

L'écriture d'un nombre désignant une superficie ne présente aucune difficulté si l'on se rappelle qu'*il faut 2 décimales pour exprimer les décimètres carrés, 4 pour exprimer les centimètres carrés, 6 pour exprimer les millimètres carrés.*

Soit à écrire 185 centimètres carrés. Il faut ici 4 décimales ; et comme le nombre ne contient que 3 chiffres, on le fait précéder d'un zéro pour compléter les 4 décimales. On a ainsi $0^{mq},0185$. La superficie proposée est de la sorte exactement représentée, car le centimètre carré étant le dix-millième du mètre carré, il faut que les décimales expriment des dix-millièmes. C'est ce qui a lieu en effet, puisque ces décimales sont au nombre de quatre.

Soit encore 12 centimètres carrés. Il faut 4 décimales et le nombre n'a que 2 décimales. On fait donc précéder 12 de deux zéros : $0^{mq},0012$.

Soit enfin 4 mètres carrés et 35 décimètres carrés. Il faut 2 décimales. Le nombre lui-même les donne précisément. On écrit donc : $4^{mq},35$.

Parfois le nombre est énoncé en plusieurs parties, comme dans cet exemple : écrire 3 décimètres carrés, 7 centimètres carrés et 23 millimètres carrés. — La dernière espèce d'unité indique qu'il faut six décimales, savoir : deux pour les décimètres carrés, deux pour les centimètres carrés, et, enfin, deux pour les millimètres carrés. Les décimètres carrés ne fournissant qu'un chiffre, on fait précéder ce chiffre d'un zéro pour tenir place des dizaines de décimètres carrés absentes ; — pareille chose a lieu pour les centimètres carrés dans l'exemple cité ; mais les millimètres carrés, contenant deux chiffres, sont écrits tels quels. On a ainsi :

$$0^{mq},030723.$$

En résumé : *les deux premiers chiffres après la virgule appartiennent aux décimètres carrés, les deux suivants aux centimètres carrés, les deux suivants aux millimètres carrés. Si l'un de ces ordres de mesure manque en entier, on le remplace par deux zéros ; s'il ne contient que des unités, on met un zéro à la place des dizaines absentes.*

6. PROBLÈME. Pour achever de fixer les idées, résolvons la question suivante: *La longueur d'une table est de* $3^m,43$; *la largeur est de* $1^m,6$. *Quelle est la superficie de la table?* — D'après la règle donnée, multiplions la longueur par la largeur :

$$\begin{array}{r} 3,4\,3 \\ 1,6 \\ \hline 2\,0\,5\,8 \\ 3\,4\,3 \\ \hline 5,4\,8\,8 \end{array}$$

Le produit exprime des mètres carrés. En mettant l'indice voulu, on a : $5^{mq},488$. Ce nombre se lit : 5 mètres carrés, 4 880 centimètres carrés ; ou bien 5 mètres carrés, 48 décimètres carrés et 80 centimètres carrés.

7. USAGES DU MÈTRE CARRÉ. Le mètre carré sert pour les superficies de petite étendue, comme la surface du parquet d'un appartement, la surface d'un mur, la surface d'une pièce d'étoffe, d'une planche, etc.

8. ARE. *L'are est l'unité de mesure pour les surfaces agraires. C'est un carré ayant 10 mètres de côté, et par conséquent 100 mètres carrés de superficie.*

Puisque le côté du carré que l'on nomme are a 10 mètres de longueur, la superficie de ce carré est égale à 10 fois 10 ou à 100 mètres carrés, ainsi qu'on l'a établi au paragraphe 2. *L'are vaut donc 100 mètres carrés.*

L'are n'a qu'un sous-multiple employé, c'est le *centiare*, ou centième partie de l'are. Puisque l'are vaut 100 mètres carrés, sa centième partie vaut 1 mètre carré. *Le centiare vaut donc un mètre carré.*

Le seul multiple de l'are employé est l'*hectare* ou cent ares.

L'hectare vaut cent ares et par conséquent 100 *fois* 100 *ou* 10.000 *mètres carrés. Un carré de* 100 *mètres de côté représente l'hectare;* car il vaut, lui aussi, 100 fois 100 ou 10.000 mètres carrés.

Comme le mètre carré, *l'are est une mesure fictive.* Son indice est ª. Ainsi, 12ª se lit 12 ares.

9. CONVERSION DES MÈTRES CARRÉS EN ARES ET RÉCIPROQUEMENT. *Une surface étant exprimée en mètres carrés, on l'évalue en ares en divisant le nombre par* 100; car, puisque l'are vaut 100 mètre carrés, autant de fois il y aura 100 mètres carrés dans la superficie, autant de fois l'are sera contenu dans cette superficie.

Inversement : *Pour traduire en mètres carrés une superficie en ares,* il faut multiplier le nombre par 100, puisqu'un are vaut 100 mètres carrés.

10. PROBLÈMES. *Un champ de forme rectangulaire a* 265^m *de longueur sur* 123^m *de largeur. Quelle est sa superficie en ares?*

Multiplions la longueur par la largeur.

$$265$$
$$123$$
$$\overline{795}$$
$$530$$
$$265$$
$$\overline{32595}$$

Le produit exprime des mètres carrés : 32595^{mq}. Pour le réduire en ares, il faut le diviser par 100, en séparant deux décimales par une virgule. On a ainsi 325^a,95, c'est-à-dire, 325 ares et 95 centiares. En remarquant que 300 ares font 3 hectares, le nombre peut se lire encore : 3 hectares, 25 ares, et 95 centiares.

La superficie d'un jardin est de 63 ares et 25 centiares. Evaluer cette superficie en mètres carrés.

Écrivons la superficie rapportée à l'are : 63^a,25. Multiplions maintenant le nombre par 100 et nous aurons la superficie exprimée en mètres carrés :

$$6325^{mq}.$$

Questionnaire.

1. Qu'est-ce que mesurer une superficie ? — Qu'appelle-t-on carré ? — 2. Démontrez qu'un carré dont le côté vaut 10 fois la longueur du côté d'un second carré a une surface 100 fois plus grande. — Comment obtient-on la superficie d'un carré ? — 3. Comment obtient-on la superficie d'un rectangle? — 4. Qu'est-ce que le mètre carré ? — Combien vaut-il de décimètres carrés ? — Quelle est la superficie du décamètre carré, du kilomètre carré? — 5. Combien faut-il de décimales pour représenter des décimètres carrés, des centimètres carrés? — 6 et 7. Quels sont les usages du mètre carré? — 8. Qu'est-ce que l'are? — Quelle est la valeur du centiare ? — Quel est le côté du carré ayant un hectare de superficie? — 9. Que faut-il faire pour convertir les mètres carrés en ares ? — 10. Que faut-il faire pour convertir les ares en mètres carrés ?

Exercices sur le mètre carré et l'are.

Lire les superficies suivantes :

381.   3mq,05.   383.   112a,7.
        0mq,754.   28a,04.
        2mq,6056.   14a,27.
        4mq,071.   151a,09.

382.   23mq,031.   384.   627a,5.
        14mq,9.   1245a,78.
        0mq,00067.   4761a,8.
        0mq,00152.   15945a,9.

Écrire en chiffres les superficies suivantes :

385.   Trois mètres carrés cent quarante-deux centimètres
        carrés.
        Quatre-vingt-dix-sept décimètres carrés.
        Quatre centimètres carrés.
        Six cent vingt-neuf décimètres carrés.

386.   Huit cent quarante-neuf décimètres carrés.
        Cent trente-cinq centimètres carrés.
        Huit mètres carrés sept centimètres carrés.
        Neuf mille douze décimètres carrés.

387.   Cent treize centimètres carrés.
        Huit millimètres carrés.
        Cent vingt-sept millimètres carrés.
        Un mètre carré trois décimètres carrés.

Convertir en ares, hectares et centiares les superficies suivantes :

388.   3924mq.   389.   12mq.
        56702mq.   9mq.
        35008mq.   101mq.
        7427mq.   7mq.

Convertir en mètres carrés les superficies suivantes :

390.   Trois hectares huit ares dix-huit centiares.
        Douze hectares quatorze centiares.
        Vingt hectares quarante-deux ares.
        Cinquante-six ares trois centiares.

391.   Cent hectares cinquante-huit ares.
        Un hectare cent vingt-deux centiares.

Deux hectares trois cent douze centiares.
Cinq hectares douze ares sept centiares.

Problèmes sur le mètre carré et l'are.

392. Une brique de forme carrée a $0^m,32$ de côté. Combien faut-il de ces briques pour carreler un appartement qui a 7^m dans un sens et $5^m,2$ dans l'autre ?

393. Pour un plafond, on emploie des planches de $2^m,45$ de longueur sur $0^m,27$ de largeur. Combien en faudra-t-il si le plafond a $12^m,8$ dans un sens et $8^m,5$ dans l'autre ?

394. Calculer la superficie d'un champ de forme rectangulaire dont les dimensions sont 857^m et 513^m.

395. Par les chaleurs du mois d'août, la surface de la terre complètement imbibée laisse évaporer en 24 heures environ 4 litres d'eau par mètre carré. Quelle est, dans ces conditions, la quantité d'eau enlevée par le soleil à un champ de 3^{ha} 42^a ?

396. Dans un sol peu profond, un cep de vigne occupe une superficie de $3^{mq},06$; dans un sol profond, on ne lui donne que $0^{mq},64$. Dans l'un et l'autre cas, combien y a-t-il de ceps pour 1^{ha} d'étendue ?

397. Une terre de forme rectangulaire a 3^{ha} 17^a et 32^{ca} de superficie. Sa longueur est de 246^m. Quelle est sa largeur ?

398. Quelle est la surface d'un carré de $17^m,28$ de côté ?

399. Déterminer la superficie d'une route de 100 kilomètres de longueur et de $11^m,6$ de largeur.

400. Les rouleaux de tapisserie ont 12^m de longueur et $0^m,48$ de largeur. Combien en faudra-t-il pour tapisser les murs d'une salle carrée dont les côtés ont $7^m,5$ de longueur sur $4^m,6$ de hauteur ?

401. Calculer la superficie d'une feuille de papier qui mesure $0^m,28$ dans un sens et $0^m,185$ dans l'autre.

402. Le nombre d'hectares ensemencés en froment et pour la France entière est de 6889000. Sachant que la superficie totale de la France est estimée à 543000 kilomètres carrés, combien de fois la surface agraire consacrée à la culture du froment est-elle contenue dans cette superficie totale ?

403. Que reste-t-il d'une feuille de zinc de $3^m,42$ de longueur sur $1^m,21$ de largeur après en avoir employé une bande de $0^m,85$ de longueur sur $0^m,7$ de largeur, plus une seconde bande de $1^m,6$ de longueur sur $0^m,52$ de largeur ?

404. Combien de carrés de 0^m,25 de côté peut-on découper dans une feuille de fer-blanc de 2^m,72 de longueur sur 0^m,74 de largeur ?

405. On veut diviser un jardin potager de la contenance de 163^a 27^{ca} en carrés de 12^m de côté. Combien y en aura-t-il ?

406. 7 enfants ont pour héritage des terres de même valeur dont la superficie totale est de 12^h 85^a et 57^{ca}. Quelle est la part de chacun ?

CHAPITRE XV

Le mètre cube. — Le stère.

1. CUBE. *Le volume d'un corps est l'étendue que ce corps occupe.* Mesurer le volume d'un corps, c'est chercher combien il faudrait de cubes, pris pour unité de volume, pour occuper la même étendue. *Un cube est l'étendue comprise entre six faces égales qui sont des carrés* (fig. 8). Il y a douze côtés, tous égaux entre eux. Trois à trois, ils aboutissent au même sommet. L'un des trois côtés aboutissant au même sommet se nomme longueur ; le second, largeur ; le troisième, épaisseur, hauteur, profondeur indifféremment.

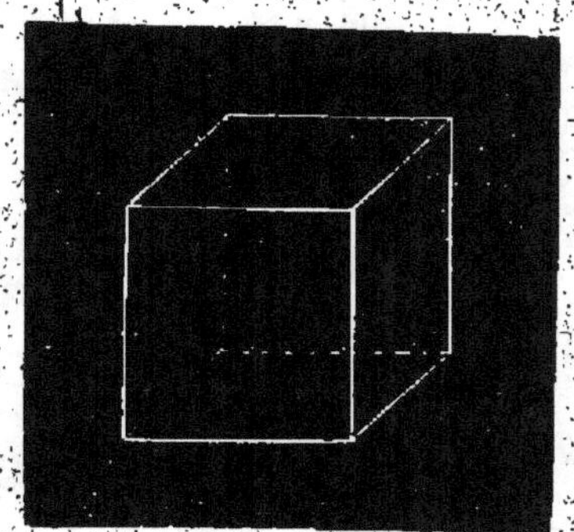

Fig. 8.

C'est ce qu'on nomme les trois dimensions. *Dans le cube, les trois dimensions sont égales.*

2. VOLUME D'UN CUBE. Si le côté d'un cube est égal

à 2 fois, 3 fois, 4 fois..., 10 fois, etc., le côté d'un autre cube, le volume du premier est égal à 8 fois, 27 fois, 64 fois..., 1000 fois, etc., celui du second. — Le côté du cube B (fig. 9) est, par exemple, égal à 10 fois le côté du cube A. Son volume est alors 1000 fois plus

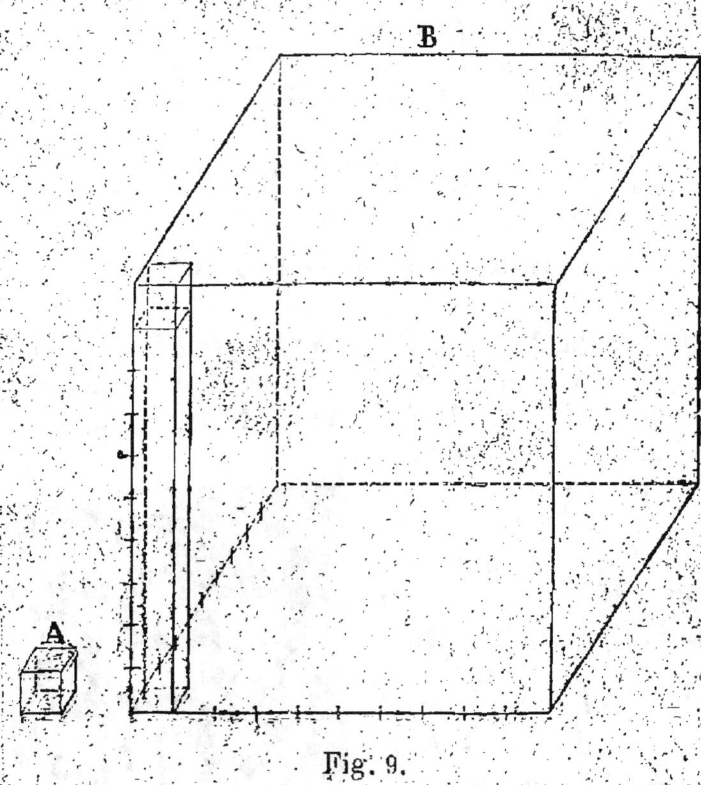

Fig. 9.

grand. En effet, d'après ce qui a été vu au sujet des carrés, on peut décomposer la face sur laquelle il repose en 100 carrés égaux à l'une des faces du cube A. Cela résulte de ce que le carré qui sert de base au cube B a des côtés 10 fois plus grands que les côtés du carré servant de base au cube A. Sur chacun de ces

100 carrés, on pourra empiler, pour faire la hauteur du grand cube, 10 cubes égaux au petit ; et l'on aura ainsi une colonne ou pile de cubes telle que la représente la figure. Mais, pour remplir le grand cube, il faut 100 de ces piles, autant enfin que sa base renferme de petits carrés. Le nombre de petits cubes contenus dans le grand sera donc de 100×10 ou bien de 1000.

On trouverait de même que, si le côté est 2 fois, 3 fois, 4 fois, etc., plus grand, le volume est 8 fois, 27 fois, 64 fois, etc., plus grand. Mais 8 est égal à $2 \times 2 \times 2$, 27 est égal à $3 \times 3 \times 3$, 64 est égal à $4 \times 4 \times 4$, 1000 est égal à $10 \times 10 \times 10$; c'est-à-dire que chaque fois le volume est exprimé par un nombre égal au côté du cube multiplié trois fois par lui-même. *On obtient donc le volume d'un cube en multipliant le côté trois fois par lui-même.* —

3. VOLUME D'UN CORPS DE FORME RECTANGULAIRE. Dans le cube, les trois dimensions, longueur, largeur, hauteur, sont égales. Si les trois dimensions sont inégales, ou au moins deux d'entre elles, les faces cessent d'être des carrés et deviennent des rectangles. Le volume est dit alors de forme *rectangulaire. On trouve le volume d'un corps de forme rectangulaire en multipliant les trois dimensions entre elles.*

Supposons, en effet, un corps de cette forme reposant sur une face rectangulaire, d'une longueur de 7 unités, sur une largeur de 3, et s'élevant de 5 unités. Pour savoir combien la face sur laquelle le corps repose contient de carrés, ayant l'unité de longueur pour côté, il faut, nous l'avons déjà vu, multiplier la longueur par la largeur de cette face ; ce qui donne 7×3 ou 21 carrés. Maintenant sur chacun de ces carrés on peut élever une pile de 5 cubes ayant l'unité pour côté, puisque le corps a une hauteur de 5. Le nombre total de cubes, égaux à l'unité de volume, est donc de 21×5 ou bien $7 \times 3 \times 5$.

4. MÈTRE CUBE. *L'unité de volume est le mètre cube, c'est-à-dire un cube qui a un mètre de côté.*

C'est une mesure fictive à laquelle se comparent les volumes des corps par des procédés géométriques, comme nous l'avons établi pour les corps de forme cubique et de forme rectangulaire.

Le décimètre cube est un cube qui a un décimètre de côté.

Le centimètre cube est un cube qui a un centimètre de côté.

Le millimètre cube est un cube qui a un millimètre de côté.

Le mètre cube vaut 1000 décimètres cubes. En effet, son côté étant 10 fois plus grand, son volume doit être $10 \times 10 \times 10$ ou 1000 fois plus grand, comme on l'a établi au paragraphe 2.

De même le décimètre cube vaut 1000 centimètres cubes, puisque son côté est 10 fois plus grand.

Enfin le centimètre cube vaut 1000 millimètres cubes, puisque son côté est 10 fois plus grand.

Le décimètre cube est la millième partie du mètre cube ; le centimètre cube est la millionième partie du mètre cube.

5. LECTURE ET ÉCRITURE D'UN VOLUME EXPRIMÉ EN MÈTRES CUBES. Puisque le décimètre cube est contenu 1000 fois dans le mètre cube, on représente les décimètres cubes avec des millièmes, c'est-à-dire avec 3 décimales.

Les centimètres cubes à leur tour sont représentés par des millionièmes, puisqu'il en faut 1000×1000 ou

1000000 pour faire le mètre cube; 6 décimales sont donc nécessaires pour les désigner.

Enfin, pour représenter des millimètres cubes, il faudrait 9 décimales.

Soit le nombre $0^{mc},357$ [1]. Les 3 décimales représentent 357 millièmes de l'unité ; mais le millième du mètre cube est le décimètre cube. Ce nombre se lit donc 357 décimètres cubes.

Dans le nombre $1^{mc},000048$, la partie décimale exprime des millionièmes ; et comme le millionième du mètre cube est le centimètre cube, ce nombre se lit : 1 mètre cube et 48 centimètres cubes.

La lecture est donc sans difficulté quand le nombre de décimales est 3, 6 ou 9. *Avec 3 décimales, on a des centimètres cubes ; avec 6, on a des centimètres cubes ; avec 9, on a des millimètres cubes.*

Si le nombre des décimales n'est pas 3, 6 ou 9, on écrit des zéros à la droite de la partie décimale pour compléter le nombre voulu. Au lieu d'écrire ces zéros, on se borne d'ordinaire à les sous-entendre.

Le nombre $0^{mc},0045$ vaut $0^{mc},004500$, et se lit 4500 centimètres cubes.

Si l'on veut énoncer séparément les décimètres cubes, les centimètres cubes, etc., on remarquera que *les trois premiers chiffres à droite de la virgule représentent des décimètres cubes ; les trois suivants des centimètres cubes ; les trois suivants des millimètres cubes.*

Ainsi le nombre $0^{mc},425\ 012\ 008$ se lit 425 décimètres cubes, 12 centimètres cubes, 8 millimètres cubes.

____

1. L'indice du mètre cube est ^{mc}. Ainsi 4^{mc} se lit 4 mètres cubes.

L'écriture d'un volume énoncé exige 3 décimales s'il s'agit de décimètres cubes, 6 s'il s'agit de centimètres cubes, etc. Si le nombre lui-même ne fournit pas assez de décimales, on le fait précéder de zéros en nombre convenable.

Soit à écrire 1 mètre cube et 114 décimètres cubes. Puisqu'il s'agit de décimètres cubes, il faut trois décimales, qui sont précisément fournies par le nombre lui-même. On écrit donc : $1^{mc},114$.

Soit à écrire 2 mètres cubes et 68 centimètres cubes. Il faut six décimales, et comme le nombre n'en fournit que deux, on fait précéder ce nombre de quatre zéros. On a ainsi : $2^{mc},000\,068$.

Soit enfin 24 décimètres cubes. Trois décimales sont nécessaires ; le nombre en fournit deux ; il faut encore un zéro : $0^{mc},024$.

Parfois le nombre est énoncé en plusieurs parties, comme dans cet exemple : écrire 4 décimètres cubes 73 centimètres cubes. La dernière espèce d'unité indique qu'il faut 6 décimales, 3 pour les décimètres cubes et 3 pour les centimètres cubes. Les décimètres cubes ne fournissant qu'un chiffre, on fait précéder ce chiffre de deux zéros; les centimètres cubes ne fournissant que deux chiffres, on fait précéder ces deux chiffres d'un zéro. On a ainsi :

$$0^{mc},004\,073.$$

Les trois premiers chiffres après la virgule appartiennent aux décimètres cubes, les trois suivants aux centimètres cubes, les trois suivants aux millimètres cubes. Si l'un de ces ordres de mesure manque en entier, on le remplace par trois zéros ; s'il ne contient que des unités ou bien des unités et des dizaines, on met deux zéros à la place des dizaines et des centaines absentes, ou bien un zéro à la place des centaines absentes.

6. USAGES DU MÈTRE CUBE. Le mètre cube sert à évaluer les bois de construction, les travaux de maçonnerie et de terrassement, les déblais et remblais pour les routes, le volume des terres enlevées pour creuser un fossé, la contenance d'un bassin, l'étendue d'un appartement, d'un grenier, le volume de l'air nécessaire à la respiration, etc., etc. Deux exemples vont fixer nos idées à ce sujet.

7. PROBLÈMES. *Un soliveau a 2ᵐ,48 de longueur, 0ᵐ,21 de largeur et 0ᵐ,08 d'épaisseur. Trouver son volume.*

Il faut multiplier la longueur par la largeur et le produit par l'épaisseur.

$$
\begin{array}{r}
2{,}48 \quad \text{longueur.} \\
0{,}21 \quad \text{largeur.} \\
\hline
248 \\
496 \\
\hline
0{,}5208 \\
0{,}08 \quad \text{épaisseur.} \\
\hline
0^{\text{mc}}{,}041664
\end{array}
$$

Le produit contient 6 décimales, parce qu'il y en a ce nombre dans les trois facteurs réunis. Il exprime des mètres cubes. Comme il y a 6 décimales, ce nombre se lit donc 41664 centimètres cubes, ou bien 41 décimètres cubes et 664 centimètres cubes.

Un appartement a 7ᵐ,3 de hauteur, 5ᵐ,2 de largeur et 6ᵐ de hauteur. Quel est le volume de l'air qu'il renferme? — En multipliant la longueur par la largeur, et le produit par la hauteur, on a :

$$
\begin{array}{r}
7{,}3 \quad \text{longueur.} \\
5{,}2 \quad \text{largeur.} \\
\hline
1\,4\,6 \\
3\,6\,5 \\
\hline
3\,7{,}9\,6 \\
6 \quad \text{hauteur.} \\
\hline
2\,2\,7^{\text{mc}}{,}7\,6
\end{array}
$$

L'appartement contient donc 227 mètres cubes et 760 décimètres cubes d'air.

8. STÈRE. Le bois de chauffage se vend tantôt au

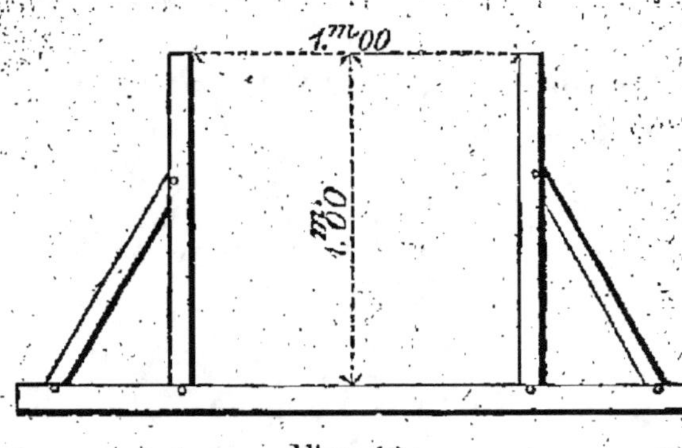

Fig. 10.

volume, tantôt au poids. *L'unité de volume pour le bois de chauffage est le mètre cube, qui prend alors le nom de stère.*

Si les bûches ont un mètre de long et qu'on les empile entre deux montants en bois distants l'un de l'autre d'un mètre et hauts d'un mètre (fig. 10), le tas forme un cube d'un mètre de côté, c'est-à-dire un stère.

Le stère n'a qu'un multiple employé : le *décastère* ou 10 stères; et qu'un sous-multiple, le *décistère* ou dixième de stère.

Si le bois est régulièrement disposé en un tas de forme rectangulaire, on fait le produit des trois dimensions du tas pour avoir le nombre de mètres cubes ou de stères.

Questionnaire.

1. Qu'appelle-t-on volume d'un corps ? — Qu'est-ce que mesurer le volume d'un corps ? — Qu'est-ce que le cube ? — 2. Démontrez que si le côté d'un cube vaut 10 fois le côté d'un autre cube, le volume du premier vaut 1000 fois le volume du second. — Comment obtient-on le volume d'un cube ? — 3. Comment se calcule le volume d'un corps de forme rectangulaire ? — 4. Qu'est-ce que le mètre cube ? — Combien vaut-il de décimètres cubes, de centimètres cubes ? — 5. Combien faut-il de décimales pour exprimer des décimètres cubes, des centimètres cubes ? — 6. Quels sont les usages du mètre cube ? — 7. Donnez des exemples. — 8. Qu'est-ce que le stère ? — Quels sont les multiples et les sous-multiples employés ?

Exercices.

Lire les nombres suivants :

407. $3^{mc},024.$
     $0^{mc},006482.$
     $2^{mc},08.$
     $1^{mc},07.$

408. $5^{mc},004.$
     $2^{mc},69.$
     $1^{mc},00456.$
     $4^{mc},79.$

Écrire en chiffres les nombres suivants :

409. Cinq mètres cubes vingt-sept décimètres cubes.
Deux cent soixante-un décimètres cubes.
Quarante-sept centimètres cubes.
Quatre mille vingt-huit centimètres cubes.

410. Quatre mille deux cent sept décimètres cubes.
Neuf mille cent douze centimètres cubes.
Sept cents centimètres cubes.
Quarante-sept centimètres cubes.

Problèmes sur le mètre cube et le stère.

411. Quel est le volume d'une poutre de 7m,8 de longueur, 0m,28 d'épaisseur et 0m,28 de largeur ?

412. Quelle est en mètres cubes la contenance d'un bassin de 11m,7 de longueur, 8m,9 de largeur et 3m,5 de profondeur ?

413. Déterminer le volume d'une pierre de taille de 1m,47 de longueur, 0m,62 de largeur et 0m,57 d'épaisseur.

414. Un mur a 23m,5 de longueur, 4m,8 de hauteur, 0m,75 d'épaisseur. Quel est le volume de la maçonnerie ?

415. Un canal a 2m,7 de largeur ; l'eau qui y circule a 1m,8 de profondeur et une vitesse de 1m,5 par seconde. Quel est le volume de l'eau fournie par ce canal dans une seconde ?

416. La contenance d'un réservoir est de 25680mc. Sa longueur est de 114m, sa largeur de 112m. Quelle est sa profondeur ?

417. Quelle étendue en surface doit occuper un bassin de 1m,87 de profondeur pour contenir 14768mc d'eau ?

418. Un mur a 4m,5 de hauteur et 0m,6 d'épaisseur ; quelle est sa longueur, sachant que le volume de la maçonnerie est 300mc ?

419. On creuse un fossé de 46m de longueur sur 2m,3 de largeur, et 1m,2 de profondeur. Pour transporter les déblais, on se sert d'un tombereau dont la caisse a 2m,3 de longueur sur 1m de largeur, et 0m,8 de profondeur. Combien de voyages devra-t-on faire ?

420. Un tas de bois de chauffage régulièrement disposé a 5m,6 dans un sens, 4m,7 dans l'autre, et 3m,6 de hauteur. Combien contient-il de stères ?

421. Si le tas a 12m de longueur sur 7m de largeur, quelle hauteur faut-il lui donner pour qu'il mesure 42 décastères ?

422. Calculer le volume d'air d'une salle de 10m,7 de longueur sur 6m,5 de largeur et 6m de hauteur.

423. Pour les besoins seuls de la respiration, il ne faut pas moins de 6mc d'air par heure et par personne. Un dortoir est occupé pendant 8 heures de la nuit. Il a 35m,7 de longueur, 10m,6 de largeur, 8m,3 de hauteur. Pour combien de personnes y a-t-il place ?

424. Une coupe de bois dans une forêt a fourni 23 tas de

10^m,5 de longueur, de 6^m,4 de largeur et autant de hauteur. A combien de stères s'élève cette coupe ?

425. Pendant une pluie, l'eau recueillie dans un bassin exposé en plein air s'est élevée à 0^m,12. Quel est en mètres cubes le volume de l'eau tombée sur un hectare de terrain ?

CHAPITRE XVI

Le litre.

1. LE LITRE. Pour mesurer les liquides (eau, huile, vin, etc.), les grains (froment, avoine, pois, lentilles, etc.), les matières pulvérulentes (cendres, plâtre, farine, etc.), on se sert de mesures dites *mesures de capacité*.

L'unité des mesures de capacité est le litre. Le litre est la capacité d'un décimètre cube.

Imaginons une boîte de forme cubique ayant à l'intérieur 1 décimètre suivant chacune de ces trois dimensions. La quantité d'eau nécessaire pour remplir cette boîte constitue un litre d'eau ; la quantité de froment nécessaire pour remplir cette boîte constitue un litre de froment.

La mesure dont on se sert réellement n'a pas la forme cubique, d'un maniement difficile ; elle a la forme ronde, la forme d'un cylindre. Mais, sous cette forme cylindrique, la mesure usuelle contient exactement ce que contiendrait la boîte cubique.

2. MULTIPLES ET SOUS-MULTIPLES DU LITRE. Les multiples du litre sont le *décalitre*, qui vaut 10 litres, et l'*hectolitre*, qui vaut cent litres.

Les sous-multiples sont le *décilitre*, ou dixième partie du litre, et le *centilitre*, ou centième partie du litre.

3. MESURES RÉELLES DE CAPACITÉ. Elles sont au nombre de 13, contenant 1 fois, deux fois, 5 fois l'unité principale, le déca, l'hecto, le déci, le centi, ainsi qu'il a été exposé autre part. Ce sont, pour les mesures supérieures au litre.

Le litre. . . . . 1 litre.
Le double litre . . . . 2 litres.
Le demi-décalitre. . . . . 5 litres.
Le décalitre . . . . . 1 fois 10 litres ou 10 litres.
Le double décalitre . 2 fois 10 litres ou 20 litres.
Le demi-hectolitre. . 5 fois 10 litres ou 50 litres.
L'hectolitre. . . . . 100 litres.

Pour les mesures moindres que le litre, ce sont :

Le demi-litre . . . . 5 décilitres.
Le double décilitre . . . . . . 2 décilitres.
Le décilitre. . . . . 1 décilitre.
Le demi-décilitre. . . . . 5 centilitres.
Le double centilitre. . . . . . 2 centilitres.
Le centilitre. . . . . 1 centilitre.

Fig. 11.

A partir du demi-décalitre jusqu'à l'hectolitre, les mesures pour les liquides sont des cylindres en cuivre étamé ou en tôle. A partir du double litre jusqu'au centilitre, les mesures sont en étain (fig. 11), ou bien en fer-blanc, mais seulement pour le lait et l'huile (fig. 12).

Les mesures pour les grains et les matières pulvérulentes sont généralement en bois (fig. 13).

4. RAPPORT ENTRE LE LITRE ET LE MÈTRE CUBE. Le litre est la capacité d'un décimètre cube. Mais le mètre cube vaut 1000 décimètres cubes. *Le volume d'un mètre cube équivaut donc à 1000 litres.* Par conséquent, lorsqu'on sait en mètres cubes une capacité, un volume, une contenance, il suffit de multiplier le nombre par 1000 pour le convertir en litres.

Le problème suivant est un exemple de cette opération.

Fig. 12.

Fig. 13.

5. PROBLÈME. *Une cuve a 2ᵐ,6 de longueur sur 1ᵐ3 de largeur et 0ᵐ,9 de profondeur. Quelle est sa contenance en litres ?* — Trouvons d'abord la contenance en mètres cubes, ce qui se fait en multipliant les trois dimensions entre elles :

$$
\begin{array}{r}
2,6 \quad \text{longueur.} \\
\underline{1,3} \quad \text{largeur.} \\
7\,8 \\
2\,6 \quad\;\; \\
\hline
3,3\,8 \\
0,9 \quad \text{profondeur.} \\
\hline
3^{mc},0\,4\,2
\end{array}
$$

10.

La contenance est de 3^{mc},042. A chaque mètre cube correspondent 1000 litres. On multiplie donc par 1000 le nombre obtenu, et l'on a 3 042 litres pour la contenance de la cuve.

Inversement : *pour traduire une contenance exprimée en litres en une autre exprimée en mètres cubes, il faut diviser le nombre de litres par 1000.*

Si, par exemple, un bassin contient 46 560 litres, sa contenance est de 46^{mc},560.

6. RAPPORTS DES SOUS-MULTIPLES DU LITRE AVEC LE CENTIMÈTRE CUBE. Puisque le litre vaut 1 décimètre cube, qui vaut lui-même 1000 centimètres cubes, le décilitre est égal à la dixième partie de 1000 ou bien à 100 centimètres cubes.

Le centilitre est égal à la centième partie de 1000 ou bien à 10 centimètres cubes.

Le millilitre est égal à la millième partie de 1000 ou bien à 1 centimètre cube.

Questionnaire.

1. Qu'est-ce que le litre? — 2. Quels sont ses multiples et ses sous-multiples ? — 3. Quelles sont les mesures réelles de capacité ? — 4. Combien le mètre cube vaut-il de litres? — 5. Comment traduit-on en litres une capacité exprimée en mètres cubes ? — Comment traduit-on en mètres cubes une capacité exprimée en litres ? — 6. Combien de centimètres cubes valent le décilitre, le centilitre, le millilitre ?

Exercices.

Traduire en litres les nombres suivants de mètres cubes :

426.	3^{mc},176.	427.	15^{mc},007.
	0^{mc},28.		0^{mc},45.
	0^{mc},09.		0^{mc},6.
	4^{mc},125.		0^{mc},3.

Traduire en mètres cubes les nombres suivants de litres :

428.	7 456^l.	429.	522^l.
	5 900^l.		308^l.
	18 740^l.		37^l.
	29 110^l.		7

L'indice du litre est ^{l}. Ainsi 14^l se lit 14 litres.

Problèmes sur le litre

430. Une citerne a 4^m,3 de longueur, 3^m,5 de largeur, et l'eau y occupe 3^m de profondeur. Quelle est en litres la quantité d'eau ?

431. En une heure, une fontaine a rempli un bassin de 5^m,6 de longueur, 3^m,7 de largeur et 2^m,3 de profondeur. Combien de litres d'eau la fontaine donne-t-elle par minute ?

432. La capacité d'un flacon est de 165 centimètres cubes. Quelle est sa capacité rapportée au litre ?

433. La capacité d'un flacon est de 463 millilitres. Quelle est sa capacité rapportée au centimètre cube ?

434. Combien de fois faut-il la contenance d'un vase de 580 centimètres cubes pour remplir un second vase de 7 litres et 28 centilitres ?

435. En 1863, la France a cultivé en froment 6 915 000 hectares de terrain et a obtenu à la récolte 110 781 000 hectolitres de blé. Quel est le rendement par hectare ?

436. Quelle est en litres la contenance d'une boîte de forme cubique mesurant 0^m,32 centimètres suivant chacune de ses trois dimensions ?

437. Un bec d'éclairage consomme 138^l,7 de gaz par heure. Quel volume de gaz consommeront 260 becs en 5 heures ?

438. Quelle quantité de houille faudra-t-il pour obtenir ce volume de gaz, sachant que 100 kilogrammes de houille en donnent en moyenne 25 mètres cubes ?

439. En se formant à l'air libre, la vapeur occupe un volume 1695 fois plus grand que l'eau d'où elle provient. Combien de litres de vapeur doit former un mètre cube d'eau ?

CHAPITRE XVII

Le gramme.

1. LE GRAMME. Les poids ont pour unité fondamentale le *gramme*. *C'est le poids d'un centimètre cube d'eau pure à la température de 4 degrés centigrades.*

Imaginons une petite boîte cubique ayant un centimètre suivant chacune de ses trois dimensions. Sa contenance sera celle d'un centimètre cube. Si on la remplit d'eau, le poids de cette eau seule, et non de l'eau et de la boîte ensemble, sera ce qu'on nomme le gramme. Mais il faut que cette eau remplisse certaines conditions. — L'eau de la mer renferme du sel et par conséquent est, à volume égal, plus lourde que celle qui n'en renferme pas. L'eau des rivières, des puits, des sources, contient aussi, suivant les terrains qu'elle lave, diverses matières en dissolution. Son poids est donc aussi variable. Pour obtenir le poids du gramme, qui doit être essentiellement invariable de valeur, on prend de l'eau qui ne renferme rien d'étranger à sa nature, de l'eau pure obtenue par la distillation. — Ce n'est pas encore assez. En s'échauffant, l'eau, comme tous les corps du reste, augmente de volume ou se dilate, et par conséquent devient plus légère pour un volume égal. En se refroidissant, elle diminue de volume ou se contracte, et, par suite, devient plus lourde à volume égal. Alors, suivant la température, le poids d'un centimètre cube d'eau varie. Pour parer à cette difficulté, on est convenu de prendre de l'eau à la température où sa contraction étant la plus forte, son poids, à égalité de volume, est le plus lourd possible. Cela a lieu à la température de 4 degrés centigrades.

L'indice du gramme est s. Ainsi 14ᵍ se lit 14 grammes.

2. MULTIPLES ET SOUS-MULTIPLES DU GRAMME. Les multiples du gramme sont : le *décagramme*, qui vaut 10 grammes; l'*hectogramme*, qui vaut 100 grammes; le *kilogramme*, qui vaut 1000 grammes; le *myriagramme*, qui vaut 10000 grammes.

Les sous-multiples sont le *décigramme* ou dixième de gramme, le *centigramme* ou centième de gramme, le *milligramme* ou millième de gramme.

Le gramme et ses subdivisions servent pour les pesées des matières précieuses et les pesées scientifiques, qui exigent une grande précision. Mais, pour les usages ordinaires, le gramme est un poids trop petit; aussi l'unité réellement employée est le kilogramme.

3. KILOGRAMME. *Le kilogramme est le poids d'un litre d'eau pure.* En effet, le litre est la même chose qu'un décimètre cube, et le décimètre cube vaut 1000 centimètres cubes. Mais le gramme est le poids d'un centimètre cube d'eau. Le décimètre cube d'eau ou le litre d'eau pèse donc 1000 grammes ou bien 1 kilogramme.

Le kilogramme étant pris pour unité usuelle, l'hectogramme représente 1 dixième de cette unité, le décagramme 1 centième, et le gramme 1 millième. Alors le nombre 2ᵏᵍ,457 peut indifféremment se lire : 2 kilogrammes, 457 grammes; ou bien : 2 kilogrammes, 4 hectogrammes, 5 décagrammes, 7 grammes. La première lecture est plus usitée comme étant plus rapide.

4. QUINTAL MÉTRIQUE. TONNE OU TONNEAU DE MER.

Au dessus du kilogramme, on a, pour les poids considérables, des unités plus fortes. C'est d'abord le *quintal métrique*, qui vaut 100 kilogrammes; c'est enfin la *tonne* ou *tonneau de mer*, qui vaut 1000 kilogrammes.

La tonne est le poids d'un mètre cube d'eau. En effet, un mètre cube se divise en 1000 décimètres cubes; et chaque décimètre cube d'eau ou litre d'eau pèse 1 kilogramme. Le mètre cube d'eau pèse donc 1000 kilogrammes, ou bien une tonne.

Résumons ainsi les principales unités de poids.

Le gramme est le poids d'un centimètre cube d'eau ou d'un millilitre d'eau.

Le kilogramme est le poids d'un décimètre cube d'eau ou d'un litre d'eau.

La tonne est le poids d'un mètre cube d'eau.

5. POIDS RÉELS. Le gramme et ses subdivisions forment les *petits poids*. Ce sont :

Le demi-gramme............	5 dg.
Le double décigramme......	2 dg.
Le décigramme.............	1 dg.
Le demi-décigramme........	5 cg.
Le double centigramme.....	2 cg.
Le centigramme............	1 cg.
Le demi-centigramme.......	5 mg.
Le double milligramme.....	2 mg.
Le milligramme............	1 mg.

Les petits poids sont en laiton, en argent, en platine. On leur donne généralement la forme d'une petite lame (fig. 14).

Fig. 14.

Les *poids moyens* comprennent

Le gramme..........	1 g.
Le double gramme	2 g.

Le demi-décagramme . . . . . 5 g.
Le décagramme . . . . . . 1 fois 10 g.
Le double décagramme . . 2 fois 10 g. ou 20 g.
Le demi-hectogramme . . 5 fois 10 g. ou 50 g.
L'hectogramme . . . . . . 1 fois 100 g.
Le double hectogramme . 2 fois 100 g. ou 200 g.
Le demi-kilogramme . . . 5 fois 100 g. ou 500 g.

Fig. 15. Fig. 16.

Les poids moyens sont en laiton. Ils sont, en général,
cylindriques et terminés par un bouton qui sert à les
saisir (fig. 15). On leur donne aussi la forme de godets
coniques qui s'emboîtent l'un dans l'autre (fig. 16).

Les *gros poids* comprennent :

1 kilogramme.
2 kilogrammes.
5 kilogrammes.
10 kilogrammes.
20 kilogrammes.
50 kilogrammes.

  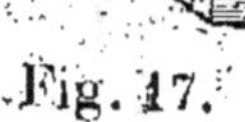 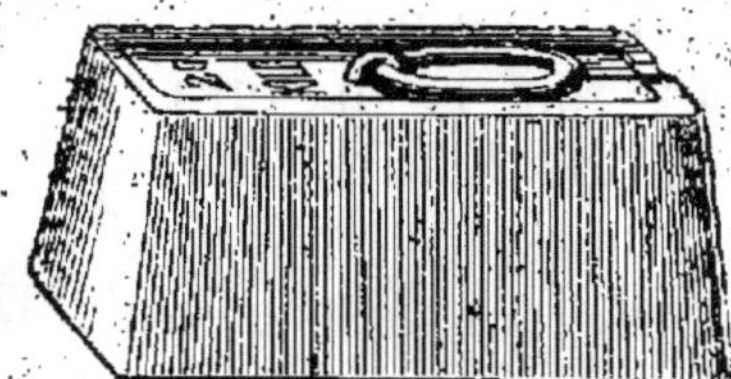

Fig. 17. Fig. 18.

Les gros poids sont en fonte, avec un anneau pour les saisir (fig. 17 et 18). Les plus faibles peuvent être en laiton (fig. 19).

6. SÉRIE USUELLE DES POIDS. Proposons-nous de faire des pesées depuis 1 kilogramme jusqu'à 9 au moyen des trois poids légaux, qui sont : 1^{kg}, 2^{kg}, 5^{kg}.

Pour la pesée d'un kilogramme, nous mettrons dans la balance le poids 1^{kg}.

Pour la pesée de deux kilogrammes, nous mettrons le poids 2^{kg}.

Pour la pesée de trois kilogrammes, nous mettrons les poids 2^{kg} et 1^{kg}.

Fig. 19.

La pesée de quatre kilogrammes ne pourrait se faire si l'un des deux poids 1^{kg} et 2^{kg}, indifféremment, n'était répété deux fois dans la série. Ordinairement, c'est le poids 1^{kg} qui se trouve représenté deux fois. Alors, pour faire quatre kilogrammes, on met dans la balance 2^{kg}, 1^{kg} et 1^{kg}.

La pesée de cinq kilogrammes se fait avec le poids 5^{kg}.

La pesée de six se fait avec les poids 5^{kg} et 1^{kg}.

La pesée de sept se fait avec les poids 5^{kg} et 2^{kg}.

La pesée de huit, avec les poids 5^{kg}, 2^{kg} et 1^{kg}.

La pesée de neuf, comme celle de quatre, exige deux fois soit le poids de 2^{kg}, soit de 1^{kg}. On met donc dans la balance 5^{kg}, 2^{kg}, 1^{kg} et 1^{kg}.

Il faut de même, pour pouvoir faire toutes les pesées, deux fois le décagramme, deux fois l'hectogramme, deux fois le kilogramme, deux fois le poids de 10 kilogrammes.

Pour des raisons semblables, la série des petits poids comprend deux fois le gramme, deux fois le décigramme, deux fois le centigramme, deux fois le milligramme.

Soit à faire le poids de 49 kilogrammes. On mettra dans la balance le poids de 20^{kg}, deux fois le poids de 10^{kg}, le poids de 5^{kg}, le poids de 2^{kg} et deux fois le poids de 1^{kg}.

Questionnaire.

1. Qu'est-ce que le gramme ? — Pourquoi faut-il que l'eau soit pure ? — Pourquoi faut-il que sa température soit de 4 degrés ? — 2. Quels sont les multiples et les sous-multiples du gramme ? — 3. Qu'est-ce que le kilogramme ? — 4. Qu'est ce que le quintal métrique ? — Qu'est-ce que la tonne ? — 5. Quels sont les poids réels ? — 6. De quoi se compose la série usuelle des poids ?

Exercices.

Quels poids mettra-t-on dans la balance pour faire les pesées suivantes ?

440.	17^{kg}	442.	7^{kg},249
	29^{kg}		11^{kg},029
	53^{kg}		3^{kg},999
	38^{kg}		9^{kg},444
441.	149^{gr}	443.	0^{kg},981
	276^{gr}		0^{kg},959
	523^{gr}		1^{kg},097
	799^{gr}		0^{kg},788

CHAPITRE XVIII.

Poids spécifiques.

1. SOUS LE MÊME VOLUME, LES CORPS ONT DES POIDS DIFFÉRENTS. Il serait ridicule de dire que 1 kilogramme de plomb pèse plus que 1 kilogramme de liége ; mais,

11

pour faire ce kilogramme, un petit morceau de plomb suffit; tandis qu'il faut un gros morceau de liége. A volume égal, le plomb pèse plus que le liége, et c'est dans ce sens que l'on dit : le plomb est plus lourd. Si l'on passait en revue toutes les substances pour les comparer au point de vue de leur poids sous un volume égal, on trouverait pour chacune d'elles un poids spécial, tantôt plus fort, tantôt plus faible suivant la nature de la substance. Les degrés extrêmes de cette échelle des poids à volume égal seraient fournis, d'un côté par un gaz nommé hydrogène, le plus léger de tous les corps connus; et de l'autre par un métal appelé platine, le plus lourd de tous. 1 décimètre cube d'hydrogène ne pèse guère que 1 décigramme, et 1 décimètre cube de platine pèse 23 kilogrammes, c'est-à-dire deux cent trente mille fois plus. Entre ces deux limites, toutes les autres substances se rangent, chacune avec un poids qui lui est propre.

2. POIDS SPÉCIFIQUES. Pour effectuer cette comparaison du poids des diverses substances sous le même volume, il est nécessaire de choisir un terme de comparaison. Le plus convenable nous est fourni par l'eau, qui nous donne elle-même l'unité de poids. Supposons donc les diverses matières solides taillées bien exactement en forme de décimètre cube, et les matières liquides ou gazeuses mesurées dans une capacité d'un litre ou d'un décimètre cube. Nous les pesons l'une après l'autre. On trouve ainsi pour le plomb 11 kilogrammes en nombre rond; pour le platine 23, pour le fer 7, pour l'argent 10. Tous ces corps sont plus lourds que l'eau, qui pèse 1 kilogramme par décimètre cube. Mais nous en trouvons de plus légers que l'eau, par exemple le bois de hêtre, qui pèse 850 grammes par décimètre cube, le bois de peuplier, qui pèse 380

grammes, le liége, qui pèse 240 grammes, l'huile d'olive, qui pèse 915 grammes. Nous dirons donc : à volume égal, le plomb pèse 11 fois plus que l'eau, le platine 23 fois, le fer 7 fois, etc. Nous dirons encore : à volume égal, le bois de hêtre ne pèse que les 850 millièmes du poids de l'eau; le bois de peuplier, les 380 millièmes; le liége, les 240 millièmes; l'huile d'olive, les 915 millièmes. Eh bien, ces nombres abstraits, résultat de la comparaison des poids des diverses substances avec le poids d'un égal volume d'eau, ces nombres 11, 23, 7, 0,850, 0,380, qui expriment, non des kilogrammes, non des grammes, mais combien le plomb, le platine, le fer, le bois de hêtre, le bois de peuplier, pèsent plus ou moins que l'eau sous un même volume, s'appellent le *poids spécifique* de la substance correspondante. *Le poids spécifique d'un corps est donc le nombre qui exprime combien de fois ce corps pèse plus ou moins que l'eau sous le même volume.*

3. TABLE DU POIDS SPÉCIFIQUE DES PRINCIPALES SUBSTANCES. La connaissance des poids spécifiques étant indispensable dans une foule d'applications, nous donnons ici leur valeur pour les principales substances usuelles.

Corps solides.

Acier	7,816	Bois de frêne	0,745
Albâtre	1,874	Bois de chêne frais	0,930
Argent	10,474	Bois de chêne sec	1,670
Bois de cyprès	0,600	Buis	0,910
Bois de hêtre	0,850	Beurre	0,942
Bois d'orme	0,800	Cuivre	8,950
Bois de peuplier	0,380	Cire blanche	0,954
Bois de pommier	0,730	Diamant	3,531
Bois de sapin	0,660	Étain	7,291
Bois de tilleul	0,600	Fer	7,788

Fonte de fer	7,207	Marbre	2,840
Gypse ou pierre à		Or.	19,360
plâtre.	2.330	Platine	23,000
Grès	2,415	Plomb	11,350
Granit.	2,700	Porcelaine de Sèvres	2,146
Houille compacte . .	1,330	Pierre de liais. . . .	2,077
Ivoire	1,920	Verre	2,490
Laiton.	8,390	Zinc. . . . . . . , .	6,861

Corps liquides.

Eau pure.	1	Lait	1,030
Eau de mer	1,026	Vin de Bordeaux. .	0,994
Huile d'olive. . . .	0,913	Vin de Bourgogne .	0,991

Faisons-nous une idée exacte des nombres inscrits dans ce tableau. Nous trouvons, par exemple, en face du cuivre le nombre 8,950. Ce nombre est purement abstrait; il ne représente ni grammes, ni kilogrammes, ni tout autre genre de poids; il dit simplement que le cuivre pèse 8 fois et 950 millièmes autant que l'eau sous le même volume. Mais, si l'on précise le volume, rien de plus facile que de donner à ce nombre une signification concrète. Ainsi un décimètre cube de cuivre pèse 8 kilogrammes et 950 grammes, puisque 1 décimètre cube d'eau pèse 1 kilogramme ; ainsi encore, 1 centimètre cube de cuivre pèse 8 grammes et 950 milligrammes, puisque 1 centimètre cube d'eau pèse 1 gramme.

4. CORRÉLATION DES VOLUMES ET DES POIDS. Trois genres de questions se présentent au sujet du poids spécifique des corps. Des trois valeurs, le poids, le volume et le poids spécifique d'un corps, deux étant connues, on se propose de chercher la troisième. Dans les calculs sur ces questions, il importe de ne jamais perdre de vue la corrélation entre le poids et le volume. L'unité de poids peut varier; c'est tantôt le

gramme, tantôt le kilogramme, tantôt la tonne, par exemple. Or, à chacune de ces unités de poids, correspond une unité de volume spéciale. *Au gramme correspond le centimètre cube,* parce que le centimètre cube d'eau pèse 1 gramme; *au kilogramme correspond le décimètre cube,* parce que le décimètre cube d'eau pèse 1 kilogramme; *à la tonne correspond le mètre cube,* parce que le mètre cube d'eau pèse une tonne ou 1000 kilogrammes. Eh bien, dans les questions où intervient le poids spécifique d'un corps, la règle à laquelle il faut apporter une scrupuleuse attention est celle-ci :

Si le poids est évalué en grammes, le volume sera évalué en centimètres cubes; si le poids est évalué en kilogrammes, le volume sera évalué en décimètres cubes; si le poids est évalué en tonnes, le volume sera évalué en mètres cubes.

Réciproquement : à des volumes évalués en mètres cubes, en décimètres cubes, en centimètres cubes, correspondent des poids évalués en tonnes, en kilogrammes, en grammes.

Si l'énoncé de la question associait des volumes et des poids non corrélatifs, par exemple des décimètres cubes avec des grammes, il faudrait d'abord mettre ces deux quantités en harmonie l'une avec l'autre, en transformant les décimètres cubes en centimètres cubes, l'unité de poids restant le gramme; ou en transformant les grammes en kilogrammes, l'unité de volume restant le décimètre cube.

5. CONNAISSANT LE VOLUME ET LE POIDS SPÉCIFIQUE D'UN CORPS, TROUVER SON POIDS. Une règle en fer a un volume de 85 centimètres cubes [1]. D'après la table

1. Ce volume s'obtient évidemment en faisant le produit des trois dimensions de la règle.

précédente, le poids spécifique du fer est 7,788. Combien cette règle pèse-t-elle?

Le poids spécifique 7,788 signifie qu'à volume égal, le fer pèse 7 fois et 788 millièmes autant que l'eau. L'eau pèse 1 gramme par centimètre cube; le fer pèse alors 7^{gr},788 par centimètre cube. Par conséquent le poids de la règle de fer est de 7^{gr},788 × 85 ou bien 661^{gr},98.

Remarquons que, dans ce problème, le volume se trouvant évalué en centimètres cubes, le poids est évalué en grammes conformément à ce qui a été dit plus haut. Remarquons encore que le poids de la règle a été obtenu en multipliant le poids spécifique par le volume. D'une manière générale : *On obtient le poids d'un corps en multiplant le poids spécifique de ce corps par son volume.*

L'importance de ce principe est facile à comprendre. Beaucoup de corps, par leur énorme volume, s'opposent à la pesée directe dans une balance. Comment obtenir par ce moyen le poids d'un mur, d'une colonne de marbre, d'une poutre, d'une forte pierre de taille, etc.? Si le corps a une forme régulière, il est aisé cependant d'avoir son poids, tout aussi bien que si on le mettait dans le plateau d'une balance. On mesure les dimensions, qui, d'après les règles de la géométrie, fournissent le volume; on multiplie ce volume par la densité, et le poids est trouvé. Le mètre remplace ainsi la balance; on mesure des longueurs au lieu de peser le corps.

6. EXEMPLES. 1° *Une poutre de sapin a* 5^{m},6 *de longueur,* 0^{m},35 *de largeur et* 0^{m},25 *d'épaisseur. Que pèse cette poutre?*

Cherchons d'abord le volume de la poutre en faisant le produit de ses trois dimensions.

$$
\begin{array}{r}
5{,}6 \\
0{,}3\,5 \\
\hline
2\ 8\ 0 \\
1\ 6\ 8 \\
\hline
1{,}9\,6\ 0 \\
0{,}2\ 5 \\
\hline
9\ 8\ 0\ 0 \\
3\ 9\ 2\ 0 \\
\hline
0^{mc}{,}4\ 9\ 0\ 0\ 0
\end{array}
$$

Le volume de la poutre est de $0^{mc}{,}490$. Pour avoir le poids en kilogrammes, prenons pour unité de volume le décimètre cube. Le nombre de décimètres cubes est 490. Multiplions ce volume par le poids spécifique 0,660 que donne la table précédente :

$$
\begin{array}{r}
4\ 9\ 0 \\
0{,}6\ 6\ 0 \\
\hline
2\ 9\ 4 \\
2\ 9\ 4 \\
\hline
3\ 2\ 3^{kg}{,}4\ 0\ 0
\end{array}
$$

Le poids de la poutre est donc 323^{kg}.

2° *La bande en fer qui cercle la roue d'une charrette a $5^m{,}65$ de longueur, $0^m{,}11$ de largeur et $0^m{,}01$ d'épaisseur. Calculer son poids.*

Le produit des trois dimensions de la bande donne pour le volume $0^{mc}{,}006215$. Réduisons ce nombre en décimètres cubes pour avoir le poids en kilogrammes, et multiplions-le par le poids spécifique 7,788.

$$\begin{array}{r} 6,215 \\ 7,788 \\ \hline 49720 \\ 49720 \\ 43505 \\ 43505 \\ \hline 48,402420 \end{array}$$

Le poids de la bande de fer est donc de 48^{kg}.

7. CONNAISSANT LE POIDS D'UN CORPS ET SON POIDS SPÉCIFIQUE, TROUVER SON VOLUME. Une boule de marbre pèse 14 kilogrammes. Son poids spécifique est 2,84. Quel est son volume? — Le nombre 2,84 nous indique qu'à volume égal, le marbre pèse 2 fois et 84 centièmes autant que l'eau. Or celle-ci pèse 1 kilogramme par décimètre cube; le marbre pèse donc 2^{kg},84 par décimètre cube. Par conséquent, autant de fois ce poids de 2^{kg},84 sera contenu dans le poids 14^{kg} de la boule de marbre, autant il y aura de décimètres cubes dans le volume de cette boule. Divisons alors 14 par 2,84. Le résultat est 4,929. Le volume de la boule est donc de 4 décimètres cubes et 929 centimètres cubes.

Remarquons que, le poids de la boule de marbre étant donné en kilogrammes, le volume est exprimé en décimètres cubes, d'après la corrélation des volumes et des poids. Remarquons enfin que le volume est obtenu en divisant le poids 14 par le poids spécifique 2,84. Généralisons et disons :

On obtient le volume d'un corps en divisant son poids par son poids spécifique.

8. CONNAISSANT LE POIDS ET LE VOLUME D'UN CORPS, TROUVER SON POIDS SPÉCIFIQUE. Une colonnette d'albâtre pèse 7^{kg},496 ; son volume est de 4 décimètres

cubes. Trouver le poids spécifique de l'albâtre. — Puisque l'eau pèse 1 kilogramme par décimètre cube, l'eau qui aurait même volume que la colonnette d'albâtre pèserait 4ᵏᵍ. On connaît ainsi le poids des deux corps sous le même volume, savoir : 7ᵏᵍ,496 pour l'albâtre, 4ᵏᵍ pour l'eau. Déterminer le poids spécifique de l'albâtre, c'est chercher combien de fois son poids contient le poids de l'eau à égal volume. Il faut donc diviser 7,496 par 4. Le quotient sera le poids spécifique cherché. Le résultat est 1,874. L'albâtre pèse donc 1 fois et 874 millièmes autant que l'eau.

Donc : *pour avoir le poids spécifique d'un corps, il faut diviser son poids par son volume.*

Questionnaire.

1-2. Qu'est-ce que le poids spécifique d'un corps ? — De toutes les substances connues, quelle est la plus lourde, quelle est la plus légère ? — 3. Que signifie le nombre 8,950 poids spécifique du cuivre ? — 4. Quelle unité de volume faut-il adopter quand on prend pour unité de poids le gramme, le kilogramme, la tonne ? — 5-6. Connaissant le volume et le poids spécifique d'un corps, comment trouve-t-on son poids ? — 7 Comment trouve-t-on le volume d'un corps quand on connaît son poids et son poids spécifique ? — 8 Comment se calcule le poids spécifique au moyen du poids et du volume ?

Problèmes sur le poids.

444. Quel est le poids de 3ˡ,425 d'eau pure ?

445. Quel est le poids de 163 centimètres cubes d'eau pure, — de 13 décimètres cubes, — de 14 millilitres, — de 3 mètres cubes et 17 décimètres cubes, — de 15 centilitres et 7 millilitres, — de 1 litre et 9 centilitres, — de 18 centimètres cubes et 197 millimètres cubes ?

446. Quel est le volume de 124ᵏᵍ d'eau pure, — de 12ᵍʳ,67, — de 0ᵍʳ,624, — de 14 tonnes, — de 12ᵏᵍ,621, — de 0ᵍʳ,17, — de 0ᵏᵍ,095 ?

11.

447. Un flacon plein d'eau pure pèse 285^{gr},164 ; vide, il pèse 67^{gr},287. Quelle est sa capacité ?

448. Un flacon à large ouverture est exactement plein d'eau. On y plonge un objet en cuivre qui fait déverser une partie du liquide. L'eau déversée est recueillie et pesée. Son poids est de 345 grammes. Dire le volume de l'objet en cuivre ?

449. Dire après combien cet objet pèse, sachant que le poids spécifique du cuivre est 8,950 ?

450 Que pèsent 60 litres d'huile d'olive [1] ?

451. A combien de litres correspondent 1237^{ks} d'huile d'olive ?

452. Calculer le poids de 27 litres de lait ?

453. Dire le poids de 365 litres de vin de Bourgogne ?

454. Plein de vin de Bordeaux, un tonneau pèse 371^{kg} ; vide il pèse 39^{kg}. Combien de litres de vin contient-il ?

455. Une plaque de marbre a 1^{m},27 de longueur, 0^{m},8 de largeur et 0^{m},025 d'épaisseur. Calculer son poids.

456. Un bloc de granit mesure 1^{m},03 de longueur, 0^{m},89 de largeur, 0^{m},76 de hauteur. Que pèse-t-il ?

457. Quel est le volume d'une bille d'ivoire qui pèse 264^{gr},8 ?

458. Que pèsent 253 litres d'eau de mer ?

459. Combien y a-t-il de sel et autres matières étrangères à l'eau pure dans une tonne d'eau de mer ?

460. Une feuille de zinc a 8^{m},6 dans un sens, 4^{m},5 dans l'autre et 0^{m},003 d'épaisseur. Calculer son poids.

461. Que pèse une planche de chêne sec dont les dimensions sont 4^{m},8 — 0^{m},35 et 0^{m},06 ?

462. Un objet pèse 1242^{g}, son volume est de 215 centimètres cubes. Quel est son poids spécifique ?

463. Doit-on regarder comme de l'or pur un bijou qui pèse 80^{gr} et dont le volume est de 5 centimètres cubes ?

464. Doit on regarder comme un diamant une pierre précieuse qui pèse 1^{gr},25 et dont le volume est d'un demi-centimètre cube ?

465. Un bloc de houille pèse 52^{kg}. Quel est son volume ?

466. Un tronc de hêtre a 2^{mc},826 de volume. Que pèse-t-il ?

467. Le poids moyen du froment est de 80^{kg} par hectolitre. Quel est le poids de 14 décalitres ?

1. Pour les problèmes où l'on aura besoin du poids spécifique, on aura recours à la table donnée plus haut.

468. Quel est le poids d'un mètre cube cube d'air atmosphérique, sachant que le poids de l'air est de 1ᵍ,29 par litre ?

469. Calculer le poids d'un kilomètre cube d'air atmosphérique ?

470. Quel est le poids de l'air contenu dans une salle dont les trois dimensions sont : 8ᵐ,7, — 7ᵐ,9 et 6ᵐ,4.

471. Les arrivages en bêtes de boucherie pour l'approvisionnement de Paris s'élèvent en moyenne par an à 151 000 bœufs, 32000 vaches, 121000 veaux, 9 16000 moutons. Le poids net de la viande est en moyenne de 350ᵏᵍ par bœuf, de 230ᵏᵍ par vache, de 70ᵏᵍ par veau, de 22ᵏᵍ par mouton. Combien de kilogrammes de viande de boucherie représente la totalité des arrivages ?

472. On veut couler une roue en fonte du poids de 2345ᵏᵍ. Quelle doit être au moins la capacité du creuset où l'on se propose de mettre la fonte en fusion ?

473. Un litre de sable pèse 1ᵏᵍ,928. Que pèsent 168 mètres cubes du même sable ?

474. 25 blocs de pierre de liais ont les mêmes dimensions: 0ᵐ,68 de longueur, 0ᵐ,45 de largeur, 0ᵐ,79 d'épaisseur. Calculer le poids des 25 blocs.

475. Que pèse un cube de buis de 0ᵐ,156 d'arête ?

476. L'essieu d'une voiture pèse 49ᵏᵍ. Calculer son volume ?

477. Une feuille de plomb a 0ᵐ,005 d'épaisseur, 2ᵐ,8 de longueur et autant de largeur. Calculer son poids.

478. Une jarre peut contenir 167ᵏᵍ d'huile d'olive, une seconde 89ᵏᵍ, une troisième 150ᵏᵍ. Quelle est la contenance des trois jarres réunies ?

CHAPITRE XIX.

Le Franc.

1. LE FRANC. *L'unité des valeurs est le franc. C'est une pièce de monnaie du poids de 5 grammes, composée d'argent et de cuivre.*

Le franc n'a pas de multiples. Il a un sous-multiple, le *centime* ou centième de franc.

Le franc se rattache au mètre, en ce sens qu'il pèse 5 grammes, et que le gramme dérive du mètre, puisque c'est le poids d'un centimètre cube d'eau pure.

2. MONNAIES. Les monnaies en usage sont en or, en argent ou en bronze. Les monnaies d'or sont au nombre de cinq, savoir :

OR.

	Poids.	Diamètre.
La pièce de 100 francs....	$32^{gr},258$	$0^m,035$
— 50 francs....	16 ,129	0 ,028
— 20 francs.. .	6 ,452	0 ,021
— 10 francs....	3 ,226	0 ,019
— 5 francs....	1 ,613	0 ,017

Les pièces en or sont composées de 0,9 de leur poids d'or pur et de 0,1 de cuivre. L'introduction du cuivre a pour objet de rendre le métal plus dur et plus difficile à s'user par le frottement. La proportion du métal précieux est ce qu'on appelle le *titre* du métal monétaire. Cette proportion étant 0,9 ou 0,900, on dit que le titre des monnaies d'or est de 900 millièmes, c'est-à-dire que ces monnaies contiennent les 900 millièmes de leur poids d'or pur.

Les monnaies d'argent sont au nombre de cinq, savoir :

ARGENT.

	Poids.	Diamètre.
La pièce de 5 francs.....	25^{gr}	$0^m,037$
— 2 francs.....	10	0 ,027
— 1 franc	5	0 ,023
— 50 centimes...	2 ,5	0 ,018
— 20 centimes...	1	0 ,016

Les pièces d'argent renferment une certaine proportion de cuivre qui donne au métal plus de résistance au frottement. La pièce de 5 francs contient 100 millièmes de son poids de cuivre et 900 millièmes d'argent pur. Son titre est donc 0,900. Pour les pièces divisionnaires, c'est-à-dire pour les pièces de 2 francs, 1 franc, 50 centimes et 20 centimes, la proportion de cuivre est plus forte. Elle est égale à 165 millièmes. Le titre des pièces divisionnaires, ou la proportion d'argent pur, est donc 0,835.

Les monnaies de bronze sont au nombre de quatre, savoir :

BRONZE.

	Poids.	Diamètre.
La pièce de 10 centimes . .	10^{gr}	0^{m},030
— 5 centimes . .	5	0 ,025
— 2 centimes . .	2	0 ,020
— 1 centime . .	1	0 ,015

Les pièces de bronze sont composées de 95 centièmes de leur poids de cuivre, de 4 centième d'étain et de 1 centième de zinc.

3. RAPPORTS DES DIVERSES MESURES AVEC LE MÈTRE. — Les diverses mesures dont se compose le système métrique dérivent de l'unité fondamentale, le mètre, ainsi que nous l'avons établi dans l'étude spéciale de chaque mesure. Nous allons résumer ici ces relations.

Le *mètre carré* dérive du mètre, puisque c'est la superficie d'un carré dont le côté mesure 1 mètre de longueur.

L'*are* dérive du mètre, puisque c'est la superficie d'un carré dont le côté mesure 10 mètres de longueur.

Le *mètre cube* dérive du mètre, puisque c'est le volume d'un cube dont l'arête a 1 mètre de longueur.

Le *litre* dérive du mètre, puisque c'est la capacité d'un cube de 1 décimètre d'arête.

Le *stère* dérive du mètre, puisqu'il est la même chose que le mètre cube.

Le *gramme* dérive du mètre, puisqu'il représente le poids de l'eau pure contenue dans un cube de 1 centimètre d'arête.

Le *franc* dérive du mètre, puisqu'il pèse 5 grammes et que le gramme lui-même dérive du mètre.

Questionnaire.

1. Qu'est-ce que le franc? — Quel est son sous-multiple ? — 2. Quelles sont les monnaies d'or ? — Quel est leur titre ? — Quelles sont les monnaies d'argent ? — Quel est leur titre ? — Quelles sont les monnaies de bronze ?

Problèmes sur les monnaies.

479. Quel est le poids de 5000^{fr} en argent ?

480. Quel est le poids de 1000^{fr} en or ?

481. Que pèsent 7^{fr},50 en bronze ?

482. Un sac contenant une somme en argent pèse 6^{kg},147. Le sac seul pèse 62^{g}. Quelle somme contient le sac ?

483. Un rouleau de pièces en or pèse 200^{g},012, l'enveloppe non comprise. Quelle est la valeur du rouleau ?

484. A poids égal, combien de fois l'or monnayé vaut-il l'argent monnayé ?

485. A poids égal, combien de fois l'argent monnayé vaut-il le bronze ?

486. Faute de poids, on met dans la balance pour équilibrer un corps 12 pièces de 5 francs en argent, 7 pièces de 2^{fr}, 3 pièces de 1^{f} et 5 pièces de 20 centimes. Que pèse ce corps ?

487. Que pèsent 6475 francs en pièces d'or ?

488. Quelle somme en argent monnayé faudra-t-il pour faire équilibre dans la balance au poids de 1 litre d'eau.

489. Déterminer le poids de l'or pur et le poids du cuivre isolément faisant partie d'une somme en or de la valeur de 3875^{fr} ?

490. Déterminer le poids de l'argent pur et le poids du cuivre isolément faisant partie d'une somme composée uniment de pièces de 5^{fr} et de la valeur de 7125^{fr}?

491. Même question pour une somme de 6823^{fr} composée de pièces divisionnaires.

492. Quelle somme en bronze faudra t il pour équilibrer dans la balance un poids de 267^g?

493. Faute d'un mètre, on a mesuré la longueur d'une règle avec des pièces de monnaie mises bout à bout. Il y a 7 pièces de 5^f en argent, 4 pièces de 2^f, 1 pièce de 5^f en or, 9 pièces de 10 centimes et 1 pièce de 1 centime. Quelle est la longueur de la règle?

494. Un enfant de 12 ans peut soulever des deux mains un poids de 33^{kg}. Quelle somme pourrait il soulever : 1° en or ; 2° en argent; 3° en bronze.

495. La charge d'un cheval de bât est de 150^{kg} environ. Combien faudra t-il de chevaux pour porter un million en monnaie d'argent?

496. Combien en faudrait-il pour porter la même somme en bronze?

497. Combien en faudra-t-il pour porter un milliard en or?

CHAPITRE XX.

Mesure du temps.

1. JOUR. La terre tourne sur elle-même de manière à présenter successivement aux rayons du soleil les différents points de sa circonférence. La moitié du globe en face du soleil a le jour, la moitié opposée a la nuit. Pour la mesure du temps, on réunit les périodes du jour et de la nuit, dont les durées sont variables suivant la saison et suivant le lieu considéré, et leur ensemble porte le nom de jour. *Le jour est donc le temps que la terre met à tourner sur elle-même.*

Le jour se divise en 24 *parties égales appelées heures ; l'heure se divise en* 60 *parties égales appelées minutes ; la minute se divise en* 60 *parties égales appelées secondes.*

Ainsi le jour vaut 24 heures, 24×60 ou 1440 minutes, $24 \times 60 \times 60$ ou 86400 secondes.

On est dans l'usage de compter le jour de minuit à minuit.

Dans l'écriture numérique, l'indice des jours est la lettre j, celle des heures est la lettre h, celle des minutes est m, celle des secondes est s. Le nombre 3^j 18^h 52^m 12^s se lit donc : 3 jours 18 heures 52 minutes 12 secondes.

2. ANNÉE. En même temps qu'elle tourne sur elle-même, la terre circule autour du soleil. *On appelle année le temps que la terre met à faire sa révolution autour du soleil.* La durée de cette révolution est de 365^j 5^h 48^m 50^s.

3. ANNÉES ORDINAIRES ET ANNÉES BISSEXTILES. En comptant les 5^h 48^m 50^s pour 6^h, ce qui est un peu trop fort, l'année comprendrait 365 jours et un quart. Ce quart de jour serait un embarras dans la supputation du temps. On le néglige donc et on ne compte que 365 jours pour l'année ; seulement, de quatre ans en quatre ans, on ajoute un jour complémentaire pour rattraper les fractions de jour perdues et remettre la date en concordance avec la révolution de la terre autour du soleil. La règle est donc qu'après trois années *communes* de 365 jours, vient une année de 366 jours, nommée année *bissextile*. Une autre période commence alors, pareillement composée de trois années de 365 jours et d'une quatrième de 366, et ainsi de suite. Or, sur quatre nombres consécutifs, trois ne sont pas divisibles par 4, et le quatrième l'est. De là,

cette règle très-simple pour trouver les années qui doivent être bissextiles, c'est-à-dire compter 366 jours:

Si le millésime de l'année est divisible par 4, ou, ce qui revient au même, si les deux derniers chiffres du millésime forment un nombre divisible par 4 [1], l'année est bissextile ; dans le cas contraire, c'est une année commune.

Ainsi les années 1872, 1876, 1880, 1884, 1888, etc., sont bissextiles, tandis que les années 1870, 1871, 1873, 1874, 1875, etc., sont des années communes.

Les années séculaires 1800, 1900, 2000, etc., devraient être toutes de 366 jours d'après cette règle, car leur millésime est divisible par 4. Pour compenser l'erreur que l'on fait en plus en comptant 5^h, 48^m, 50^s, pour un quart de jour, on est convenu de supprimer quelques bissextiles correspondant aux années séculaires. Pour opérer cette suppression, on suit la règle que voici :

On néglige les deux zéros de l'année séculaire, et, si les chiffres restants forment un nombre divisible par 4, l'année compte 366 jours ; dans le cas contraire, elle en compte 365.

Ainsi l'an 1600 a été bissextile ; 1700, 1800 ne l'ont pas été ; 1900 ne le sera pas non plus ; mais 2000 le sera.

Le jour complémentaire s'ajoute au mois de février, qui compte ainsi 28 jours dans les années communes, et 29 jours dans les années bissextiles.

4. Mois. L'année se divise en 12 mois, savoir : janvier, février, mars, avril, mai, juin, juillet, août, septembre, octobre, novembre et décembre.

L'inégale valeur des mois est parfois embarrassante : les uns comptent 31 jours, les autres 30 ; février en

---

1. Voir à ce sujet, *le caractère de divisibilité par 4*, p. 211.

compte 28 ou 29 suivant l'année. Pour trouver les mois qui ont 31 jours et ceux qui en ont 30, on a recours au moyen que voici :

On ferme le poing de la main gauche. A leur origine, les quatres doigts autres que le pouce forment chacun une saillie ou bosse, séparée par un creux de la bosse suivante. On place l'index de la main droite à tour de rôle sur ces bosses et sur ces creux à partir du doigt voisin du pouce, et l'on dénomme en même temps dans leur ordre les mois de l'année : janvier, février, mars, etc. Quand la série des quatre doigts est épuisée, on revient au point de départ en poursuivant l'appel des douze mois sur les bosses et les creux. Tous les mois qui dans cette énumération correspondent à des bosses sont de 31 jours ; tous ceux qui correspondent à des creux sont de 30 jours. Il faut en exempter février, dont la place est au premier creux. Il a 29 jours dans les années bissextiles, 28 dans les années communes.

Les mois se subdivisent en semaines de 7 jours. L'année commune comprend 52 semaines et 1 jour.

5. SIÈCLE. — ÈRE. *On appelle siècle une durée de 100 ans. — On nomme ère le point de départ de la supputation des années.*

Dans leur chronologie, les anciens Romains comptaient à partir de la fondation de Rome, remontant à 753 ans avant Jésus-Christ. Il suffit donc d'ajouter 753 au millésime de notre année pour rapporter la date à la fondation de Rome.

Dans toute la chrétienté, la chronologie a pour origine la naissance de Jésus-Christ. C'est ce qu'on nomme *l'ère chrétienne.*

L'ère des Musulmans s'appelle *Hégire.* Elle correspond à l'an 622 de l'ère chrétienne.

6. ADDITION. Les mesures du temps nétant pas conformes à la numération décimale, nous allons donner quelques exemples des quatre opérations sur ces quantités.

Faire la somme de 31^j 18^h 6^m 32^s et de 2^j 16^h 20^m 47^s. On dispose les deux nombres l'un sous l'autre de manière que les unités de même ordre se correspondent.

$$
\begin{array}{cccc}
3^j & 18^h & 5^m & 32^s \\
2^j & 16^h & 20^m & 47^s \\
\hline
6^j & 10^h & 26^m & 19^s
\end{array}
$$

Commençant par les unités les plus faibles on dit : 32^s et 47^s font 79^s. En 79^s il y a 1^m qui vaut 60^s. On retient cette minute pour la porter à la colonne suivante, et l'on écrit les 19^s qui restent au rang des secondes.

Les minutes donnent pour somme 25, qui font 26 avec la minute retenue. 26^m ne renfermant pas d'heures, on écrit ce nombre tel qu'il est.

Les heures donnent pour somme 34^h, nombre équivalant à un jour de 24 heures, plus 10^h. On écrit 10^h au rang des heures et l'on retient 1 jour. Ce jour de retenue et les 5 jours des deux nombres donnent pour somme 6^j.

7. SOUSTRACTION. Soit à retrancher 4^j 7^h 35^m 12^s de 7^j 12^h 58^m 25^s. On écrit le plus petit nombre sous le plus grand de manière que les unités de même ordre se correspondent.

$$
\begin{array}{cccc}
7^j & 12^h & 58^m & 25^s \\
4^j & 7^h & 35^m & 12^s \\
\hline
3^j & 5^h & 23^m & 13^s
\end{array}
$$

On fait ensuite la soustraction des secondes, puis celles des minutes, des heures, des jours, ce qui ne présente aucune difficulté dans le cas actuel, parce que chaque nombre inférieur peut se retrancher du nombre supérieur correspondant.

Dans le cas contraire, on a recours à un artifice de calcul expliqué dans l'exemple ci-après :

$$8^j \quad 2^h \quad 57^m \quad 13^s$$
$$3^j \quad 21^h \quad 20^m \quad 56^s$$
$$\overline{4^j \quad 5^h \quad 36^m \quad 17^s}$$

Comme on ne peut soustraire 56^s de 13^s, on prend 1 minute sur les 57^m du nombre supérieur et on la réduit en 60^s que l'on ajoute au 13^s. La somme est 73^s. On retranche maintenant 56^s de 73^s. Le reste est 17^s.

On passe au rang des minutes, en se rappelant qu'on a pris 1 unité sur les 57^m et que par conséquent ce nombre ne doit plus compter que pour 56. 20 ôtés de 56, il reste 36.

Pour les heures, la même difficulté se présente : on ne peut retrancher 21^h de 2^h. On prend alors 1 jour sur les 8^j du nombre supérieur, on réduit ce jour en 24^h, ce qui fait 26^h, avec les 2^h du nombre proposé. 21^h ôtées de 26^h, il reste 5^h.

On passe au rang des jours en se rappelant qu'on a pris une unité sur les 8^j et que, par suite, ce nombre ne compte maintenant que pour 7^j. 3^j ôtés de 7^j, il reste 4^j.

Soit encore la soustraction suivante :

$$12^j$$
$$5^j \quad 15^h \quad 36^m \quad 51^s$$

Comme le nombre supérieur ne renferme ni heures, ni minutes, ni secondes, d'où l'on puisse soustraire les unités correspondantes du nombre inférieur, on prend

1ʲ sur les 12ʲ, et on le réduit en 24ʰ. De ces 24ʰ, on en laisse 23 au rang des heures, et l'on réduit la vingt-quatrième en 60ᵐ. De ces 60ᵐ, on en laisse 59 au rang des minutes, et la soixantième est réduite en 60ˢ que l'on écrit au rang des secondes. Le nombre supérieur devient ainsi :

$$11^j \quad 23^h \quad 59^m \quad 60^s$$

d'où l'on peut soustraire sans difficulté le nombre proposé.

$$
\begin{array}{cccc}
11^j & 23^h & 59^m & 60^s \\
5^j & 15^h & 36^m & 51^s \\
\hline
6^j & 8^h & 23^m & 9^s
\end{array}
$$

8. MULTIPLICATION. Proposons-nous de répéter 4 fois le nombre 3ʲ 14ʰ 52ᵐ 8ˢ.

$$
\begin{array}{cccc}
3^j & 14^h & 52^m & 8^s \\
 & & & 4 \\
\hline
14^j & 11^h & 28^m & 32^s
\end{array}
$$

En multipliant les 8ˢ par 4 on obtient 32ˢ. Le nombre ne contenant pas de minutes est écrit tel quel.

En multipliant 52ᵐ par 4, on obtient 208ᵐ, nombre qui contient des heures. On divise donc 208ᵐ par 60 pour savoir combien d'heures ces 208ᵐ représentent. Le résultat est 3ʰ avec un reste de 28ᵐ. On écrit les 28ᵐ à leur rang et l'on retient les 3ʰ.

En multipliant 14ʰ par 4 on obtient 56ʰ, qui, ajoutées aux 3ʰ de retenue, font 59ʰ. Ce nombre contient des jours. On le divise donc par 24 pour savoir combien de jours il représente. Le résultat est 2ʲ avec un reste égal à 11ʰ. On écrit ce reste au rang des heures et l'on retient 2ʲ.

Le produit de 3ʲ par 4 est de 12ʲ, qui ajoutés aux 2ʲ de retenue font 14ʲ.

9. DIVISION. Soit à diviser 17^j 7^h 31^m 16^s en 4 parties égales.

$$
\begin{array}{cccc}
17^j & 7^h & 31^m & 16^s \\
4^j & 7^h & 52^m & 49^s
\end{array}
$$

On dit : le quart de 17^j est de 4^j pour 16^j, et il reste 1_j.

On réduit ce jour de reste en 24^h, qui, ajoutées aux 7^h du nombre proposé, font 31^h. Le quart de 31^h est de 7^h pour 28^h, et il reste 3^h. On écrit 7^h au quotient.

Il reste 3^h, que l'on réduit en minutes en les multipliant par 60. Cela fait 180^m, qui, ajoutées aux 31^m du dividende, font 211^m. Le quart de 211^m est 52^m, que l'on écrit au quotient et il reste 3^m.

On réduit ces 3^m en secondes en les multipliant par 60. Cela fait 180^s, qui, ajoutées aux 16^s du dividende, font 196^s. Le quart de 196^s est 49^s, que l'on écrit au quotient.

Comme second exemple, proposons nous de diviser 162^j en 25 parties égales.

$$
\begin{array}{ll}
\begin{array}{ccc}
1 & 6 & 2^j \\
  & 1 & 2 \\
  & 2 & 4 \\
\hline
  & 4 & 8 \\
2 & 4 & \\
\hline
2 & 8.8^h & \\
  & 3 & 8 \\
  & 1 & 3 \\
  & 6 & 0 \\
\hline
  & 7 & 8.0^m \\
  & 3 & 0 \\
  &   & 5 \\
  &   & 6\ 0 \\
\hline
  & 3 & 0.0^s \\
  &   & 5\ 0 \\
  &   & 0\ 0
\end{array}
&
\begin{array}{l}
25 \\
\hline
6^j \quad 11^h \quad 31^m \quad 12^s
\end{array}
\end{array}
$$

En divisant 162^j par 25, on trouve pour quotient 6^j avec un reste de 12^j, que l'on réduit en heures en le multipliant par 24. On obtient ainsi 288^h, qu'il faut diviser par 25.

Le quotient est 11^h avec un reste de 13^h que l'on réduit en minutes en le multipliant par 60. Le produit est de 780^m, qu'il faut diviser par 25.

Le quotient est 31^m, avec un reste de 5^m que l'on réduit en secondes en le multipliant par 60. Le résultat est 300^s, qu'il faut diviser par 25. Le quotient est 12^s sans reste.

Soit enfin à chercher combien de fois la durée 2^j 7^h 16^m est comprise dans la durée 19^j 5^h 40^m.

Dans ce cas, on réduit les deux nombres en unités de la plus petite espèce énoncée, par conséquent en minutes.

2^j	19^j
24	24
48	76
7	38
55^h	456
60	5
3300	461^h
16	60
3316^m	27660
	40
	27700

On multiplie les 2^j du premier nombre par 24 pour le réduire en heures. Au produit 48, on ajoute les 7^h du nombre. Le résultat 55^h est multiplié par 60 pour être réduit en minutes. Le résultat est 3300 auquel on ajoute les 16^m du nombre. On a donc 3316^m pour représenter le premier nombre proposé.

Par un calcul absolument semblable, on trouve que le second nombre correspond à 27700^s. Chercher combien de fois la seconde durée comprend la première, c'est donc chercher combien de fois 3316 est contenu dans 27700. L'opération est maintenant sans difficulté.

$$\begin{array}{r|l} 27700 & 3316 \\ 1172 & 8 \end{array}$$

La réponse est 8 fois avec un reste.

Questionnaire.

1. Qu'est-ce que le jour ? — Comment le divise-t-on ? — 2. Qu'est-ce que l'année ? — Quelle est la valeur de l'année ? — 3. Qu'appelle-t-on année ordinaire et année bissextile ? — Quelles sont les années bissextiles ? — Quelle règle suit-on pour les années séculaires ? — A quel mois ajoute-t-on le jour complémentaire des bissextiles ? — 4. Comment trouve-t-on le nombre de jours d'un mois ? — 5. Qu'est-ce qu'un siècle ? — Qu'appelle-t-on ère ? — Qu'est-ce que l'ère chrétienne ? — Qu'est-ce que l'hégire ? — 6. Comment se fait l'addition des nombres représentant du temps ? — 7. Comment se fait la soustraction ? — 8. Quelle marche suit-on pour la multiplication ? — 9. Comment s'opère la division ?

Exercices.

Faire les additions suivantes :

498. 3^j — 17^h — 16^m plus 4^j — 21^h — 56^m.
0^j — 18^h — 13^m — 52^s plus 1^j — 16^h — 17^m — 27^s.
14^j — 0^h — 0^m — 17^s plus 0^j — 16^h — 56^m — 52^s.
12^j — 0^h — 10^m — 25^s plus 8^j — 17^h — 55^m.

Faire les soustractions suivantes :

499. 27^j — 9^h — 13^m moins 12^j — 11^h — 42^m.
13^j — 14^h — 12^m moins 9^j — 7^h — 17^m.
18^j — 3^h moins 7^j — 12^h — 8^m — 25^s.
4^h moins 36^m — 58^s

Faire les multiplications suivantes :

500. 3^j — 7^h — 4^m — 35^s à multiplier par 5.

28^j — 31^h — 51^m à multiplier par 4.

17^j — 0^h — 43^m à multiplier par 7.

12^j — 52^h — 40^m à multiplier par 8.

Faire les divisions suivantes :

501. 365^j à diviser par 7.

30^j à diviser par 19.

23^j — 41^h — 51^m à diviser par 6.

7^j — 21^h — 12^m — 27^s à diviser par 3

502. Combien de fois la durée 7^h — 12^m — 41^s est-elle contenue dans la durée 123^j — 8^h ?

Problèmes.

503. Dans une machine, certaine roue fait 624 tours en 4^m — 25^s. Combien fait-elle de tours par seconde ?

504. Pour nous venir du soleil, éloigné de 38 000 000 de lieues, la lumière met 8^m — 13^s. Combien la lumière franchit elle de lieues par seconde ?

505. L'astronomie nous dit que, pour nous venir de l'étoile la plus rapprochée, la lumière met environ 3 ans. Combien de fois l'étoile la plus rapprochée de nous est-elle plus éloignée que le soleil ?

506. Combien de jours compte-t on du 7 janvier au 19 mai, l'année étant bissextile et les deux dates extrêmes comprises ?

507. On souscrit aujourd'hui un billet payable dans 180 jours. Quelle est la date du jour du payement, les dates extrêmes comprises ?

508. Combien de jours compte t on depuis le commencement de ce siècle jusqu'à maintenant ? On tiendra compte des bissextiles.

509. Une éclipse totale de lune commence à 9^h — 13^m du soir et dure 3^h — 16^m — 52^s. A quelle heure se termine-t-elle ?

510. Quelle est la date 8 semaines après le 12 juillet, les deux jours extrêmes compris ?

511. Trois pompes de même puissance fonctionnant ensemble ont vidé un puits en 2^h — 28^m. En combien de temps une seule pompe aurait-elle vidé le puits ?

512. Les locomotives des trains de voyageurs parcourent environ 45 kilomètres par heure. Que parcourent-elles par minute, par seconde ?

513. Avec cette vitesse, combien le train met-il pour aller d'une station à une autre éloignée de 28 kilomètres ?

514. Une montre retarde de 27ᵐ. Elle indique 8ʰ — 15ᵐ. Quelle heure est-il réellement ?

515. Dans combien de jours, à partir de maintenant, serons-nous au premier jour de l'an ?

516. Quels sont les deux mois de l'année consécutifs qui ont 31 jours ?

517. Si le premier jour de mai est un dimanche, que sera le premier jour de juillet ?

518. Quel jour de la semaine arrive l'Ascension, dont la date est le quarantième jour après le dimanche de Pâques, les deux jours extrêmes compris ?

519. Combien d'années bissextiles y a-t-il eu depuis le commencement de ce siècle ?

520. S'il faut attendre encore 47 jours, les deux jours extrêmes compris, pour arriver à la distribution des prix qui doit avoir lieu le 10 août, en quel jour de l'année sommes-nous ?

Problèmes de récapitulation sur le système métrique.

521. A 0ᶠ,24 le litre, que valent 3ʰˡ,65 de vin ?

522. Une pièce d'étoffe se vend 12ᶠ,15 le mètre. Combien de mètres d'étoffe aura-t-on pour 50 francs ?

523. Le prix de l'hectolitre de froment est de 21 francs. Quel est le prix de 56 décalitres ?

524. On a vendu trois lots de fourrage, l'un de 3524 kilogrammes à 5ᶠ,24 les 100ᵏᵍ, l'autre de 2900ᵏᵍ à 5 francs les 100ᵏᵍ, le troisième de 4750ᵏᵍ à 4ᶠ,95 les 100ᵏᵍ. Quelle somme doit on retirer ?

525. Le Niagara, fleuve de l'Amérique du Nord, donne 9000000 de mètres cubes d'eau par heure. Combien donne-t-il d'hectolitres par seconde ?

526. Combien pèse une somme composée de 2000 francs en or, 1854ᶠ,50 en argent et 0ᶠ,75 en bronze ?

527. On sème ordinairement 235 litres de blé et on récolte 20 hectolitres par hectare. Quelle quantité de blé faudra-t-il pour ensemencer une terre de 3 hectares 5 ares 42 centiares,

et quel poids de grain récoltera-t-on si l'hectolitre pèse $78^{kg},4$?

528. Un hectare de prairie coûte 680 francs de rente, 30 francs de fauchage, 37 francs de fanage et de chargement, $7^f,50$ de charroi, 20 francs de mise en fenil, $4^f,25$ d'irrigation. Le produit est de 15000 kilogrammes de foin. A combien reviennent les 100^{kg} ?

529. On achète 585 kilogrammes d'huile d'olive pour le prix de 960 francs. Quel est le prix d'un litre sachant que l'huile pèse par litre $0^{kg},915$?

530. Un terrain d'une étendue de 6 hectares 23 ares 16 centiares est divisé en quatre parties égales. Quelle est la surface d'une partie ?

531. Un terrain pour bâtir de $17^m,8$ de longueur sur $8^m,5$ de largeur, est acheté à raison de $23^f,60$ le mètre carré. Que coûte ce terrain ?

532. Quel est le poids d'une toiture en zinc composée de 83 feuilles de $3^m,08$ de longueur sur $0^m,85$ de largeur et $0^m,001$ d'épaisseur ?

533. Les frais d'un hectare en vignes s'élèvent en tout à $633^f,80$. La récolte en vin est de $21^{hl},63$. Quel est le prix de revient de l'hectolitre ?

534. Si le vin de cette récolte est vendu $0^f,35$ le litre, quel bénéfice réalisera-t-on ?

535. On sait que le Gange, dans l'Inde, jette chaque année à la mer une masse de limon pesant 356 millions de tonnes. Combien faudrait-il de navires, chargés chacun de 1400 tonnes de limon pour équivaloir à la puissance de transport du fleuve indien ?

536. Quel volume représente cette masse de limon si son poids est de 1450 kilogrammes par mètre cube ?

537. Un cultivateur a retiré 1260 francs de la vente de ses pommes de terre. L'hectolitre de ce tubercule pèse 80 kilogrammes et s'est vendu 7 francs. Combien d'hectolitres et combien de kilogrammes de pommes de terre ce cultivateur a-t-il vendus ?

538. Le chauffage d'une usine consomme par jour $14^{hl},25$ de coke qui coûte $2^f,30$ l'hectolitre. Quelle est la dépense pour 15 jours ?

539. La glace est plus légère que l'eau, parce que, en se congelant, l'eau augmente de volume. On demande le volume de glace que fournira un mètre cube d'eau, sachant que la glace pèse $0^{kg},930$ par décimètre cube.

540. Un bassin a 5^m,06 de longueur, 4^m,03 de largeur et 2^m,07 de profondeur. Lorsqu'il est plein d'eau, on ouvre un robinet qui le laisse vider en 2^h,48^m. Combien le robinet laisse-t-il couler de litres d'eau par minute ?

541. Un paquet de fil de fer pèse 3^{kg},245. Pour faire le poids de 1 décagramme il faut 0^m,453 de fil. Quelle est la longueur du fil contenu dans le paquet ?

542. On fait avec le métal appelé platine des fils d'une telle finesse, qu'il en faut une longueur de 200 mètres pour peser un centigramme. D'après cela, combien de grammes de platine faudrait-il pour un fil équivalant en longueur au tour de la terre?

543. Quel serait le volume de ce poids de platine?

544. Les grandes roues ou roues motrices d'une locomotive à voyageurs ont 6^m,59 de contour. Combien de tours font-elles par kilomètre parcouru?

545. Il faut deux coups de piston de la machine, l'un en avant, l'autre en arrière, pour leur faire exécuter un tour. Combien de coups de piston, tant pour la roue de droite que pour la roue de gauche, la machine a-t-elle donnés pour un parcours de 25 kilomètres ?

546. Dix oies grasses ont fourni 27 kilogrammes de graisse à 2^f,60 le kilogramme, 27^{kg} de viande à 1^f,30 le kilogramme, 10 foies à 1^f,25 la pièce, abatis, 0^f,30 par tête, plumes, 1 franc par tête.

Elles ont coûté d'achat 4^f,50 l'une, et leur engraissement a exigé par tête 40 litres de maïs, qui vaut 12 francs l'hectolitre. Quelle est la rémunération des soins de la ménagère?

547. On découpe un fil de fer de 100 mètres de longueur en tronçons de 0^m,035 propres à faire des pointes. Combien de douzaines de pointes obtiendra-t-on?

548. Par le battage, l'or est réduit en feuilles d'un millième de millimètre d'épaisseur. Que pèse une feuille pareille si elle a un décimètre de longueur sur autant de largeur ?

549. Que vaut, non compris la main-d'œuvre, la dorure d'un mètre carré de surface avec des feuilles de cette épaisseur? On prendra pour prix de l'or celui de l'or monnayé.

550. Un piéton fait 1 kilomètre en 10 minutes. S'il marchait 8 heures tous les jours, quel temps mettrait-il pour parcourir une longueur équivalant au tour de la terre ?

551. On veut tapisser les quatre murs d'un appartement

carré ayant $3^m,80$ de hauteur et $4^m,55$ de largeur. On emploie des rouleaux de tapisserie ayant 8 mètres de longueur et $0^m,48$ de largeur. Combien faudra-t-il de ces rouleaux ?

552. Combien de plaques de marbre de $0^m,045$ d'épaisseur peut-on retirer d'un bloc épais de $0^m,68$?

553. Que vaut une charretée de bois de 1345 kilogrammes à $7^f,35$ le quintal métrique ?

554. Quel poids de plomb faudra-t-il pour doubler un bassin sur une superficie de $10^{mq},64$ si les feuilles de métal ont $0^m,004$ d'épaisseur ?

555. Une pièce de drap a 28 mètres de longueur. On en vend 5 mètres à 12 francs, 8^m à 11^f, et le reste à $10^f,65$. On gagne ainsi $74^f,15$ sur le prix d'achat. Combien coûtait le mètre ?

556. Une personne doit 630 francs. Combien doit elle vendre d'hectolitres de blé à $21^f,65$ l'hectolitre pour pouvoir payer cette dette ?

557. Quel temps faut il au son pour nous parvenir de la distance d'une lieue métrique, sachant qu'il parcourt 340 mètres par seconde ?

558. Un volume de 434 feuillets mesure en épaisseur 33 millimètres. Calculer l'épaisseur d'un feuillet.

559. Quelle doit être l'épaisseur d'une rame de papier pareil, la rame comprenant 20 mains et la main 25 feuilles ?

560. Le poids brut d'un baril d'huile d'olive est de 278 kilogrammes. Le baril seul pèse 32^{kg}. Combien ce baril a-t-il de litres de capacité ?

561. Le tunnel ou souterrain de la Nerthe, entre Avignon et Marseille sur la ligne du chemin de fer de Lyon à la Méditerranée, a 4620 mètres de longueur et a coûté 10 millions de francs. A combien revient le mètre de ce tunnel ?

562. Un vent très fort, appelé *très-grand frais* par les marins, a une vitesse de 20 mètres par seconde. Combien de lieues métriques doivent franchir en une heure les nuages chassés par ce vent ?

563. Une averse a fourni 4 centimètres d'épaisseur d'eau. Quelle est en mètres cubes la quantité de pluie tombée sur un hectare de terrain ?

564. Plein d'eau pure, un vase pèse $17^{kg},628$. Vide, il pèse $4^{kg},660$. Quelle est sa capacité en centimètres cubes ?

565. La distance de la surface du globe au centre de la terre est de 6366 kilomètres. Réduire cette distance en lieues métriques.

12.

566. La surface totale de la terre est de 50995 millions d'hectares. Combien de fois cette surface vaut-elle celle de la France, qui est de 543000 kilomètres carrés ?

567. Combien de ceps de vigne entre-t il dans un terrain de 12 hectares 12 ares 16 centiares si chaque cep occupe une superficie de 2^{mq},16 ?

568. Une pièce de vin coûte 72 francs. En la revendant au détail 0^f,25 le litre, on fait un bénéfice de 15^f,65. Combien la pièce contenait-elle de litres ?

569. Que pèsent 5635 francs en monnaie d'or ?

DEUXIÈME PARTIE.

CHAPITRE PREMIER

Caractères de divisibilité.

1. DÉFINITION. Lorsque la division d'un nombre par un autre fournit un quotient sans reste, on dit que le premier nombre est *divisible* par le second. Ainsi 12 est divisible par 4. 12 est également divisible par 2, par 3, par 6, et par 12. Ces divers nombres 2, 3, 4, 6, 12, qui divisent exactement 12, sont appelés *facteurs* de 12. Le nombre 12 à son tour est dit un *multiple* de 2, de 3, de 4, de 6.

2. CARACTÈRE DE DIVISIBILITÉ PAR 2. *On reconnaît qu'un nombre est divisible par 2 lorsqu'il est terminé par l'un ou par l'autre des chiffres* 0, 2, 4, 6, 8. Les nombres divisibles par 2 sont dits nombres *pairs* ; les nombres non divisibles par 2, et par consé-

quent terminés par un des chiffres 1, 3, 5, 7, 9, sont dits nombres *impairs*.

Considérons le nombre 3754, par exemple. On peut le décomposer en deux parties, savoir : 3750 et 4. La première partie ne comprend que des dizaines. Mais la dizaine est divisible par 2, puisque 2 fois 5 font dix. Un nombre quelconque de dizaines est alors exactement divisible par 2. Par conséquent, si le dernier chiffre, ou celui des unités, est divisible par 2, le nombre entier se compose de deux parties, l'une et l'autre divisibles par 2, et par suite est lui-même divisible par 2. Les chiffres divisibles par 2 sont les chiffres pairs 2, 4, 6 et 8. A ces chiffres, il faut joindre 0, car si le nombre est terminé par un zéro, il ne comprend que des dizaines et par conséquent est divisible par 2.

D'après cette règle, sont divisibles par 2 les nombres 3754, 716, 1510, etc.; et ne sont pas divisibles par 2 les nombres 363, 7869, etc.

3. CARACTÈRE DE DIVISIBILITÉ PAR 4. *Un nombre est divisible par 4 lorsque ses deux derniers chiffres, considérés isolément, forment un nombre divisible par 4.* — Soit, par exemple, le nombre 73528. On peut le décomposer en 72500 et 28. La première partie ne comprend que des centaines et par conséquent est divisible par 4, car 4 fois 25 font 100. Si donc 28 est divisible par 4, le nombre entier l'est aussi, puisqu'il se compose de deux parties l'une et l'autre divisibles par 4.

D'après cette règle, les nombres terminés par 12, 16, 20, 24, 28, etc., sont divisibles par 4, quels que soient les chiffres qui précèdent. Si le nombre est terminé par deux zéros, il est également divisible par 4, puisqu'il ne comprend que des centaines, toujours divisibles par 4.

4. CARACTÈRE DE DIVISIBILITÉ PAR 5. *Un nombre est divisible par 5 lorsqu'il est terminé par un zéro ou par un 5.* — Car, s'il est terminé par un zéro, il ne comprend que des dizaines, toujours divisibles par 5, puisque 5 fois 2 font 10. S'il est terminé par un 5, il se compose de deux parties, l'une ne comprenant que des dizaines et par suite toujours divisible par 5, l'autre égale à 5 et divisible par 5 évidemment.

Les nombres suivants : 735, 9740, etc., sont donc divisibles par 5. Au contraire, 847, 542 ne le sont pas.

5. CARACTÈRE DE DIVISIBILITÉ PAR 25. *Un nombre est divisible par 25 lorsque ses deux derniers chiffres, considérés isolément, forment un nombre divisible par 25.* — Prenons pour exemple le nombre 37275. Ce nombre peut se décomposer en 37200 et 75. La première partie, ne comprenant que des centaines, est toujours divisible par 25, car 4 fois 25 font 100. Si donc la seconde partie 75 est divisible par 25, le nombre entier l'est lui-même.

Ainsi les nombres 7125, 53650, etc., sont divisibles par 25, parce que les deux derniers chiffres forment les nombres 25, 50, divisibles par 25. Mais les nombres 7124, 53649, ne sont pas divisibles par 25. Si le nombre se termine par deux zéros, il est évidemment divisible par 25, puisqu'il ne comprend que des centaines.

Remarquons que 4 est égal à 2 fois 2, que 25 est égal à 5 fois 5. Remarquons en outre que 2 et 5 sont les deux facteurs du nombre 10, base de notre numération décimale. De ce fait résulte une étroite ressemblance entre les caractères de divisilité par 2 et par 5, par 4 et par 25. Pour reconnaître si un nombre est divisible par 2 ou par 5, il suffit de considérer le dernier chiffre ; pour reconnaître si un nombre est divisible par 4 ou par 25, il suffit de considérer les deux derniers chiffres.

6. RELATION ENTRE UNE UNITÉ D'UN ORDRE QUELCONQUE ET LE FACTEUR 9. Cette relation, remarquable de simplicité, est la suivante. La dizaine ou 10 vaut 9 augmenté de 1. — La centaine ou 100 vaut 99 augmenté de 1. — Le mille ou 1000 vaut 999 augmenté de 1. — La dizaine de mille ou 10000 vaut 9999 augmenté de 1. — La centaine de mille ou 100000 vaut 99999 augmenté de 1 ; etc., etc.

Or les nombres 9, 99, 999, 9999, etc., sont évidemment divisibles par 9. Donc, une unité d'un ordre quelconque se compose d'un certain nombre de fois 9, plus 1. Ou bien, une unité d'un ordre quelconque se compose d'un multiple de 9, plus 1.

Si, au lieu d'une seule unité d'un ordre quelconque, on considère 2, 3, 4, etc., unités de même ordre, on aura 2, 3, 4, etc., fois ce multiple de 9, et 2, 3, 4, etc. fois 1. Le multiple primitif de 9 répété 2, 3, 4, etc., fois, donnera évidemment un nouveau multiple de 9. Il résulte de là que 7000 par exemple vaut un multiple ne 9, plus 7 ; que 800 vaut un multiple de 9, plus 8 ; que 30000 vaut un multiple de 9, plus 3, etc.

Dire que 7000 vaut un multiple de 9, plus 7, cela signifie que 7000 contient un certain nombre de fois 9, et en plus 7 ; cela signifie enfin que, si l'on divise 7000 par 9, on obtiendra un certain quotient avec un reste 7. Vérifions-le en faisant la division.

$$7000$$
$$777 \quad \text{Reste } 7.$$

Le neuvième de 70 est 7 pour 63, et il reste 7. Le neuvième de 70 est 7 pour 63, et il reste 7. Le neuvième de 70 est 7 et il reste 7.

7. THÉORÈME. *Un nombre quelconque est égal à un certain nombre de fois 9, plus la somme de ses chiffres considérés comme des unités simples.* Considérons, par exemple, le nombre 5486. On peut le décomposer en 5000, 400, 80 et 6.

5000 vaut un certain nombre de fois 9, plus 5.

400 vaut un certain nombre de fois 9, plus 4.

80 vaut un certain nombre de fois 9, plus 8.

6 vaut 6.

En ajoutant ces diverses parties pour reconstituer le nombre donné, on aura pour résultat 9 répété autant de fois que le comportent ensemble les trois premières parties, et l'on aura en outre la somme des chiffres 5, plus 4, plus 8, plus 6 ; on aura enfin un multiple de 9, plus la somme des chiffres du nombre considérés comme de simples unités.

8. CARACTÈRE DE DIVISIBILITÉ PAR 9. *Un nombre est divisible par 9, quand la somme de ses chiffres, considérés comme de simples unités, est divisible par 9.* — Nous venons de voir, en effet, qu'un nombre se compose d'un multiple de 9 augmenté de la somme de ses chiffres. La première partie étant toujours divisible par 9, si la seconde, c'est-à-dire la somme des chiffres, est divisible par 9, le nombre lui-même l'est aussi.

Soit le nombre 3141. La somme de ses chiffres donne : 3 et 1 font 4, et 4 font 8, et 1 font 9. Cette somme étant divisible par 9, le nombre proposé doit être également divisible par 9. Vérifions-le par la division.

$$3141$$
$$349$$

Le neuvième de 31 est 3, pour 37 ; et il reste 4. Le

neuvième de 44 est 4, pour 36; et il reste 8. Le neuvième de 81 est 9 exactement.

Soit encore 7452. 7 et 4 font 11, et 5 font 16, et 2 font 18. La somme des chiffres étant divisible par 9, le nombre est lui-même divisible par 9. Et, en effet, en opérant la division, on trouve :

$$7452$$
$$828$$

9. OBSERVATION. La somme des chiffres peut être elle-même composée de plusieurs chiffres. Pour savoir si elle est divisible par 9, il faut opérer sur elle comme sur le nombre proposé, c'est-à-dire faire la somme de ses chiffres et continuer ainsi jusqu'à ce qu'on arrive à un nombre d'un seul chiffre. Ainsi le nombre de l'exemple précédent, 7452, donne 18 pour somme de ses chiffres. On voit immédiatement, c'est juste, que 18 est divisible par 9 ; mais si l'on voulait appliquer la règle dans toute sa rigueur, on dirait pour cette somme 18 : 1 et 8 font 9. *Un nombre est donc divisible par 9 lorsque la somme des chiffres appliquée d'abord au nombre proposé, puis à la somme, s'il y a lieu, puis à la nouvelle somme, etc., conduit finalement au chiffre 9.*

10. RESTE DE LA DIVISION PAR 9. Si cette marche conduit à un chiffre autre que 9, le nombre n'est pas divisible par 9. Il se compose d'un certain nombre de fois 9, augmenté du chiffre auquel on arrive. Ce chiffre est donc le reste qu'on obtiendrait en divisant le nombre par 9. Soit 5345. En a : 5 et 3 font 8, et 4 font 12, et 5 font 17. La somme donne à son tour : 1 et 7 font 8. Le nombre n'est donc pas divisible par 9, et le reste de la division est 8. C'est ce que nous allons vérifier.

$$5345$$
$$593 \quad \text{Reste } 8.$$

Le neuvième de 55 est 5, pour 45 ; et il reste 8. Le neuvième de 84 est 9, pour 81, et il reste 3. Le neuvième de 35 est 3, pour 27 ; et il reste 8.

Comme, dans les diverses sommes que l'on peut être amené à faire, on a pour but de retrancher 9 autant de fois que possible pour arriver au reste, il est visible qu'on peut se dispenser de tenir compte des chiffres 9 et des chiffres qui ajoutés entre eux font 9. Ainsi, dans l'exemple précédent, en remarquant que 4 et 5 font 9, on peut se borner à dire 5 et 3 font 8. On conclut de là que le nombre n'est pas divisible par 9 et que le reste de la division est 8.

Si l'on applique cette méthode rapide au nombre 79524, on met d'abord 9 de côté ; puis on voit que 7 et 2 font 9, que 5 et 4 font 9. Tous ces 9 étant laissés, il reste zéro. Le nombre est donc exactement divisible par 9. Soit encore le nombre 5207641. Négligeant 5 et 4 qui font 9, 2 et 7 qui font 9, la somme des chiffres restants est 6, plus 1 ou 7. Le nombre proposé se compose donc d'un certain nombre de fois 9, plus 7. En le divisant par 9, on doit par conséquent obtenir 7 pour reste. C'est ainsi qu'il faut opérer, autant que possible, au lieu de faire péniblement la somme chiffre par chiffre.

La preuve par 9 des diverses opérations est basée sur les développements dans lesquels on vient d'entrer.

11. CARACTÈRE DE DIVISIBILITÉ PAR 3. Tout nombre, venons-nous de voir, se compose d'un multiple de 9, augmenté de la somme de ses chiffres. Mais un multiple de 9 est un multiple de 3, car 3 fois 3 font 9. On

peut donc dire : *Tout nombre est égal à un certain nombre de fois* 3, *plus la somme de ses chiffres.* Si donc la somme est divisible par 3, le nombre lui-même l'est aussi. De là cette règle : *un nombre est divisible par* 3 *lorsque la somme de ses chiffres est divisible par* 3.

Tels sont les nombres 114, 501, 762, dont les sommes des chiffres, savoir : 6, 6, 15, sont divisibles par 3.

12. THÉORÈME. *Un nombre divisible par deux facteurs premiers entre eux est divisible par le produit de ces facteurs.* Considérons les deux nombres 12 et 18. Le premier est divisible par 1, par 2, par 3, par 4, par 6 et par 12. Le second est divisible par 1, par 2, par 3, par 6, par 9 et par 18.

Les nombres 1, 2, 3 et 6 divisent donc à la fois 12 et 18. C'est ce qu'on appelle les *facteurs communs* de 12 et de 18.

Considérons, d'autre part, les nombres 8 et 15 : Le premier est divisible par 1, par 2, par 4 et par 8. Le second est divisible par 1, par 3, par 5 et par 15. Entre ces deux nombres, 8 et 15, il n'y a donc que l'unité qui soit facteur commun.

On appelle *nombres premiers entre eux*, les nombres qui n'ont d'autre facteur commun que l'unité. 8 et 15 sont des nombres premiers entre eux ; mais 12 et 18 ne le sont pas, car ils admettent les facteurs communs 2, 3 et 6.

On établit, par des considérations que nous passerons sous silence, que, lorsqu'un nombre est divisible par deux nombres premiers entre eux, il est aussi divisible par leur produit. De là résulte qu'*un nombre divisible par* 3 *et par* 2 *est divisible par leur produit* 6, car 3 et 2 sont premiers entre eux.

13

De même, *un nombre divisible par* 3 *et par* 4 *est divisible par* 12, car 3 et 4 sont premiers entre eux.

Un nombre divisible par 3 *et* 5 *est divisible par* 15.
Un nombre divisible par 3 *et* 25 *est divisible par* 75.
Un nombre divisible par 9 *et* 2 *est divisible par* 18.
Un nombre divisible par 9 *et* 4 *est divisible par* 36.
Un nombre divisible par 9 *et* 5 *est divisible par* 45.

Un nombre divisible par 2 et par 5 est divisible par 10. La divisibilité par 5 exige que le dernier chiffre soit 0 ou 5. Mais la divisibilité par 2 exclut le chiffre 5, qui est impair. Il ne reste que le zéro. Un nombre, pour être divisible par 10, doit donc être terminé par un zéro, ce qui du reste est évident.

Mais un nombre divisible par 3 et par 6 ne serait pas, par cela seul, divisible par 18, car 3 et 6 ne sont pas premiers entre eux. De même, on ne pourrait affirmer qu'un nombre est divisible par 12 après s'être assuré qu'il est divisible par 2 et par 6, car 2 et 6 ne sont pas premiers entre eux.

13. THÉORIE DES PREUVES PAR 9. Dans l'addition, on cherche, pour chaque nombre qui entre dans la somme, le reste de la division par 9. On ajoute ces restes, et l'on retranche 9 autant de fois que possible, jusqu'à ce qu'on arrive à un nombre d'un seul chiffre. Ce chiffre est le reste que fournit l'ensemble des nombres proposés. Par conséquent le total, qui comprend cet ensemble de nombres, doit donner le même reste.

Dans la multiplication, on cherche le reste par 9 du multiplicande et celui du multiplicateur. On multiplie les deux restes, et, de leur produit, on retranche 9 autant de fois que possible. Le résultat auquel on arrive est le reste par 9, que doit également donner le produit du multiplicande par le multiplicateur.

La preuve de la soustraction est ramenée à celle de l'addition, car la somme du reste et du plus petit nombre doit reproduire le plus grand nombre.

La preuve de la division est ramenée à celle de la multiplication, car le produit du quotient par le diviseur doit reproduire le dividende, s'il n'y a pas de reste. S'il y a un reste, on en tient compte comme d'un nombre à ajouter.

14. OPÉRATIONS SIMPLIFIÉES. Les règles de proportionnalité, qu'il nous reste à voir, conduisent à des expressions de ce genre :

$$\frac{12 \times 18 \times 415}{27 \times 16 \times 75}.$$

Cette expression signifie qu'il faut, d'une part, faire le produit des trois nombres 12, 18 et 415 ; d'autre part le produit des trois nombres 27, 16 et 75 ; et enfin diviser le premier produit par le second. On peut abréger le travail, en tenant compte des caractères de divisibilité et de la propriété qu'a le quotient de ne pas changer de valeur quand on divise le dividende et le diviseur par le même nombre.

Dans le cas actuel, le dividende se compose du produit de trois facteurs ; le diviseur pareillement. *Pour diviser un produit par un nombre, il suffit de diviser l'un quelconque des facteurs par ce nombre.* Ainsi, en divisant 12 par 4 dans le dividende et 16 par 4 dans le diviseur, le dividende et le diviseur deviennent l'un et l'autre 4 fois moindres, et par suite le quotient ne change pas de valeur. Si l'on supprime de la sorte tous les facteurs communs au dividende et au diviseur, on arrive à des nombres plus simples, plus faciles à employer, et le résultat final est le même.

Il faut donc chercher, au moyen des caractères de divisibilité, par quels nombres on peut successivement diviser un facteur au dividende et un facteur au diviseur, ce facteur étant du reste arbitraire. 12 au dividende et 16 au diviseur sont divisibles par 4. La division faite, l'expression se réduit à :

$$\frac{3 \times 18 \times 415}{27 \times 4 \times 75}.$$

18 et 27 sont divisibles par 9. Effectuant la division, on a :

$$\frac{3 \times 2 \times 415}{3 \times 4 \times 75}.$$

Le facteur 3 est commun au dividende et au diviseur. On le supprime, c'est-à-dire que l'on divise de part et d'autre par 3.

$$\frac{2 \times 415}{4 \times 75}.$$

2 et 4 sont divisibles par 2. Le premier fournit pour quotient 1, qu'il est inutile d'écrire puisqu'il ne change pas le produit ; le second donne 2 pour quotient, et l'expression devient :

$$\frac{415}{2 \times 75}.$$

Les deux nombres 415 et 75 sont divisibles par 5 :

$$\frac{83}{2 \times 15}.$$

Il n'y a plus de facteurs communs et la simplification est à son terme. Il reste à diviser 83 par 30, produit de 2 par 15. Le quotient sera le même que celui qu'aurait fourni l'expressson compliquée d'où nous sommes partis.

Au lieu d'écrire les divers degrés de simplification, comme nous l'avons fait pour plus de clarté, *on se borne à barrer le facteur que l'on simplifie ; et au dessus pour le dividende, au dessous pour le diviseur, on écrit le facteur qui le remplace. Si ce facteur est 1, on se dispense de l'écrire, car il n'influe pas sur le produit.*

Si le dividende et le diviseur ont des décimales dans leurs facteurs, on peut ramener ces facteurs à des nombres entiers en multipliant en haut et en bas par le même nombre, 10, 100, 1000, etc.

Soit l'expression suivante :

$$\frac{0,45 \times 24 \times 15,428}{72 \times 0,12 \times 15}.$$

Multiplions par 100 les facteurs 0,45 et 0,12.

$$\frac{45 \times 24 \times 15,48}{72 \times 12 \times 15}.$$

Pour faire disparaître la virgule qui reste encore au dividende dans le facteur 15,48, multiplions ce facteur par 100 et multiplions aussi par 100 tel facteur que nous voudrons du diviseur. Comme, au diviseur, il n'y a plus de virgules, on écrit deux zéros à la droite du facteur que l'on veut :

$$\frac{45 \times 24 \times 1548}{72 \times 12 \times 1500}$$

Maintenant qu'elle est débarrassée de ses fractions décimales , simplifions l'expression comme il vient d'être dit. 24 et 12 sont divisibles par 12 :

$$\frac{45 \times 2 \times 1548}{72 \times 1500}.$$

45 et 72 sont divisibles par 9 :

$$\frac{5 \times 2 \times 1548}{8 \times 1500}.$$

2 et 8 sont divisibles par 2 :

$$\frac{5 \times 1548}{4 \times 1500}.$$

1548 et 4 sont divisibles par 4 :

$$\frac{5 \times 387}{1500}.$$

5 et 1500 sont divisibles par 5 :

$$\frac{387}{300}.$$

387 et 300 sont divisibles par 3 :

$$\frac{129}{100}.$$

Il faut donc, en définitive, diviser 129 par 100, ce qui donne immédiatement 1,29. Tel serait le résultat qu'on obtiendrait péniblement, en opérant sur l'expression telle qu'elle a été proposée.

Questionnaire.

1. Qu'appelle-t-on multiple d'un nombre, facteur d'un nombre ? — 2. A quel caractère reconnaît on qu'un nombre est divisible par 2 ? Qu'est-ce qu'un nombre pair, qu'est-ce qu'un nombre impair ? — 3. Comment reconnaît-on qu'un nombre est divisible par 4 ? — 4. Quel est le caractère de la divisibilité par 5 ? — 5. A quel caractère reconnaît-on qu'un nombre est divisible par 25 ? — 6. Quelle relation y a-t-il entre une unité d'un ordre quelconque et le facteur 9 ? — 7. Démontrez qu'un nombre quelconque est égal à un multiple de 9, plus la somme de ses chiffres considérés comme des unités simples ? — 8. Quel est le caractère de la divisibilité par 9 ? — 9. Si la somme des chiffres est composée elle-même de plusieurs chiffres, que fait-on ? — 10. Comment obtient-on le reste de la division d'un nombre par 9 ? — 11. Quel est le caractère de la divisibilité par 3 ? — 12 Quand est-ce qu'un nombre est divisible par 12, par 15, par 18, 36, 45 ? — 13. Donnez la théorie des preuves par 9 des quatre opérations ? — 14. De quelle utilité peuvent être les caractères de divisibilité ?

Exercices.

570. Ecrire 5 nombres divisibles par 3.
571. Ecrire 5 nombres divisibles par 4.
572. Ecrire 5 nombres divisibles par 12.
573. Ecrire 5 nombres divisibles par 6.
574. Ecrire 5 nombres divisibles par 5.
575. Ecrire 5 nombres divisibles par 15.
576. Ecrire 5 nombres divisibles par 9.
577. Ecrire 5 nombres divisibles par 18.
578. Ecrire 5 nombres divisibles par 20.
579. Ecrire 5 nombres divisibles par 45.
580. Ecrire 5 nombres divisibles par 36.
581. Ecrire 5 nombres divisibles par 25.
582. Ecrire 2 nombres de 3 chiffres divisibles par 9 et terminés par un 7.
583. Ecrire 2 nombres de 3 chiffres divisibles par 3 et terminés par un 2.
584. Ecrire 2 nombres de 4 chiffres divisibles par 15 et terminés par un 5.

585. Écrire 2 nombre de 4 chiffres divisibles par 12 et terminés dar un 6.

586. Écrire 2 nombres de 3 chiffres divisibles par 9 et ayant un 5 au milieu.

587. Écrire 2 nombres de 4 chiffres divisibles par 6 et ayant 43 au milieu

588. Écrire 2 nombres de 3 chiffres divisibles par 45 et commençant par 6.

Simplifier les expressions suivantes :

589. $\dfrac{36 \times 75 \times 124}{48 \times 18 \times 115}$.

594. $\dfrac{27 \times 90 \times 16}{54 \times 12 \times 60}$.

590. $\dfrac{702 \times 120 \times 108}{150 \times 171 \times 36}$.

595. $\dfrac{3,84 \times 31,5 \times 4}{3,6 \times 1,48 \times 210}$.

591. $\dfrac{312 \times 801 \times 50}{200 \times 216 \times 540}$.

596. $\dfrac{472,5 \times 7,16 \times 95}{680 \times 7,605}$.

592. $\dfrac{144 \times 75 \times 24}{108 \times 32 \times 75}$.

597. $\dfrac{0,0018 \times 0,15 \times 12}{0,0045 \times 2,07}$.

593. $\dfrac{18 \times 120 \times 36}{12 \times 90 \times 72}$.

598. $\dfrac{6,03 \times 0,16 \times 14}{28 \times 0,009}$.

Problèmes.

599. Interrogé sur le nombre de ses moutons, un berger répond : « Il y en a plus de 100 et moins de 200. Quand on les compte 9 par 9, il en reste 7 ; quand on les compte 10 par 10, il en reste 5. » Quel est le nombre des moutons ?

600 On cherche à retrouver un nombre qu'on a oublié. On se rappelle que ce nombre était de 3 chiffres, qu'il avait 1 pour chiffre des dizaines et qu'il était divisible par 45. Quel est ce nombre ?

601. Le nombre d'œufs mis dans une corbeille est compris entre 200 et 300. Il y en a un nombre exact de douzaines et un nombre exact de dizaines Quel est le nombre d'œufs ?

602. Un tonneau qui contient de 100 à 150 litres, peut être rempli avec un nombre exact de fois le contenu d'une dame-jeanne de 12ˡ, ou bien avec un nombre exact de fois le contenu d'une dame-jeanne de 15ˡ. Quelle est la contenance du tonneau ?

CHAPITRE II.

Problèmes de proportionnalité.

1. DÉFINITION. *Les problèmes de proportionnalité sont ceux qui se résolvent par la multiplication et la division simplement.* Tel est celui-ci : 8 mètres de drap ont coûté 112 francs ; que coûteront 24 mètres de la même étoffe ?

Dans cette question, comme dans tous les problèmes de proportionnalité, il y a deux parties : *la partie connue* et *la partie de l'inconnue.*

La partie connue est : *8 mètres de drap coûtent 112 francs.* Elle est connue, en ce sens que les divers termes qui la composent, mètres de drap et francs, sont tous donnés en nombres.

La partie de l'inconnue est : *que coûteront 24 mètres de drap? L'inconnue* ou *quantité inconnue* est le nombre de francs que coûtent les 24 mètres. On est dans l'usage de représenter l'inconnue par la lettre x.

Dans la partie connue, il y a toujours autant de termes que dans la partie de l'inconnue. Dans le cas actuel, ce nombre de termes est de deux : francs et mètres.

Chaque terme dans la partie de l'inconnue correspond à un terme de même nature dans la partie connue. Dans le problème proposé, x francs, somme cherchée, correspond à 112 francs ; 24 mètres correspondent à 8 mètres.

Pour exprimer des quantités de même nature,

13.

deux termes correspondants doivent toujours se rapporter à la même unité. A des mètres doivent correspondre des mètres; à des francs doivent correspondre des francs; à des heures, des jours, des mois, doivent correspondre des heures, des jours, des mois; etc., etc.

Cette précaution expressément prise, *on écrit sur une ligne horizontale les divers termes de la partie connue et en dessous les termes correspondants de la partie de l'inconnue. Cette inconnue est elle-même représentée par x.*

$$8^{m} \qquad 112^{fr}$$
$$24^{m} \qquad x$$

Sous les 8 mètres de la partie connue, on écrit les 24 mètres de la partie de l'inconnue; sous les 112 francs de la partie connue, on écrit x qui représente le nombre de francs cherché.

2. OPÉRATION. Les choses ainsi disposées, *on trace un trait horizontal au-dessus duquel on écrit* TOUJOURS *le nombre correspondant à l'inconnue* X; *et, en avant du trait, on écrit* X *avec le signe de l'égalité.* Ce signe est $=$ et se prononce *égale.* Alors on raisonne ainsi :

$$x = \frac{112 \times 24}{8}.$$

Si 8 mètres coûtent 112 francs, 1 mètre coûte 8 fois moins. Il faut donc diviser 112 par 8. Ce que l'on indique en mettant 112 au-dessus du trait et 8 au-dessous.

L'expression $\frac{112}{8}$ indique la valeur d'un mètre. Pour avoir la valeur de 24 mètres, il faut rendre cette expression 24 fois plus forte ; ce que l'on fait en multipliant le dividende par 24.

En abrégeant, on dit : 8 mètres coûtent 112 (on écrit 112 au dividende). 1 mètre coûte 8 fois moins (on écrit 8 au diviseur), et 24 mètres coûtent 24 fois plus (on écrit 24 au dividende avec le signe de la multiplication).

Il reste à simplifier l'expression, s'il y a lieu. Dans le cas actuel, on voit que 8 et 24 sont divisibles par 8. L'expression devient ainsi :

$$x = \frac{112 \times 3}{1}, \text{ ou bien } x = 336.$$

Les 24 mètres de drap coûteront donc 336 francs.

3. SECONDE QUESTION. *Il faut 15 jours à 4 ouvriers pour faire un certain travail. En combien de jours le même travail serait-il fait par 7 ouvriers de la même force ?*

Écrivons sur une ligne horizontale les différents termes de la partie connue du problème; et au-dessous, de manière que les termes de même nature se correspondent, la partie de l'inconnue :

$$15^j \qquad\qquad 4^{ouv}$$
$$x \qquad\qquad 7$$

Mettons au dividende le terme 15 jours correspondant à l'inconnue, et raisonnons ainsi :

$$x = \frac{15 \times 4}{7}.$$

Il faut 15 jours à 4 ouvriers pour faire un certain travail. Pour faire le même travail, un seul ouvrier mettrait 4 fois plus de temps. (On écrit 4 au dividende.) L'expression 15×4 représente le temps que mettrait 1 ouvrier seul. 7 ouvriers mettront 7 fois moins. On divise donc par 7, c'est-à-dire que l'on écrit 7 au diviseur.

Le dividende et le diviseur n'ayant pas de facteurs communs, on passe immédiatement à l'opération, qui consiste à diviser par 7 le produit 15×4 ou 60. Le quotient est 8,5. 7 ouvriers mettront donc 8 jours et 5 dixièmes ou 8 jours et demi.

4. TROISIÈME QUESTION. Les deux problèmes précédents ne comprennent que 4 termes, deux pour la partie connue, deux pour la partie de l'inconnue. Mais le nombre de termes peut être plus grand. Il peut s'élever à 6, à 8 et davantage. Exemple : 6 *charrues ont défoncé 300 ares de terrain en 8 jours, la journée étant de 10 heures. Combien faut-il de charrues pour défoncer 270 ares de même terrain en 9 jours, la journée étant de 12 heures?* La partie connue et la partie de l'inconnue fournissent les 8 termes suivants, que l'on dispose de manière que les termes de même nature se correspondent :

$$
\begin{array}{cccc}
6^{\text{ch}} & 300^{\text{a}} & 8^{\text{j}} & 10^{\text{h}} \\
x & 270 & 9 & 12.
\end{array}
$$

$$
x = \frac{6 \times 270 \times 8 \times 10}{300 \times 9 \times 12}.
$$

Pour défoncer 300 ares, il faut 6 charrues (6 au dividende). Pour 1 are, il en faut 300 fois moins (300 au diviseur); et pour 270 ares, il en faut 270 fois plus (270 au dividende).

L'expression $\dfrac{6 \times 270}{300}$ représente le nombre de charrues nécessaires pour défoncer 270 ares en travaillant 8 jours. Si l'on travaille 1 seul jour, il faudra 8 fois plus de charrues pour faire le défoncement (8 au dividende) ; et si, au lieu de 1 jour, on travaille 9 jours, il en faudra **9** fois moins (9 au diviseur).

L'expression $\dfrac{6 \times 270 \times 8}{300 \times 9}$ représente le nombre de charrues qu'il faut pour défoncer 270 ares en travaillant 9 jours, la journée étant de 10 heures. Mais si la journée est de 1 heure seulement, il faudra 10 fois plus de charrues (10 au dividende) ; et si, au lieu de 1 heure, la journée est de 12 heures, il en faudra 12 fois moins (12 au diviseur). On a ainsi :

$$x = \frac{6 \times 270 \times 8 \times 10}{300 \times 9 \times 12}.$$

En simplifiant et opérant, on trouve 4 charrues.

Reprenons le même problème en supposant inconnu le nombre d'ares à défoncer. La question s'énonce alors ainsi : 6 *charrues ont défoncé* 300 *ares en* 8 *jours, la journée étant de* 10 *heures. Combien d'ares défonceront* 4 *charrues en* 9 *journées de* 12 *heures?* La réponse évidemment doit être 270. Examinons si, en effet, l'opération nous amène à cette réponse.

$$\begin{array}{cccc} 6^{\text{ch}} & 300^{\text{a}} & 8^{\text{j}} & 10^{\text{h}} \\ 4 & x & 9 & 12 \end{array}$$

$$x = \frac{300 \times 4 \times 9 \times 12}{6 \times 8 \times 10}.$$

6 charrues défoncent 300 ares ; 1 seule charrue défoncera 6 fois moins de terrain (6 au diviseur), et 4 charrues en défonceront 4 fois plus (4 au dividende).

Le travail est supposé durer 8 jours. S'il ne dure que 1 jour, on défoncera 8 fois moins de terrain (8 au diviseur), et s'il dure 9 jours, on en défoncera 9 fois plus (9 au dividende).

La journée est supposée de 10 heures. Si la journée était de 1 heure seulement, on défoncerait 10 fois moins (10 au diviseur); mais si la journée est de 12 heures et non de 1 heure, on défoncera 12 fois plus (12 au dividende).

Simplifiant et opérant, on trouve 270 ares, ainsi que cela devait être.

Reprenons encore une fois le problème, et supposons inconnu le nombre de journées. La question s'énonce alors ainsi : *6 charrues ont defoncé 300 ares en 8 journées de 10 heures. Combien faudra-t-il de journées de 12 heures pour défoncer 270 ares avec 4 charrues?*

$$6^{ch} \qquad 300^a \qquad 8^j \qquad 10^h$$
$$4 \qquad 270 \qquad x \qquad 12$$

$$x = \frac{8 \times 270 \times 6 \times 10}{300 \times 4 \times 12}.$$

Il faut 8 journées pour défoncer 300 ares. Pour défoncer 1 seul are, il faudra 300 fois moins de journées (300 au diviseur); et, pour en défoncer 270, il faudra 270 fois plus de journées (270 au dividende).

Tel serait le nombre de journées si l'on employait 6 charrues. Mais si l'on n'emploie que 1 charrue au travail, il faudra 6 fois plus de journées pour faire le défoncement (6 au dividende); et si, au lieu de 1 charrue, on en emploie 4, il faudra 4 fois moins de journées (4 au diviseur).

Tel serait le nombre de journées nécessaires si la

journée était de 10 heures. Si la journée était de 1 heure, il faudrait 10 fois plus de journées (10 au dividende); et si, au lieu d'être de 1 heure, elle est de 12, il en faudra 12 fois moins (12 au diviseur).

Toutes réductions, on trouve 9 journées.

5. REMARQUE. Dans les questions du genre de celles qui viennent d'être traitées, toute la difficulté consiste à reconnaître celui des deux termes correspondants qu'il faut écrire au dividende et celui qu'il faut écrire au diviseur. Le raisonnement l'indique toujours, si l'on ne perd pas de vue la nature de la quantité que l'on cherche et si l'on se rend bien compte de ses relations avec les autres termes. Un moyen un peu mécanique est le suivant :

Si l'inconnue AUGMENTE *quand augmente la quantité à laquelle se rapportent les deux termes correspondants que l'on considère, on écrit au* DIVIDENDE *le terme de la partie de l'inconnue, et au diviseur le terme de la partie connue.*

Si l'inconnue DIMINUE *quand augmente la quantité à laquelle se rapportent les deux termes correspondants que l'on considère, on écrit au* DIVISEUR *le terme de la partie de l'inconnue, et au dividende le terme de la partie connue.*

Revenons sur les trois derniers problèmes et résolvons-les par cette méthode. Le premier problème fournit :

$$6^{ch} \qquad 300^a \qquad 8^j \qquad 10^h$$
$$x \qquad\ 270 \qquad 9 \qquad 12$$

$$x = \frac{6 \times 270 \times 8 \times 10}{300 \times 9 \times 12}.$$

Plus il y a d'ares, plus il faut de charrues; c'est-à-dire que l'inconnue augmente quand augmente la quantité à laquelle se rapportent les termes correspondants 300 et 270. Le terme 270, de la partie de l'inconnue, s'écrit au dividende, et le terme 300, de la partie connue, s'écrit au diviseur.

Plus on met de journées, moins il faut de charrues. L'inconnue diminue quand augmente la quantité à laquelle se rapportent les termes correspondants 8 et 9. On écrit au diviseur le terme 9 de la partie de l'inconnue, et au dividende le terme 8 de la partie connue.

Plus on travaille d'heures par jour, moins il faut de charrues. 12 va au diviseur et 10 au dividende.

Le résultat est bien le même que celui où nous avait amenés le raisonnement.

Le second problème fournit :

$$6^{ch} \qquad 300^a \qquad 8^j \qquad 10^h$$
$$4 \qquad x \qquad 9 \qquad 12$$

$$x = \frac{300 \times 4 \times 9 \times 12}{6 \times 8 \times 10}.$$

Plus il y a de charrues, plus il y a d'ares travaillés. 4 va au dividende et 6 au diviseur.

Plus il y a de journées, plus il y a d'ares travaillés. 9 va au dividende et 8 au diviseur.

Plus la journée de travail comprend d'heures, plus il y a d'ares travaillés. 12 est pour le dividende et 10 pour le diviseur.

Le résultat est encore conforme à celui que nous avait donné le raisonnement.

Le troisième problème fournit :

$$6^{ch} \qquad 300^a \qquad 8^j \qquad 10^h$$
$$4 \qquad\quad 270 \qquad\ x \qquad 12$$

$$x = \frac{8 \times 270 \times 6 \times 10}{300 \times 4 \times 12}.$$

Plus il y a d'ares à travailler, plus il faut de journées. 270 va au dividende et 300 au diviseur.

Plus il y a de charrues, moins il faut de journées pour faire le travail. 4 va au diviseur et 6 au dividende.

Plus la journée comprend d'heures, moins il faut de journées pour faire le travail. 12 va au diviseur et 10 au dividende.

Le résultat est le même que celui auquel nous avait conduits le raisonnement. Cette concordance établit la légitimité de la méthode employée.

Questionnaire.

1. Qu'appelle-t-on problèmes de proportionnalité ? — Qu'est-ce que la partie connue, et la partie inconnue? Combien peut-il y avoir de termes dans chaque partie ? — Quelle condition doivent remplir les termes correspondants des deux parties?— Comment écrit-on les deux parties? — 2. Où se place toujours le terme correspondant à l'inconnue ? — 3-4. Où se placent les autres termes ? — 5. Quelle règle peut-on suivre pour placer chaque terme?

Problèmes de proportionnalité.

603. 4 bons ouvriers fauchent en un jour 252ª de blé Combien faut-il d'ouvriers pour en faucher 441ª ?

604. Une pièce de vin de 355 litres coûte 82ᶠ. Que coûtera une pièce de vin de même qualité contenant 475 litres?

605. On a payé 60ᶠ 27ᵏᵍ d'huile d'olive. Combien paiera-t-on 45ᵏᵍ ?

606. La farine de froment donne 140ᵏˢ de pain pour 100ᵏˢ de farine. Quel sera le poids du pain obtenu avec 123ᵏˢ de farine ?

607. Pour faire un certain travail, il faut 17ʲ, la journée étant de 12ʰ. Combien en faudrait-il si la journée était seulement de 8ʰ ?

608. 14 ouvriers mettraient 15 jours pour faire un ouvrage. Combien faudrait-il d'ouvriers pour faire ce même ouvrage en 5 jours ?

609. Il peut entrer dans une parcelle de jardin 24 rangées de fraisiers espacées de 84 centimètres. Combien pourra-t-on en mettre de rangées, si la distance de l'une à l'autre est de 105 centimètres ?

610. Un cheval consomme 75ᵏᵍ de fourrage en 6ʲ. Quelle quantité de fourrage lui faut-il par an ?

611. Si l'on paye 8ᶠ,75 de droit d'octroi pour 7 bouteilles de liqueur, que doit-on payer pour 12 bouteilles ?

612. 13ᵐ de drap coûtent 65ᶠ. Que coûteront 7ᵐ ?

613. Le fauchage de 33ᵃ de blé coûte 3ᶠ,06. Que coûtera le fauchage de 240ᵃ ?

614. On veut planter de tilleuls une allée. Il en faut 184 s'ils sont plantés à 12ᵐ d'intervalle l'un de l'autre. Combien en faudrait-il s'ils étaient plantés à 10ᵐ,5 d'intervalle ?

615. Une pompe fournit 2456 litres d'eau en 15 minutes. En combien de temps videra-t-elle un puits qui contient 32 mètres cubes d'eau ?

616. Un boulanger emploie environ 4ᵏᵍ de levain pour faire lever 300ᵏᵍ de pâte. Quelle quantité de pâte pourrait-il faire lever avec 9ᵏᵍ de levain ?

617. S'il faut 225 litres de blé pour ensemencer un hectare de terrain, combien en faudra-t-il pour ensemencer 52ᵃ,30 ?

618. Que coûtent 12680 plants de vigne à 1ᶠ55 les douze douzaines ?

619. Quelle est la valeur d'une corbeille de 346 œufs à 0ᶠ,55 la douzaine ?

620. 1000ᵏᵍ de canne à sucre renferment 180ᵏᵍ de sucre, mais par les procédés en usage on ne peut guère en extraire que 72ᵏᵍ. Quel poids de canne à sucre faudra-t-il pour obtenir 4320ᵏᵍ de sucre ?

621. Le laiton ou cuivre jaune s'obtient en alliant, c'est-à-dire en faisant fondre ensemble, 65ᵏᵍ de cuivre et 35ᵏᵍ de zinc. Quelle quantité de zinc faut-il allier à 264ᵏᵍ de cuivre pour le convertir en laiton ?

622. De 32ᵏᵍ de cocons, on retire 4ᵏᵍ,12 de soie. Combien de kilogrammes de cocons faudra-t-il pour obtenir 50ᵏᵍ de soie ?

623. 7 litres d'eau de la Méditerranée contiennent 308^{gr} de matières salines. Combien en contiennent 100 litres ?

624. 9 litres d'eau de l'océan Atlantique contiennent 288^{gr} de matières salines. Combien en contiennent 100 litres ?

625. L'ombre d'un bâton d'aplomb sur le sol mesure 3^m,56 Au même moment, l'ombre d'une tour mesure 62^m. Quelle est la hauteur de la tour, sachant que la hauteur du bâton est de 0^m,86 [1] ?

626. 10 bêtes à laine mangeant à la crèche y tiennent une longueur de 4^m. Quelle longueur doit avoir une crèche destinée à un troupeau de 263 moutons ?

627. 17 dollars des États-Unis valent 77^{fr},55. Quelle somme représentent 45 dollars ?

628. 20 roubles de la Russie valent 78^{fr},40. Quelle somme représentent 50 roubles ?

629. 100 livres sterling d'Angleterre valent 2512^{fr}. Quelle somme représentent 18 livres sterling ?

630. Douze douzaines de fagots reviennent à 35^{fr}. A combien revient le cent ?

631. De 63^{ks} de chiffons on peut faire 42^{ks} de papier. Quelle quantité de papier fera-t-on avec 500^{ks} de chiffons ?

632. Telle qu'elle est extraite du cocon, la soie s'appelle *soie écrue*. On lui fait subir une préparation, nommée *décreusage*, qui lui enlève des matières lui donnant sa roideur naturelle. 24^{ks} de soie écrue donnent 17^{ks},7 de soie décreusée. Combien en donneront 125^{ks} ?

633. Par le lavage 31^{ks} de laine brute ont perdu 13^{ks},95. Que perdront 87^{ks} ?

634. 12^{ks} de chanvre donnent 960^g de filaments textiles. Combien en aura-t-on avec 1258^{ks} de chanvre ?

635. Deux roues engrènent l'une dans l'autre. La plus grande a 252 dents et la plus petite 42. Pendant que la plus grande fait 9 tours, combien en fait la plus petite ?

636. Il faut 135 journées de travail pour retourner la terre à la bêche jusqu'à une profondeur de 0^m,50 pour une étendue de 100^a. Combien faut-il de journées, si le défoncement se fait à 0^m,40 de profondeur et sur une étendue de 48^a ?

1. L'ombre d'un objet est deux, trois, quatre, etc. fois plus longue, quand cet objet est lui-même deux, trois, quatre fois, etc. plus haut.

637. On a en grenier pour la provision de 4 chevaux 50680^{kg} de fourrage. Combien de temps durera cette provision, sachant qu'il faut 375^{kg} de fourrage pour l'entretien de 3 chevaux pendant 10 jours ?

638. On paie 7^f pour le transport de 3000^{kg} à 10^{km} de distance. Que paiera-t-on pour le transport de 4525^{kg} à 45^{km} de distance ?

639. Avec 2625^{kg} de fourrage, on a nourri pendant 42 jours un certain nombre de chevaux. Quel est ce nombre, sachant qu'il faut 375^{kg} de fourrage pour l'entretien de 3 chevaux pendant 10 jours ?

640. 7 ouvriers travaillant 9 jours et 10 heures par jour ont fait un certain travail. Si le nombre des ouvriers était 12 et si la journée était de 8^h, combien faudrait-il de jours pour faire le même travail ?

641. 8 ouvriers en travaillant 15 jours et 12 heures par jour ont fait 180^m d'ouvrage. Combien de mètres en feront 12 ouvriers travaillant 9 jours et 8 heures par jour ?

642. Après avoir trouvé le nombre de mètres du précédent problème, prendre pour inconnue le nombre d'ouvriers et recommencer.

643. Revenir au même problème avec le nombre de jours pour inconnue.

644. Revenir encore au même problème avec le nombre d'heures pour inconnue.

645. Un piéton a fait 189^{km} en marchant 5 jours et 7^h par jour. Combien de jours lui faudra-t-il pour faire 220^{km} en marchant 6 heures par jour ?

646. Un ouvrier qui a travaillé 9 jours et 8 heures par jour a reçu 36^f. Que recevrait-il pour 12 journées de 10 heures ?

647. Combien de journées de 7 heures faudrait-il au même ouvrier pour gagner 40^f ?

648. Combien lui faudrait-il travailler d'heures par jour pour gagner 70^f en 15 jours ?

CHAPITRE III.

Intérêt.

1. DÉFINITION. Pour les besoins de son commerce, de son industrie, de ses travaux agricoles, on emprunte une somme. En compensation des profits qu'il aurait retirés de cette somme en la faisant valoir lui-même, le prêteur a droit à une rétribution en sus du remboursement. Cette rétribution s'appelle *intérêt*. La somme prêtée s'appelle *capital*. L'intérêt augmente avec le *temps*, c'est-à-dire qu'il est d'autant plus fort que la somme reste plus longtemps entre les mains de l'emprunteur. Entre le prêteur et l'emprunteur se détermine le *taux* de l'intérêt. On nomme ainsi l'intérêt de 100 francs pour un an. Si 100 francs dans un an rapportent 5 francs d'intérêt, on dit que le taux est de 5 pour 100, ce que l'on écrit 5 0/0. On écrit de même 3 0/0, 4 0/0, etc., pour désigner que 100 francs dans un an rapportent 3 francs, 4 francs, etc.

D'une manière générale, il y a dans une règle d'intérêt à considérer : 1° *le capital*, 2° *l'intérêt de ce capital*, 3° *le temps que la somme reste entre les mains de l'emprunteur*, 4° *le taux*, c'est-à-dire l'intérêt de 100 francs pour un an. De là quatre genres de problèmes.

2. DÉTERMINATION DE L'INTÉRÊT. 1° *Que rapportent 1260 fr. dans 1 an au 5 0/0?* C'est là un problème de proportionnalité. La partie connue est : 100 francs rapportent 5 francs d'intérêt. La partie de l'inconnue est : Que rapportent 1260 francs ? Écrivons les deux parties ainsi qu'il a été indiqué dans le précédent chapitre, en mettant capital sous capital, intérêt sous intérêt, l'intérêt inconnu étant représenté par x :

$$100^f \qquad 5^f$$
$$1260 \qquad x$$

$$x = \frac{5 \times 1260}{100}.$$

Et raisonnons ainsi : Si 100 francs rapportent 5 francs, 1 franc rapporte 100 fois moins. (On écrit 5 au dividende, suivant la règle d'après laquelle le terme correspondant à l'inconnu se met toujours en tête du dividende ; et l'on écrit 100 au diviseur). L'expression $\frac{5}{100}$ représente l'intérêt de 1 franc. Mais, puisque le capital est 1260 fr., l'intérêt doit être 1260 fois plus fort. (On écrit donc 1260 au dividende.)

Simplifiant et opérant on trouve 63 fr. pour l'intérêt demandé.

Dans ce problème, le temps n'est pas intervenu, parce qu'il est le même dans les deux parties : un an pour l'intérêt de 100 francs ou pour le taux, un an pour le capital 1260 fr. Dans le problème suivant, au contraire, le temps intervient, parce qu'il n'est pas le même dans les deux cas. Nous ferons observer que, pour la simplicité des opérations, on est dans l'usage de considérer les mois comme tous égaux et composés de 30 jours, ce qui porte l'année commerciale à 360 jours.

2° *Que rapportent* 1420^f *au* 4 0/0 *pendant un an et* 6 *mois ?* Le temps est exprimé au moyen de deux unités différentes, l'an et le mois. On le rapporte à une seule unité en réduisant l'année en mois. L'année vaut 12 mois qui, avec les 6 mois en plus, forment 18 mois. La question est ainsi de déterminer l'intérêt de 1420 fr. pendant 18 mois, sachant que 100 francs rapportent 5 francs dans un an ou 12 mois. On écrit donc :

$$\begin{array}{ccc} 100^f & 5^f & 12^m \\ 1420 & x & 18 \end{array}$$

On remarquera que le temps ayant rapport au capital 1420 francs est exprimé en mois, et que, par suite, le temps ayant rapport au capital 100 fr. doit être aussi exprimé en mois, afin que, suivant la règle précédemment établie, les quantités correspondantes soient de même nature, c'est-à-dire se rapportent à la même unité :

$$x = \frac{5 \times 1420 \times 18}{100 \times 12}.$$

Raisonnons maintenant de la sorte : 100 francs rapportent 5 francs (5 est écrit au dividende) ; 1 franc rapporte 100 fois moins (100 est écrit au diviseur) ; et 1420 fr. rapportent 1420 fois plus (1420 est écrit au dividende).

Tel serait l'intérêt de 1420 fr. pour 12 mois. Pour 1 mois, l'intérêt serait 12 fois moindre (12 au diviseur) ; et pour 18 mois, il devient 18 fois plus fort (18 au dividende).

Il ne reste plus qu'à simplifier et à opérer. Le résultat est 106^{fr},50.

Rien n'empêche, dans les règles d'intérêt, d'utiliser la remarque faite au paragraphe 5 du précédent chapitre. Pour le problème actuel on dirait : Plus le capital est fort, plus l'intérêt est grand : 1420 va donc au dividende et 100 au diviseur. Plus le temps est considérable, plus l'intérêt est grand : 18 va donc au dividende et 12 au diviseur. On retrouve ainsi l'expression ci-dessus.

3. DÉTERMINATION DU CAPITAL. 1° *Quel est le capital qui en un an rapporte 528 francs au 5 0/0 ?* Sous le capital 100 on écrit x ou le capital cherché ; sous l'intérêt 5 francs on écrit l'intérêt 528, et l'on a :

$$100^f \qquad 5^f$$
$$x \qquad 528$$

Puis on raisonne ainsi :

$$x = \frac{100 \times 528}{5}.$$

Il faut un capital de 100 francs (100 au dividende) pour produire un intérêt de 5 francs. Pour produire un intérêt de 1 franc, il faudrait un capital 5 fois moindre (5 au diviseur) ; et si, au lieu de 1 franc, l'intérêt est de 528, il faut un capital 528 fois plus fort (528 au dividende). Réponse : il faut 10560 fr. de capital.

2° *Quel capital faut-il pour rapporter 168 francs au 3 0/0 en 45 jours ?* Développons bien d'abord la partie connue du problème. Cette partie est que 100 fr. rapportent 3 fr. en un an. Mais comme la seconde partie du problème a un temps exprimé en jours, il faut remplacer un an par 360 jours. On a de la sorte :

$$100^f \qquad 3^f \qquad 360^m$$
$$x \qquad 168 \qquad 45$$

Le capital x est écrit sous le capital 100, l'intérêt

168 fr. est écrit sous l'intérêt 3 francs, le temps 45 jours est écrit sous le temps 360 jours. Cela fait, on raisonne ainsi :

$$x = \frac{100 \times 168 \times 360}{3 \times 45}.$$

Pour produire 3 francs d'intérêt il faut un capital de 100 francs (100 au dividende) ; pour produire 1 franc d'intérêt, il faudrait un capital 3 fois moindre (3 au diviseur); et pour produire 168 fr. d'intérêt, il faut un capital 168 fois plus fort (168 au dividende).

Tel serait le capital nécessaire pour produire 168 francs d'intérêt en 360 jours. Pour produire ce même intérêt en 1 seul jour, il faudrait un capital 360 fois plus fort (360 au dividende); mais si, au lieu de 1 jour, le capital reste placé 45 jours, il devra être 45 fois moindre pour produire l'intérêt en question (45 au diviseur). Réponse : Il faut un capital de 44800 francs.

Appliquons encore ici la remarque du paragraphe 5, du précédent chapitre.

Si l'intérêt augmente, le capital qui le produit augmente aussi. 168 au dividende et 3 au diviseur. Si le temps augmente, le capital nécessaire pour produire un certain intérêt doit être moins grand, ou diminue. 45 au diviseur et 360 au diviseur.

4. DÉTERMINATION DU TEMPS. *Quel temps faut-il à* 15600 *fr. pour rapporter* 240 *francs au* 3 0/0 ? Comme on ignore si le temps cherché sera un nombre d'années, ou de mois, ou de jours, il convient de prendre le jour pour unité. On réduira ensuite, s'il y a lieu, le nombre de jours en mois en divisant par 30, et le nombre de mois en années en divisant par 12. On écrit donc :

$$100^f \qquad 3^f \qquad 360^j$$
$$15600 \qquad 240 \qquad x$$

$$x = \frac{360 \times 240 \times 100}{3 \times 15600}.$$

Il faut 360 jours (360 au dividende) pour rapporter 3 francs; pour rapporter 1 franc, il faut 3 fois moins de temps (3 au diviseur); et pour rapporter 240 francs au lieu de 1 franc, il faut 240 fois plus de temps (240 au dividende).

Tel serait le temps nécessaire pour rapporter 240 francs, si le capital était de 100 francs. Si le capital était de 1 franc seulement, il faudrait 100 fois plus de temps pour rapporter le même intérêt (100 au dividende) ; et si au lieu d'être de 1 franc, le capital est de 15600 francs, il lui faudra 15600 fois moins de temps pour rapporter l'intérêt proposé (15600 au diviseur).

Le résultat est 184 jours. La division de ce nombre par 30 donne 6 mois et 4 jours

Si le problème ci-dessus est résolu par la méthode indiquée au paragraphe 5, chap. II, on dit, après avoir écrit 360 au dividende : Si l'intérêt augmente, le nombre de jours nécessaire au rapport de cet intérêt augmente aussi. 240 au dividende et 3 au diviseur. Si le capital augmente, le nombre de jours nécessaire pour produire un intérêt diminue. 15600 au diviseur et 100 au dividende. Le résultat ainsi trouvé est le même que ci-dessus.

5. DÉTERMINATION DU TAUX. Le taux n'étant que l'intérêt du capital 100 francs, déterminer le taux, c'est tout simplement calculer l'intérêt de 100 francs pendant un an.

1° *A quel taux ont été placés 1260 francs qui en*

un an ont produit 63 francs? La partie connue du problème est 1260 francs rapportant 63 franés en un an. La partie de l'inconnue est 100 francs rapportent x francs, x étant le taux cherché. On écrit donc :

$$1260^f \qquad 63^f$$
$$100 \qquad x$$

En raisonnant absolument comme au paragraphe 2, on trouve :

$$x = \frac{63 \times 100}{1260} = 5.$$

Le taux est donc le 5 0/0.

Dans la question suivante le temps intervient.

2° *A quel taux ont été placés 1420 francs qui en 18 mois ont rapporté 106 francs 50?*

$$1420^f \qquad 106^f,50 \qquad 18^m$$
$$100 \qquad x \qquad 12$$

Le taux étant l'intérêt du capital 100 pour la durée de un an, on écrit 12 mois sous les 18 mois de la partie connue du problème. On raisonne alors comme au paragraphe 2 et l'on trouve :

$$x = \frac{106,50 \times 100 \times 12}{1420 \times 18} = 5.$$

Le taux est donc le 5 0/0.

Questionnaire.

1. Qu'appelle-t-on capital, taux, intérêt ? — 2. Donnez un exemple du calcul de l'intérêt ? — 3. Du capital ? — 4. Du temps ? — 5. Du taux ?

Problèmes.

649. Calculer l'intérêt de 6460ᶠ au 4 0/0 pendant un an.

650. Quel est l'intérêt de 12540ᶠ au 5 0/0 pendant un an ?

651. Que rapportent en un an 24500ᶠ placés au 3,5 0/0 ?

652. On a emprunté 6540ᶠ au 4 0/0. Que doit-on payer d'intérêts au bout de 2 ans et 3 mois ?

653. En 65 jours, que rapportent 2400ᶠ au 5 0/0 ?

654. On a acheté une maison pour la somme de 23750ᶠ. Que doit-elle rapporter, déduction faite de tous les frais d'entretien, pour produire le 6 0/0 du capital engagé ?

655. Quel capital faut-il pour rapporter 430ᶠ au 4 0/0 en un an ?

656. Pour un an et 5 mois on a reçu 220ᶠ d'intérêts au 4,5 0/0. Dire le capital.

657. Une opération commerciale rapporte le 5 0/0 du capital engagé. En 2 ans et 6 mois, le bénéfice est de 670ᶠ. Quel est le capital engagé dans cette opération ?

658. On emprunte 7500ᶠ au 4,2 0/0 et l'on souscrit à ce sujet un billet payable dans 9 mois. Le montant du billet doit comprendre la somme empruntée et les intérêts de cette somme. Quel est le montant du billet ?

659. Pour 4620ᶠ prêtés au 4 0/0, on a reçu 125ᶠ d'intérêts. Pendant combien de temps la somme est-elle restée entre les mains de l'emprunteur ?

660. Quel temps faut-il au capital 25600ᶠ pour rapporter 840ᶠ au 6 0/0 ?

661. On souscrit un billet de 4130ᶠ pour une somme de 4000ᶠ empruntés au 5 0/0 Dans combien de temps le remboursement doit-il se faire ?

662. Une vigne qui a coûté 5600ᶠ rapporte annuellement le 6 0/0. En combien de récoltes aura-t-elle rapporté 1344ᶠ ?

663. A quel taux est placée une somme de 8452ᶠ qui en un an rapporte 422ᶠ,60 ?

664. En 1 an et 4 mois, 7450ᶠ ont rapporté 596ᶠ. A quel taux l'argent était-il placé ?

665. Vaut-il mieux acheter une prairie qui rapporte 42ᶠ par an et coûte 840ᶠ, ou bien placer son argent au 4,5 0/0 ?

666. A quel taux sont placés 12600ᶠ qui produisent 122ᶠ,50 en 100 jours ?

CHAPITRE IV.

Escompte. — Remise. — Commission. — Courtage. — Prime d'assurance, etc., etc.

1. ESCOMPTE. *L'escompte est la retenue que l'on fait sur la valeur d'un billet payé avant son échéance.* Supposons qu'une personne ait en sa possession un billet de 500 francs payable dans un an. Elle désirerait être payée actuellement. Alors celui qui avance les fonds, pour s'indemniser de ce que lui aurait rapporté la somme avancée, fait sur la valeur du billet une retenue qu'on appelle *escompte*. Cette retenue est calculée, à la manière de l'intérêt, d'après un taux convenu. On est dans l'usage de calculer l'intérêt que produirait, depuis l'époque du paiement jusqu'à l'échéance, la valeur même du billet, et de retenir cet intérêt comme escompte. Dans le cas proposé, on calcule donc l'intérêt de 500 francs, montant du billet, pendant un an au taux convenu, au 5 0/0 par exemple. Cet intérêt est de 25 francs. Le propriétaire du billet reçoit donc 475 francs et le payeur retient 25 francs pour escompte.

2. EXEMPLE. L'escompte n'étant autre chose que l'intérêt de la valeur même du billet, une règle d'escompte ne diffère en rien d'une règle d'intérêt. Proposons-nous la question suivante :

Quel est l'escompte au 4 0/0 d'un billet de 4580 *francs payable dans* 15 *mois ?* Il faut calculer l'intérêt de 4580 francs au 4 0/0 pendant 15 mois. Cet intérèt sera l'escompte ou la retenue que le payeur fera sur le montant du billet.

$$100^f \qquad 4^f \qquad 12^m$$
$$4580 \qquad x \qquad 15$$

$$x = \frac{4 \times 4580 \times 15}{100 \times 12} = 229^f$$

Le payeur retiendra 229 francs d'escompte, et le propriétaire du billet recevra 4351 francs.

3. REMISE. *C'est une déduction que le vendeur fait au profit de l'acheteur sur le montant des marchandises livrées.* Cette déduction est estimée à tant pour 100 francs d'achat. En voici un exemple.

On achète pour 246 francs, mais le vendeur fait une remise de 4 0/0. Que doit-on payer ?

$$100^f \qquad 4^f$$
$$246 \qquad x$$

$$x = \frac{4 \times 246}{100} = 9,84.$$

Si pour 100 francs la remise est de 4 fr., pour un franc elle sera 100 fois moindre, et pour 246 francs elle sera 246 fois plus forte. La remise est ainsi de 9 francs 84. L'acheteur doit donc payer 246 francs moins 9 francs 84 ou bien 236 francs 16.

4. COURTAGE. COMMISSION. *C'est ce que reçoit, pour prix de ses services, la personne qui sert d'intermédiaire entre le vendeur et l'acheteur.* Le droit de courtage est calculé à tant pour 100 francs du prix de la marchandise. Exemple :

Un courtier reçoit 0,25 0/0 du prix de la vente.

Que lui revient-il pour une vente dont la valeur est de 4650 fr. ?

$$\begin{array}{ll} 100 & 0^f,25 \\ 4650 & x \end{array}$$

$$x = \frac{0,25 \times 4650}{100}$$

Le courtier reçoit 0 franc 25 pour 100 francs de vente. Pour un franc, il recevra 100 fois moins ; et pour 4650 fr., il recevra 4650 fois plus. Réponse : 11 francs 62.

5. PRIME D'ASSURANCE. *C'est ce que l'on paie annuellement à une compagnie d'assurances qui s'engage à vous indemniser de la perte amenée par un sinistre.*

Une maison de la valeur de 12600 francs est assurée contre l'incendie à raison de 0,45 par 1000 francs. Quelle est la prime d'assurance ?

$$\begin{array}{ll} 1000^f & 0^f,45 \\ 12600 & x \end{array}$$

$$x = \frac{0,45 \times 12600}{1000} = 5^f,67.$$

La prime est de $5^f,67$.

Diverses autres questions peuvent se présenter où intervient une certaine proportion pour 100. Chacune d'elles indique suffisamment par son énoncé quelle est la marche à suivre. Il est inutile de s'y arrêter d'une manière spéciale.

Questionnaire.

1. Qu'est-ce que l'escompte ? — 2. Comment se calcule l'escompte ? — 3. 4 5. Qu'appelle-t-on remise, courtage, prime d'assurance ? — Comment les calcule-t-on ?

Problèmes sur l'escompte, le courtage, les remises, etc.

667. Au 3 0/0, quel est l'escompte d'un billet de 875^f payable dans un an ?

668. Au 4 0/0, quel est l'escompte d'un billet de 1734^f payable dans 85 jours ?

669. Au 3,5 0/0, quel est l'escompte d'un billet de 2930^f payable dans 7 mois ?

670. On vend 43^{hl} de blé au prix de 20^f,15, et l'on fait une remise de 2,5 0/0. Que doit-on recevoir ?

671. Au taux de 3 0/0, la remise s'élève à 29^f. Combien d'hectolitres de blé a-t-on vendus, le prix de l'hectolitre étant de 21^f,25 ?

672. Que doit recevoir un courtier qui a vendu 1560^{kg} de garance à 53^f les 100^{kg}, le droit de courtage étant de 0^f,55 0/0 ?

673. On paye 0^f,55 pour 1000 à une compagnie d'assurances contre la grêle. La récolte est évaluée à 860^f. Quelle doit être la prime d'assurance ?

674. Un vin ordinaire renferme 8 0/0 d'alcool. Quelle quantité d'alcool contiennent 645 litres de vin ?

675 Les olives donnent en huile 9,3 0/0 Quel sera le rendement en huile de 3500^{kg} d'olives ?

676. Quelle somme doit-on recevoir pour un billet de 840^f payable dans 15 mois, l'escompte étant de 4 0/0 ?

677. On a retenu 62^f d'escompte au 5 0/0 sur le montant d'un billet payable dans 18 mois. Quel est le montant du billet ?

678. L'escompte étant le 4 0/0, on a retenu 26^f sur un billet de 400^f. Combien de temps ce billet a-t-il été payé avant son échéance ?

679. Sur 87 mètres de drap à 12^f,55 le mètre, on fait une remise de 4 0/0. Quelle somme doit-on payer ?

680. Un auteur perçoit le 15 0/0 sur le prix de vente de son livre. Il s'est vendu 6425 exemplaires à 1^f,50 l'un. Combien l'auteur doit-il recevoir ?

681. Un bœuf de boucherie donne en poids net 66 0/0 du poids vif. Quel sera le poids net d'un bœuf pesant vivant 842^{kg} ?

682. Un agent d'affaires reçoit le 2,5 0/0 des valeurs

négociées. Il a négocié des valeurs pour 10540ᶠ. Quelle somme doit-il recevoir ?

683. La fécule du commerce, telle qu'on la conserve dans les magasins, contient toujours 18 0/0 d'humidité. A combien se réduiraient 47ᵏˢ de fécule, si la substance était rigoureusement sèche ?

684. La résine qui s'écoule des pins contient 15 0/0 d'essence de térébenthine. Quelle quantité d'essence contiennent 1 240ᵏˢ de résine ?

685. Par la mouture, on obtient du blé ordinaire 75 0/0 de farine et 25 0/0 de son. Quelle quantité de farine, quelle quantité de son donneront 685ᵏˢ de blé ?

686. Le phosphore se retire des os calcinés, qui en contiennent les 11 0/0 de leur poids. Quelle quantité d'os calcinés faut il pour obtenir 25ᵏˢ de phosphore ?

687. L'herbe perd en se desséchant environ 56 0/0 de son poids. On a obtenu d'une prairie 16350ᵏˢ de fourrage sec. Quel était le poids de la récolte en vert?

688. Que doit-on recevoir pour un billet de 625ᶠ payable dans 45 jours, l'escompte étant 0,5 0/0 par mois?

689. Quelle prime d'assurance doit-on payer à une compagnie contre l'incendie pour un mobilier évalué à 4580ᶠ à raison de 0,47 par 1000 ?

690. A la suite d'une faillite, les créanciers ne reçoivent que le 58 0/0 de ce qui leur est dû. Combien doit recevoir un créancier à qui il est dû 14565 ?

691. Les tiges de lin donnent 18 0/0 de filasse. Que doivent donner 4 580ᵏˢ de lin ?

692. La tare d'un ballot de marchandises est évaluée au 4,5 0/0 du poids brut. Quelle est la tare d'un ballot pesant brut 184ᵏˢ ?

693. Une personne doit 2680ᶠ payables dans 3 mois. Si elle les paye aujourd'hui, combien devra-t-elle donner, l'escompte étant de 0,6 0/0 par mois ?

694. Une somme de 500ᶠ payable dans 14 mois se trouve réduite à 470ᶠ si elle est payée aujourd'hui. Quel est le taux de l'escompte ?

695. Un courtier reçoit 57ᶠ pour droit de commission à 0,25 0/0 Quel est le montant de la vente qu'il a faite ?

696. On retire de la poudre de garance 6 0/0 en poids d'alcool Quelle quantité de garance faut-il pour obtenir 100 litres d'alcool pesant 0ᵏˢ,850 le litre ?

697. Dans les usines à gaz, avec 100ᵏˢ de houille on ob-

tient 25 mètres cubes de gaz d'éclairage, 4^{kg},5 de goudron et 1^{hl},66 de coke. Combien obtiendra-t-on de mètres cubes de gaz, de kilogrammes de goudron, d'hectolitres de coke avec 62650^{kg} de houille?

698. On achète un certain nombre de kilogrammes de soie à 97^f le kilogramme. Le vendeur fait une remise de 3,5 0/0 et l'on paye comptant 18560^f. Combien de kilogrammes de soie a-t-on achetés?

699. Pour 1200 exemplaires d'un ouvrage, l'on paye 2640^f, déduction faite d'une remise au 12· 0/0. Quel est le prix d'un exemplaire?

700. Le bronze des cloches est composé de 78 0/0 de cuivre et de 22 0/0 d'étain. Quel poids de chacun de ces deux métaux entre-t-il dans une cloche pesant 364^{kg}?

701. Un éditeur fait au libraire une remise de 30 0/0 et lui donne 13 exemplaires d'un ouvrage pour 12. Quelle somme doit payer le libraire pour 100 exemplaires du prix de 4^f,50 l'un?

CHAPITRE V.

Règle de société.

1. Définition. Supposons que 3 personnes aient à payer ensemble une somme de 640 fr. pour les frais d'un canal d'arrosage dont elles profitent toutes les trois, mais inégalement, en ce sens que l'étendue des terres arrosées n'est pas la même pour toutes les trois. Il est évident que celle dont les terres arrosées sont deux, trois, quatre, etc., fois plus étendues que les terres d'une autre, doit participer aux frais communs pour une somme deux, trois, quatre fois plus grande. Enfin chaque personne doit participer aux frais *proportionnellement* à l'étendue de ses terres arrosées, c'est-à-dire payer deux, trois, quatre fois plus, si ces terres arrosées ont une superficie deux, trois, quatre fois plus grande.

Imaginons encore que 4 personnes aient contribué chacune pour une somme différente à une exploitation commune qui a rapporté 5600 fr. de bénéfice. La part du bénéfice qui revient à chaque personne doit être évidemment d'autant plus forte que la *mise*, c'est-à-dire la somme mise au service de la société, a été plus grande. Si cette mise est deux, trois, quatre fois plus grande pour une personne que pour une autre, la part de bénéfice de la première doit être deux, trois, quatre fois plus grande que celle de la seconde. Enfin, la part de chaque associé doit être *proportionnelle à sa mise*.

Les deux questions que nous venons de proposer se résolvent par une règle de société. *La règle de société a donc pour objet de partager un nombre proportionnellement à d'autres nombres, relatifs chacun à l'un des associés.*

2. PROBLÈMES. 1° *Trois personnes ont à payer 640 francs pour les frais d'un canal d'arrosage dont elles profitent inégalement. La première arrose 148 ares de terre, la seconde 86 ares, la troisième 112 ares. Combien chaque personne doit-elle payer ?* — Faisons d'abord la somme des étendues arrosées. La somme de 148 ares, 86 ares et 112 ares est 346. Ainsi 346 ares doivent supporter l'ensemble des frais ou 640 fr. Un are seulement aura pour frais 640 fr. divisés par 346, $\frac{640}{346}$, ou bien 1 fr., 849. Sachant la part de frais qui revient à 1 are, on aura ce que doit payer chaque personne en multipliant ce résultat par le nombre d'ares arrosés.

Ainsi la première personne devra payer
148 fois 1^f,849 ou bien. . . . . . .   273^f,652
La seconde devra payer 86 fois 1^f,849
ou . . . .   159^f,014
La troisième devra payer 112 fois 1^f,849
ou . . . .   207^f,088
____
639^f,754

La somme des trois parts doit faire, c'est évident, la totalité des frais ou 640 fr. Cependant cette somme ne donne que 639^f,754. La différence en moins 0^f,246 provient de ce que le quotient relatif à un are 1^f,849 est un peu trop faible. La division, en effet, a laissé, après la troisième décimale, un reste dont il n'a pas été tenu compte. Pour obtenir un plus grand degré d'approximation, il aurait donc fallu calculer le quotient avec une décimale de plus ; mais, comme cette quatrième décimale laisserait encore un reste, la somme des trois parts ne reproduirait pas rigoureusement 640 fr. On n'arriverait à la reproduction exacte de 640 francs que si la division de 640 par 346 s'achevait. Quoi qu'il en soit, on reconnaît que cette division doit être poursuivie assez loin, si l'on désire obtenir une approximation convenable. Dans le cas actuel, il faudrait quatre décimales au moins.

2° *Quatre personnes ont contribué chacune pour une somme différente à une exploitation commune qui a rapporté 5600 fr. La mise de la première est 8500 francs, celle de la seconde 7000 francs, celle de la troisième 5700 francs, celle de la quatrième 6800 francs. Combien revient-il à chaque associé ?*

La somme des mises est 28000 francs. Divisons le bénéfice total 5600 francs par la somme des mises. Le quotient 0^f,2 indique la part qui revient à 1 franc de mise.

La part de la première personne est
donc de 0^f,2 × 8500 . . . . . . = 1700 fr.
La part de la seconde est de 0^f,2
× 7000 . . . . = 1400
La part de la troisième est de 0^f,2
× 5700 . . . . = 1140
La part de la quatrième est de 0^f,2
× 6800 . . . . = 1360
                                      ————
                                      5600 fr.

Le quotient 0^f,2 étant exact, l'ensemble des parts
reproduit exactement la somme partagée.

3. RÈGLE. Ces deux exemples établissent que, pour
résoudre un problème de société, *il faut faire la
somme des mises, diviser la quantité à partager par
cette somme, et multiplier le quotient par chaque
mise.*

Le mot mise doit être pris ici dans un sens très-
général et représenter, non pas seulement la somme
que chaque associé peut apporter à une exploitation-
commune, mais encore la quantité quelconque proportionnellement à laquelle chaque intéressé prend part
à la répartition. C'est ainsi que dans le premier problème les mises sont les étendues arrosées.

4. CAS OU LES MISES SONT ACCOMPAGNÉES D'UN
SECOND TERME. Proposons-nous les questions suivantes:
1° *Trois personnes ont à payer 840 francs pour les
frais d'un canal d'arrosage. L'étendue arrosée est
de 120 ares pour la première, de 45 ares pour la
seconde, de 82 ares pour la troisième. En outre, sur
15 jours, la première a droit à 3 jours d'arrosage,
la seconde à 5, la troisième à 7. Combien chacune
doit-elle payer?* — Pour nous débarrasser du nombre
de jours, raisonnons ainsi : 120 ares ayant droit à 3

jours d'arrosage doivent contribuer aux frais autant que 3 fois 120 ares ayant droit à un seul jour d'arrosage. La première personne est donc dans le même cas que si elle avait 360 ares arrosés un seul jour. Pareillement, la seconde personne, dont les 45 ares ont droit à 5 jours d'arrosage, est dans le même cas que si elle avait 5 fois 45 ares ou 225 ares arrosés un seul jour. Enfin la troisième, avec ses 82 ares ayant droit à 7 jours d'arrosage, doit contribuer aux frais comme si elle avait 7 fois 82 ares ou 574 ares arrosés un seul jour.

On se trouve ainsi conduit à multiplier chaque étendue par le nombre de jours d'arrosage, et l'on a :

Mise de la première personne $= 3 \times 120$
ou bien. . . . . 360 ares.
Mise de la seconde personne $= 5 \times 45$
ou bien. 225
Mise de la troisième personne $= 7 \times 82$
ou bien. . . . . 574 ares.

Somme des mises $=$ 1159 ares.

Divisons les frais 840 fr. par 1159. Le quotient $0^f,7247$ est la quote-part de 1 are. La quote-part de chaque personne s'obtiendra en multipliant ce quotient par le nombre d'ares correspondant.

Quote-part de la première personne $=$
$0^f,7247 \times 360 =$. . . . . 260^f,8920
Quote-part de la seconde personne $=$
$0^f,7247 \times 225 =$. . . . . 163^f,0575
Quote-part de la troisième personne $=$
$0^f,7247 \times 574 =$. . . . . 415^f,9778

839^f,9273

La somme des quotes-parts est inférieure de $0^f,0727$ à la totalité des frais 840 fr., parce que le quotient $0^f,7247$ est incomplet, malgré ses quatre décimales.

2° *Deux associés ont fourni l'un 1250 fr., l'autre 860 fr. La mise du premier est restée 15 mois dans la société, la mise du second y est restée 23 mois. Répartir le gain 320 fr. entre les deux associés.* — Le premier, qui contribue pour 1250 fr. laissés pendant 15 mois, est dans le même cas que s'il contribuait pour 15 fois 1250 francs pendant un seul mois. Le second, qui contribue pour 860 francs laissés pendant 23 mois, est dans le même cas que s'il contribuait pour 23 fois 860 fr. laissés pendant un mois. On a ainsi :

Mise du premier $= 15 \times 1250$ fr.
ou bien. . . . . 18750 fr.
» second $= 23 \times 860$ fr.
ou bien. 19780

Somme des mises $=$ 38530 fr.

En divisant le gain à partager 320 francs par 38530, et en multipliant le quotient d'abord par 18750, puis par 19780, on aura la quote-part de chaque associé.

5. PARTAGE D'UN NOMBRE EN PARTIES PROPORTIONNELLES A DES NOMBRES DONNÉS. Proposons-nous la question suivante : — *La poudre de chasse se compose d'un mélange intime de 39 parties de salpêtre, 6 parties de charbon et 5 parties de soufre. Combien sur 25^{gr} de poudre y a-t-il de chacune de ces substances?*

La question revient à partager 25^{gr} proportionnellement aux trois nombres 39, 6 et 5. A cet effet, on additionne les trois nombres. Leur somme est 50.

Divisons maintenant 25^{gr} par 50 pour avoir la valeur d'une partie. Le quotient est 0^{gr},5.

Puisque le salpêtre entre dans la poudre pour 39 parties, il faut multiplier le poids d'une partie ou 0^{gr}5 par 39 pour avoir le poids du salpêtre. On obtient pareillement le poids du charbon en multipliant 0^{gr},5 par 6, et celui du soufre en multipliant 0^{gr},5 par 5. On a ainsi :

$$
\begin{aligned}
\text{Poids du salpêtre} &= 0^{gr},5 \times 39 = 19^{gr},5 \\
\text{Poids du charbon} &= 0^{gr},5 \times \ \ 6 = \ \ 3^{gr},0 \\
\text{Poids du soufre} &= 0^{gr},5 \times \ \ 5 = \ \ 2^{gr},5 \\
\hline
\text{Total} & \qquad\qquad\qquad\quad 25^{gr},0
\end{aligned}
$$

Soit encore le problème suivant : — *Partager 822 francs entre trois personnes de manière que la seconde ait le triple de la première, et la troisième la moitié des deux autres réunies.* — La première ayant 1 part, la seconde, qui doit avoir le triple, aura 3 parts. Quant à la troisième, qui doit avoir la moitié des deux autres réunies, elle aura la moitié des 4 parts qui reviennent aux deux premières, c'est-à-dire 2 parts. Il faut donc partager la somme de manière qu'il revienne

à la première personne 1 part,
à la seconde personne 3 parts,
à la troisième personne 2 parts ;

c'est-à-dire qu'il faut partager le nombre 822 proportionnellement aux nombres 1, 3 et 2.

On fait la somme de ces nombres ; le résultat est 6. On divise 822 fr. par 6 pour avoir la valeur d'une part. Le quotient est 137 fr. On a ainsi :

Pour la première personne 1 fois 137 fr. =   137 fr.
Pour la seconde personne 3 fois 137 fr. =   411 fr.
Pour la troisième personne 2 fois 137 fr. =   274 fr.
                                          Total.   822 fr.

Questionnaire.

1. Quel est l'objet de la règle de société ? — 2. 3. Donnez des exemples ? — 4. Quelle marche suit-on lorsque les mises sont accompagnées d'un second terme ? — 5 Comment partage-t-on un nombre proportionnellement à des nombres donnés ? — Expliquez la règle au moyen d'un exemple.

Problèmes sur la règle de société.

702. Quatre cantons doivent à l'armée un contingent de 144 hommes proportionnellement à la population. La population du premier est de 1356, celle du second de 4633, celle du troisième de 3164 celle du quatrième de 7119. Combien chaque canton doit-il fournir d'hommes ?

703. Partager 500ᶠ entre 4 personnes de façon que la seconde ait le quadruple de la première, la troisième autant que les deux premières réunies et la quatrième la moitié des trois autres ensemble.

704. Cinq communes voisines ravagées par la grêle ont éprouvé une perte, la première de 26000ᶠ, la seconde de 53000ᶠ, la troisième de 34000ᶠ, la quatrième de 45000ᶠ, la cinquième de 18000ᶠ. Pour leur venir en aide, le département leur accorde 25000ᶠ. Comment doit se faire la répartition ?

705. Paul, Jules et Louis ont ensemble 72 ans. L'âge de Jules est le triple de celui de Paul, et celui de Louis en est le quadruple. Quel est l'âge de chacun ?

706. Trois faucheurs doivent recevoir 42ᶠ pour prix du total de leur travail. Le premier a fauché 2ʰᵃ 8ᵃ de prairie, le second 1ʰᵃ 56ᵃ, le troisième 2ʰᵃ 60ᵃ. Combien chacun doit-il recevoir ?

707. La part de quatre héritiers est de 6800ᶠ pour le premier, de 4500ᶠ pour le second, de 7900ᶠ pour le troisième, de 8400ᶠ pour le quatrième. Les droits de succes-

sion s'élèvent à 3000ᶠ. Quelle part de ces droits chaque héritier doit-il payer ?

708. On doit répartir 66ᶠ entre trois ouvriers qui ont fait : le premier, 6ʲ de 12ʰ ; le second, 7ʲ de 10ʰ ; le troisième, 9ʲ de 8ʰ. Que revient-il à chacun ?

709. Pour un travail de terrassement, Marc a fourni 3 chevaux pendant 8ʲ, Pierre, 5 chevaux pendant 7ⱼ, Claude, 6 chevaux pendant 9ʲ, Antoine, 5 chevaux pendant 11ʲ, Jacques, 4 chevaux pendant 10ʲ. Il leur revient ensemble 1248ᶠ. Quelle est la part de chacun ?

710. Trois héritiers ont à se partager un terrain d'une superficie de 4ʰᵃ 26ᵃ en lots qui soient dans le rapport des nombres 2, 5, 7. Quel est le lot de chacun ?

711. La poudre de mine contient 31 parties de salpêtre, 9 de charbon et 10 de soufre. Combien entre-t-il de chacun de ces trois corps dans 12ᵏᵍ de poudre ?

712. Le cuivre jaune des tourneurs est formé de 325 parties de cuivre, 165 parties de zinc, 8 parties de plomb et 2 parties d'étain Combien y a-t-il de chacun de ces quatre métaux dans 100 ᵏᵍ de cuivre jaune ?

713. Le bronze de nos monnaies actuelles est formé de 95 parties de cuivre, 4 parties d'étain, 1 partie de zinc. Combien y a-t-il de chacun de ces trois métaux dans une somme en bronze de la valeur de 10ᶠ ?

714. Quand Paul reçoit 5ᶠ, Pierre en reçoit 7 et Louis 9. Comment doit se faire le partage de 180ᶠ entre ces trois personnes ?

715. Un oncle laisse à trois neveux un héritage de 25,000ᶠ qu'ils doivent se partager proportionnellement à leur âge. L'aîné a 16 ans, le second 14 et le plus jeune 11. Que revient-il à chacun ?

716. L'analyse d'un échantillon de terre végétale a donné 3ˢ 25 d'argile, 4ˢ,72 de sable et 2ˢ,28 de calcaire. Quelle est la proportion de chacune de ces substances pour 100 de terre végétale ?

717. Deux personnes commencent une entreprise industrielle en apportant au fonds commun, l'une 12 600ᶠ, l'autre 15 000ᶠ. Au bout de 15 mois, elles s'associent une troisième personne qui fournit une mise de 22 000ᶠ. A la fin de la troisième année le bénéfice est de 8000ᶠ. Que revient-il à chaque associé ?

718. Pour les enrichir en élément calcaire, qui leur fait défaut, on se propose de répandre 650ʰˡ de chaux éteinte

sur 3 terres, qui ont en superficie : la première 2ʰᵃ 45ᵃ, la seconde 3ʰᵃ 62ᵃ, la troisième 4ʰᵃ 27ᵃ. Combien d'hectolitres de chaux chaque terre doit-elle recevoir ?

CHAPITRE VI.

Moyennes et mélanges.

1. DÉFINITION. Lorsque l'évaluation d'une quantité conduit, étant répétée, à des résultats différents, pour obtenir une valeur plus rapprochée de la valeur réelle, on répartit uniformément entre les divers résultats les erreurs que l'on a pu commettre soit en plus, soit en moins. Il peut se faire encore qu'une valeur soit, par elle-même, variable. Pour trouver la valeur qui doit revenir le plus souvent, on répartit uniformément les divers résultats obtenus.

L'opération se nomme *règle des moyennes*, parce qu'elle détermine une *moyenne*, c'est-à-dire une valeur comprise entre la plus grande et la plus petite des valeurs trouvées.

2. PREMIER EXEMPLE. *Un hectolitre de froment pesé avec une première romaine donne 82 kilogrammes ; avec une seconde romaine, il donne 79 kilogrammes ; avec une troisième, il donne 78 kilogrammes. Quel est le poids de l'hectolitre ?*

La diversité des poids obtenus provient évidemment de l'imperfection des romaines employées. Pour obtenir un poids plus approché de la vérité, on répartit uniformément les trois résultats, c'est-à-dire que l'on fait la somme des poids obtenus et que l'on divise cette somme par le nombre de pesées ou par 3.

$$\begin{array}{r} 82 \\ 79 \\ 78 \\ \hline 239 \end{array}$$

En prenant le tiers de 239, on a 79ᵏᵍ,66 pour le poids moyen.

3. SECOND EXEMPLE. Dans l'exemple qui précède, la diversité des résultats obtenus provient de l'imperfection des romaines, puisque l'on pèse toujours le même hectolitre de froment. Mais le froment a lui-même un poids variable ; de sorte que, si l'on en pèse divers hectolitres, on peut obtenir des poids différents, bien que les pesées soient justes.

Pour un hectolitre de froment, on obtient 84 kilogrammes, pour un second 78, pour un troisième 76, pour un quatrième 80. Quel est le poids moyen ? — Il faut encore faire la somme des quatre poids trouvés et diviser cette somme par le nombre de pesées ou par 4. La somme des poids est 318, dont le quart est est 79 kilogrammes, 50. Telle est la valeur du poids moyen.

On obtient donc la valeur moyenne de plusieurs quantités en divisant la somme de ces quantités par leur nombre.

4. DÉFINITION. A la question des moyennes se rattache celle des mélanges. *La règle des mélanges a pour but de déterminer la valeur moyenne d'un mélange de diverses substances quand on connaît la quantité et la valeur de chacune de ces substances.*

On mélange 4 hectolitres de froment qui vaut 22 francs l'hectolitre, avec 5 hectolitres de froment qui vaut 18 francs l'hectolitre, et 7 hectolitres de froment qui vaut 20 francs l'hectolitre. Dire le prix de l'hectolitre du mélange.

Les 4 hectolitres à 22^f valent	88^f
Les 5 hectolitres à 18^f valent	90
Les 7 hectolitres à 20^f valent	140
16 hectolitres valent	318^f

En faisant la somme des hectolitres mélangés et la somme de leurs valeurs, on trouve que les 16 hectolitres constituant le mélange ont ensemble une valeur de 318 francs. Pour avoir la valeur d'un hectolitre du mélange, il faut donc diviser 318 francs par 16. Le quotient 19^f,875 est le prix de l'hectolitre du mélange.

5. RÈGLE. *Pour obtenir le prix moyen d'un mélange, on multiplie chaque quantité par son prix, on fait la somme des produits et l'on divise cette somme par la somme des quantités mélangées.*

6. DÉTERMINATION DES PROPORTIONS SUIVANT LESQUELLES UN MÉLANGE DOIT ÊTRE FAIT POUR AVOIR UNE VALEUR MOYENNE CONNUE. Nous n'examinerons que le cas le plus simple, celui où les substances mélangées ne sont qu'au nombre de deux. Soit la question suivante : *On veut mélanger du froment dont la valeur est de 22 francs l'hectolitre avec du froment dont la valeur est de 17 francs, de manière que le mélange ait une valeur moyenne de 20 francs. Dans quelles proportions le mélange doit-il être fait ?*

Disposons comme il suit les prix des deux qualités de froment et le prix que doit avoir le mélange :

15.

$$22^f \qquad 2 \text{ perte} \qquad 3 \text{ hectolitres.}$$
$$20^f$$
$$17^f \qquad 3 \text{ gain} \qquad 2 \text{ hectolitres.}$$

Puis raisonnons ainsi : Pour chaque hectolitre de la première qualité, on perd 2 francs, car cet hectolitre vaut 22 francs et est vendu 20 francs une fois mélangé. On écrit cette perte 2 francs en face du prix de la première qualité.

Pour chaque hectolitre de la seconde qualité, on gagne 3 francs, car cet hectolitre vaut 17 francs et est vendu 20 francs après le mélange. On écrit le gain 3 francs en face du prix de la seconde qualité.

Ainsi chaque hectolitre de la première qualité amène une perte de 2 francs, mais chaque hectolitre de la seconde qualité amène un gain de 3 francs. Le mélange doit être fait de manière que la perte et le gain se compensent. Il faut donc prendre de chaque qualité un nombre d'hectolitres tel, que le produit par la perte ou le gain correspondant soit le même. En d'autres termes, le nombre d'hectolitres de la première qualité étant multiplié par 2 doit donner le même résultat que le nombre d'hectolitres de la seconde qualité multiplié par 3. Le nombre d'hectolitres de la première qualité est donc 3 et celui de la seconde qualité est 2, car 2×3 est égal à 3×2.

7. VÉRIFICATION DU RÉSULTAT. Nous venons de trouver que le froment à 22 francs et le froment à 17 francs doivent être mélangés à raison de 3 hectolitres du premier pour 2 hectolitres du second, si nous voulons que le mélange ait une valeur de 20 francs l'hectolitre.

En effet, 3 hectolitres à 22^f valent..... 66^f
2 hectolitres à 17^f valent..... 34^f

5 hectol. de mélange valent.. 100^f

Un hectolitre du mélange vaut donc $\dfrac{100}{5}$ ou 20 francs.

8. Second exemple. *Dans quelle proportion faut-il mélanger de l'alcool à 44 degrés avec de l'alcool à 85 degrés, pour que le mélange marque 62 degrés* [1]?

44°   18 en moins   23 litres du premier.
    62°
85°   23 en plus   18 litres du second.

Un litre d'alcool à 44 degrés diffère d'un litre d'alcool à 62 degrés de 18 degrés en moins.

Un litre d'alcool à 85 degrés diffère d'un litre d'alcool à 62 degrés de 23 degrés en plus.

Ainsi, chaque litre du premier alcool ap-

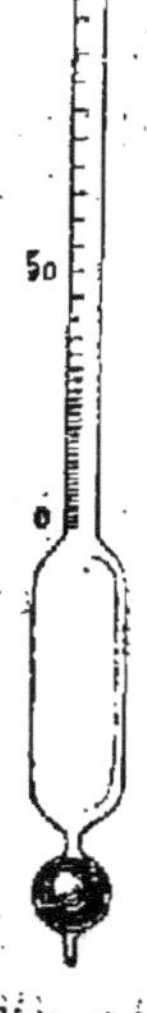

1. Quand on dit d'une eau-de-vie, d'un esprit-de-vin, d'un alcool, qu'il marque 85 degrés, par exemple, cela signifie que sur 100 litres de liquide il y a 85 litres d'alcool pur et le reste ou 15 litres d'eau. On obtient la proportion d'alcool pur contenu dans un liquide alcoolique au moyen d'un instrument appelé *alcoomètre*. On le plonge dans le liquide à essayer. De lui-même il flotte en se tenant vertical, mais il plonge d'autant plus que le liquide est plus riche en alcool. Dans l'eau pure, il s'enfonce jusqu'à la division 0 placée en bas de la tige, dans l'alcool pur, il s'enfonce jusqu'à la division 100 placée au haut de la tige. Si l'instrument s'enfonce jusqu'à la division 60, cela signifie que, sur 100 litres, le liquide essayé en contient 60 d'alcool pur et le reste ou 40 litres d'eau.

Fig. 20.

porte dans le mélange ses 18 degrés de moins, chaque litre du second alcool y apporte ses 23 degrés de plus. Pour qu'il y ait compensation et que le mélange marque 62 degrés, il faut que le nombre de litres du premier multiplié par 18 donne le même produit que le nombre de litres du second multiplié par 23. Il faut enfin prendre 23 litres du premier alcool pour 18 litres du second, car $18 \times 23 = 23 \times 18$.

9. VÉRIFICATION DU RÉSULTAT. Vérifions que ce mélange marquera, en effet, 62 degrés en prenant des deux alcools les proportions indiquées. — Déterminer le degré du mélange, c'est chercher combien, sur 100 litres de ce mélange, il y a de litres d'alcool pur. D'abord, le mélange étant formé de 23 litres du premier alcool et de 18 litres du second, mesure en tout 41 litres. Il est bien entendu qu'au lieu de ces deux quantités on pourrait en prendre la moitié, le tiers, le quart, ou le double, le triple, le quadruple, etc., et le mélange marquerait toujours 62 degrés.

Les 23 litres du premier alcool marquent 44 degrés, c'est-à-dire contiennent 44 litres d'alcool pour 100 de liquide. La quantité d'alcool pur contenu dans ces 23 litres est donc :

$$\frac{44 \times 23}{100}, \text{ ou bien } 10^l,12.$$

Pareillement, la quantité d'alcool pur contenu dans les 18 litres de l'alcool à 85 degrés est :

$$\frac{85 \times 18}{100}, \text{ ou bien } 15^l,30.$$

La quantité d'alcool pur contenu dans les 41 litres du mélange est donc : $10^l,12 + 15^l, 30 = 25^l,42$. Par conséquent, 100 litres de ce mélange contiendraient en alcool pur :

$$\frac{25^l,42 \times 100}{41}, \text{ ou bien } 62^l,$$

c'est-à-dire que le mélange marque 62 degrés.

Questionnaire.

1. Qu'est-ce que la moyenne entre plusieurs quantités ? — 2 -3. Comment se calcule la moyenne ? — Donnez des exemples ? — 4. Quel est le but de la règle des mélanges ? — Donnez un exemple ? — 5. Énoncez la règle à suivre ? — 6. Comment détermine-t-on les proportions suivant les-quelles un mélange doit être fait pour avoir une valeur moyenne connue ? — Comment se vérifie le résultat ?

Problèmes sur les moyennes et les mélanges.

719. Le prix moyen du froment, pour toute la France, a été de 19^f,13 l'hectolitre en 1820, de 17^f,79 en 1821, de 15^f,59 en 1822, de 17^f,52 en 1823, de 16^f,22 en 1824.

Il a été de 20^f,24 en 1860, de 24^f,55 en 1861, de 23^f,24 en 1862, de 19^f,78 en 1863, de 17^f,58 en 1864.

Déterminer la valeur moyenne de l'hectolitre de froment pendant chacune de ces périodes.

720. L'augmentation de la population en France a été de 175 240 en 1860, de 138 481 en 1861, de 182 189 en 1862, de 165 877 en 1863, de 145 580 en 1864. Quelle a été l'aug-mentation moyenne pendant cette période de 5 ans?

721. On mesure trois fois la longueur d'une route. La première fois on trouve 26 742 mètres, la seconde 26 750^m, la troisième 26 747^m. Quelle est la longueur de la route?

722. Le total des naissances pour la France, a été de 956 875 en 1860, de 1 005 078 en 1861, de 995 167 en 1862, de 1 012 794 en 1863, de 1 005 880 en 1864. Quelle est la moyenne des naissances pour ces 5 années?

723. En combinant les données des problèmes n° 720 et 722, quelle a été la moyenne des décès?

724. Quelle est par kilogramme la valeur d'un mélange composé de 123ᵏˢ de farine à 0ᶠ 45 le kilogramme, de 95ᵏˢ de farine à 0ᶠ,35 et de 80ᵏˢ de farine à 0ᶠ,52?

725. Si l'on mélange 280 litres de vin à 0ᶠ25 le litre avec 340ˡ de vin à 0ᶠ,35 le litre, quel sera le prix d'un litre du mélange ?

726. Dans quelle proportion faudrait-il allier l'or et l'argent pour que l'alliage eût une valeur de 2ᶠ par gramme, sachant que le gramme d'or vaut 3ᶠ,10 et le gramme d'argent 0ᶠ,20 ?

727. Si l'on mélange 42 litres d'alcool à 95° avec 69ˡ d'alcool à 64°, quel degré marquera le mélange ?

728. Avec deux qualités de froment, dont l'une vaut 19ᶠ l'hectolitre et l'autre 17ᶠ, on voudrait faire une qualité du prix de 18ᶠ,50. Dans quelles proportions doit se faire le mélange ?

729. A 84 litres d'alcool à 72 degrés, on ajoute 35 litres d'eau. Quel degré marquera le liquide ?

730 On fond ensemble 168ᵏˢ de cuivre, qui vaut 2ᶠ,60 le kilogramme, avec 52ᵏˢ d'étain qui vaut 5ᶠ le kilogramme. Que vaudra 1ᵏˢ de l'alliage obtenu ?

731. Dans quelles proportions faut-il mélanger de l'alcool à 89 degrés avec de l'alcool à 70°, pour que le mélange marque 81° ?

732. Dans quelles proportions faut-il mélanger de l'alcool à 65 degrés et de l'eau pour que le liquide soit abaissé à 40° ?

733. Un orfèvre fond un lingot d'or du poids de 142 grammes et au titre 0,900 avec un second lingot du poids de 258 grammes et au titre 0,850. Quel sera le titre du lingot donné par l'ensemble [1] ?

1. Dire que le titre d'un lingot d'or est 0,850, cela signifie que les 850 millièmes de ce lingot sont en or pur et le reste en cuivre.

TROISIÈME PARTIE.

CHAPITRE PREMIER.

Fractions ordinaires.

1. DÉFINITION. *On appelle fraction une ou plusieurs parties de l'unité divisée en parties égales.* — Supposons une pomme partagée en 5 parties égales. Chacune de ces parties s'appelle *cinquième*. Si l'on prend une partie, on a 1 *cinquième* de la pomme ; si l'on en prend deux, on a les 2 *cinquièmes* de la pomme ; si l'on en prend trois, on a les 3 *cinquièmes* de la pomme ; enfin, si l'on en prend cinq, on a les 5 *cinquièmes* de la pomme ou l'unité, c'est-à-dire la pomme entière.

Pareillement la pomme pourrait être partagée en 7 parties égales, ou 8, ou 9, etc. ; chaque partie s'appelle alors *septième, huitième, neuvième,* etc. Si le partage a lieu en 2, en 3, en 4 parties, chacune d'elles s'appelle *demi, tiers, quart.*

Pour exprimer une fraction, deux nombres sont nécessaires : l'un indique en combien de parties égales l'unité est partagée, l'autre indique combien l'on prend de ces parties.

Le nombre qui indique en combien de parties égales l'unité est divisée s'appelle DÉNOMINATEUR ;

le nombre qui indique combien l'on prend de ces parties s'appelle NUMÉRATEUR.

Le numérateur et le dénominateur sont les deux TERMES *de la fraction.*

Si une pomme est partagée en 7 parties égales et que sur ces parties on en prenne 3, 7 est le dénominateur parce qu'il fait connaître en combien de parties égales la pomme a été divisée, et 3 est le numérateur, parce qu'il indique que l'on prend 3 de ces parties.

Pour écrire une fraction, l'usage est d'écrire le numérateur en dessus, et le dénominateur en dessous, en les séparant par un trait horizontal. Ainsi l'exemple précédent s'écrit :

$$\frac{3}{7}.$$

Ce nombre se lit : 3 *septièmes*. Pareillement $\frac{3}{4}, \frac{5}{9}, \frac{2}{3}$ se lisent 3 *quarts*, 5 *neuvièmes*, 2 *tiers*.

On remplace quelquefois le trait horizontal par un trait oblique ainsi qu'il suit : 3/4, 5/9, 2/3.

Si le numérateur est plus petit que le dénominateur, la fraction est moindre que l'unité.

Si le numérateur est égal au dénominateur, la fraction est égale à l'unité.

Si le numérateur est plus grand que le dénominateur, la fraction est plus grande que l'unité.

Ces trois propositions sont évidentes. Il reste à expliquer comment le numérateur peut quelquefois être plus grand que le dénominateur. Supposons 3 pommes partagées chacune en 4 *quarts*. L'ensemble des pommes fournit 12 *quarts*. Sur ces 12 *quarts*, on peut en prendre 7 par exemple, ou 9 ou 11, etc., ce qui donnera lieu aux fractions $\frac{7}{4}$, $\frac{9}{4}$, $\frac{11}{4}$, etc., dont le numérateur est plus grand que le dénominateur. Il est évident que ces expressions dépassent l'unité, puisqu'elles représentent plus d'une pomme.

Les fractions dont le numérateur surpasse le dénominateur se nomment expressions fractionnaires.

2. UNE FRACTION REPRÉSENTE LE QUOTIENT DU NUMÉRATEUR PAR LE DÉNOMINATEUR. Au chapitre de la division, nous avons vu que, pour indiquer qu'il faut diviser 3 par 7, par exemple, il faut écrire le dividende en dessus et le diviseur en dessous, en les séparant par un trait horizontal, comme il suit : $\frac{3}{7}$. Actuellement on vient de voir que 3 fois la *septième* partie de l'unité s'écrit aussi $\frac{3}{7}$. L'expression $\frac{3}{7}$ représente donc tantôt le quotient de 3 divisé par 7, tantôt il signifie que, l'unité étant divisée en 7 parties égales, l'on prend 3 de ces parties. Mais de cette notation commune ne résulte aucun inconvénient, parce que dans les deux cas l'expression a la même valeur.

Démontrons, en effet, que 3 divisé par 7 a la même valeur que les 3 *septièmes* de l'unité. — Un *septième* de l'unité est 7 fois plus petit que l'unité, 3 *septièmes* sont donc 7 fois plus petits que 3 unités. D'autre part le quotient de 3 par 7 est un nombre 7 fois plus petit que 3 unités. Ainsi, dans les deux cas, l'expression représente une quantité 7 fois plus petite que 3 ; elle signifie donc la même chose.

Une fraction peut donc être considérée comme le quotient d'une division dont le numérateur est le dividende et dont le dénominateur est le diviseur.

3. **Si l'on multiplie le numérateur d'une fraction par un nombre, on rend cette fraction le même nombre de fois plus forte.** Considérons la fraction $\frac{3}{14}$. Si l'on multiplie son numérateur par 4, par exemple, elle deviendra $\frac{3 \times 4}{14}$ ou $\frac{12}{14}$. Il faut démontrer que $\frac{12}{14}$ a une valeur 4 fois plus forte que $\frac{3}{14}$. En effet, dans les deux cas, l'unité est divisée en un même nombre de parties égales, c'est-à-dire en 14 parties ; mais $\frac{12}{14}$ contient 4 fois plus de ces parties que n'en contient $\frac{3}{14}$. Sa valeur est donc 4 fois plus forte.

D'après le paragraphe précédent, cette propriété correspond à cette autre: *Quand on multiplie le dividende par un nombre, le quotient devient ce même nombre de fois plus fort.*

4. **Si l'on multiplie le dénominateur d'une fraction par un nombre, on rend cette fraction le même nombre de fois plus faible.** Soit la fraction $\frac{3}{4}$. Si nous multiplions son dénominateur par 5, elle deviendra $\frac{3}{4 \times 5}$ ou $\frac{3}{20}$. Il faut démontrer que $\frac{3}{20}$ est 5 fois plus faible que $\frac{3}{4}$. Effectivement, dans $\frac{3}{4}$ le dénominateur indique que l'unité a été divisée en 4 parties égales ; dans $\frac{3}{20}$ le dénominateur 20 indique que l'unité a été divisée en 20 parties égales, c'est-à-dire en 5 fois

plus de parties. Si ces parties sont 5 fois plus nombreuses, elles sont 5 fois plus petites ; et, comme on en prend le même nombre 3 dans les deux cas, il en résulte que $\frac{3}{20}$ est 5 fois plus faible que $\frac{3}{4}$.

Cette propriété correspond à celle-ci : *Quand on multiplie le diviseur par un nombre, le quotient devient ce nombre de fois plus petit.*

5, UNE FRACTION NE CHANGE PAS DE VALEUR QUAND ON MULTIPLIE SES DEUX TERMES PAR LE MÊME NOMBRE. Considérons la fraction $\frac{3}{5}$. Si nous multiplions les deux termes par le même nombre, par 4 par exemple, elle devient $\frac{3 \times 4}{5 \times 4}$ ou $\frac{12}{20}$, fraction qui a la même valeur que la première. En effet, en multipliant le dénominateur par 4, on rend la fraction 4 fois plus petite, parce que l'unité est divisée en 4 fois plus de parties, et que ces parties sont par conséquent 4 fois plus petites. Mais en compensation, en multipliant le numérateur par 4, on rend la fraction 4 fois plus grande, parce que l'on prend 4 fois plus de parties. La fraction ne change donc pas de valeur, puisqu'elle est rendue d'une part 4 fois plus petite, et de l'autre 4 fois plus grande.

Cette propriété correspond à celle-ci : *Le quotient d'une division ne change pas quand on multiplie le dividende et le diviseur par le même nombre.*

6. SI L'ON DIVISE LE NUMÉRATEUR D'UNE FRACTION PAR UN NOMBRE, LA FRACTION DEVIENT CE MÊME NOMBRE DE FOIS PLUS FAIBLE. Divisons par 3 le numérateur de la fraction $\frac{12}{13}$, la fraction deviendra $\frac{4}{13}$ et

sera 3 fois plus faible, parce que l'on prend 3 fois moins de parties.

De même : *Quand on divise le dividende par un nombre, le quotient devient ce nombre de fois plus petit.*

7. SI L'ON DIVISE LE DÉNOMINATEUR D'UNE FRACTION PAR UN NOMBRE, LA FRACTION DEVIENT CE MÊME NOMBRE DE FOIS PLUS FORTE. Divisons par 5 le dénominateur de la fraction $\frac{2}{15}$; la fraction deviendra $\frac{2}{3}$ et sera 5 fois plus forte, parce que l'on prend le même nombre de parties, 2, dans les deux cas, mais dans le second cas ces parties sont 5 fois plus fortes, puisque l'unité est divisée en 5 fois moins de parties égales.

De même : *Quand on divise le diviseur par un nombre, le quotient devient ce même nombre de fois plus grand.*

8. UNE FRACTION NE CHANGE PAS DE VALEUR QUAND ON DIVISE SES DEUX TERMES PAR LE MÊME NOMBRE. Si nous divisions par 4 les deux termes de la fraction $\frac{8}{12}$, cette fraction deviendra $\frac{2}{3}$ dont la valeur est la même ; car, en divisant le numérateur par 4, on rend la fraction 4 fois plus petite, puisque l'on prend 4 fois moins de parties ; mais en compensation on rend la fraction 4 fois plus forte en divisant le dénominateur par 4, ce qui rend les parties de l'unité 4 fois moins nombreuses et par suite 4 fois plus fortes.

De même : *La valeur du quotient ne change pas quand on divise à la fois le dividende et le diviseur par le même nombre.*

9. QUAND ON AJOUTE LE MÊME NOMBRE A SES DEUX TERMES, LA FRACTION AUGMENTE SI ELLE EST PLUS PETITE QUE L'UNITÉ, ELLE DIMINUE SI ELLE EST PLUS GRANDE QUE L'UNITÉ. Aux deux termes de la fraction $\frac{3}{4}$ ajoutons le même nombre, 5 par exemple. La fraction deviendra $\frac{3+5}{4+5}$ ou bien $\frac{8}{9}$, dont la valeur est plus grande que celle de la fraction proposée $\frac{3}{4}$. Effectivement $\frac{8}{9}$ diffère de l'unité de $\frac{1}{9}$, tandis que $\frac{3}{4}$ en diffère de $\frac{1}{4}$. Comme $\frac{1}{9}$ est plus petit que $\frac{1}{4}$, la fraction $\frac{8}{9}$ se rapproche davantage de l'unité que ne le fait $\frac{3}{4}$, elle a donc une valeur plus grande.

Mais un résultat inverse a lieu quand la fraction proposée est plus grande que l'unité. Considérons l'expression fractionnaire $\frac{8}{5}$. Ajoutons le même nombre à ses deux termes, 4 par exemple. L'expression fractionnaire deviendra $\frac{8+4}{5+4}$ ou bien $\frac{12}{9}$, dont la valeur est moindre que celle de $\frac{8}{5}$. Effectivement $\frac{12}{9}$ dépasse l'unité de $\frac{3}{9}$, tandis que $\frac{8}{5}$ dépasse l'unité de $\frac{3}{5}$, quantité plus forte que $\frac{3}{9}$ à cause du dénominateur moindre pour un numérateur égal. Ainsi l'expression fractionnaire, après addition d'un même nombre à ses deux termes, dépasse l'unité d'une quantité moindre ; elle diminue donc de valeur.

De même : *Quand on ajoute le même nombre aux deux termes d'une division, le quotient augmente en valeur si le dividende est plus petit que le diviseur, et il diminue de valeur si le dividende est plus grand que le diviseur.*

Questionnaire.

1. Qu'est-ce qu'une fraction ? — Qu'est-ce que le dénominateur ? — Qu'est-ce que le numérateur ? Que faut-il pour que la fraction soit égale à l'unité? — Que faut-il pour qu'elle soit plus petite, ou plus grande que l'unité ? Comment nomme-t-on les fractions dont le numérateur surpasse le dénominateur ? — 2. Démontrez qu'une fraction peut être considérée comme le quotient d'une division dont le numérateur est le dividende et dont le dénominateur est le diviseur. — 3. Qu'arrive-t-il quand on multiplie le numérateur d'une fraction par un nombre ? — 4. Qu'arrive-t-il quand on multiplie le dénominateur ? — 5. Qu'arrive-t-il enfin quand on multiplie à la fois les deux termes ? — A quelles propriétés de la division correspondent ces propriétés des fractions ? — 6-7. Qu'arrive-t-il quand on divise soit le numérateur soit le dénominateur d'une fraction par un nombre ? — 8. Une fraction change-t-elle de valeur quand on divise à la fois ses deux termes par le même nombre? — A quelles propriétés de la division correspondent ces propriétés des fractions ? — 9. Qu'arrive-t-il quand on ajoute le même nombre aux deux termes d'une fraction ?

CHAPITRE II.

Fractions ordinaires (suite).

1. SIMPLIFICATION DES FRACTIONS. *Simplifier une fraction, c'est la remplacer par une autre ayant même valeur que la première, mais dont les termes soient exprimés par des nombres plus petits.* — On facilite ainsi les calculs à faire plus tard, en même temps que l'on se forme une idée plus nette de la fraction exprimée en termes moindres. La simplification des fractions est basée sur ce que l'on peut diviser leurs deux termes par un même nombre sans changer la valeur des fractions proposées. Tout se borne donc à rechercher par quels nombres les deux termes de la fraction sont à la fois divisibles et à opérer successivement la division par chacun de ces nombres. On a recours aux caractères de divisibilité exposés plus haut, pour trouver par quels nombres on peut diviser les deux termes.

Soit à simplifier $\frac{8}{12}$. Les deux termes sont divisibles par 4. En divisant le numérateur et le dénominateur, on obtient $\frac{2}{3}$, fraction de même valeur que la première, mais d'un emploi plus facile dans le calcul.

Soit encore à simplifier $\frac{135}{225}$. Les deux termes sont divisibles par 5, puisqu'ils sont terminés l'un et l'autre par 5. En effectuant la division, on remplace la fraction proposée par la fraction plus simple $\dfrac{27}{45}$.

Les deux termes de celles-ci sont divisibles par 9, comme on le reconnaît à la somme de leurs chiffres. La division par 9 faite, on a $\dfrac{3}{5}$, dont la valeur est la même que celle de $\dfrac{135}{225}$, mais qui a l'avantage d'être exprimée en termes bien plus simples.

Pour dernier exemple, proposons-nous la fraction $\dfrac{84}{126}$. — Les deux termes sont divisibles par 2, puisqu'ils sont terminés l'un et l'autre par un chiffre pair. En effectuant la division des deux termes par 2, on a pour résultat $\dfrac{42}{63}$. Les deux termes de la fraction actuelle sont divisibles par 3, puisque la somme de leurs chiffres est un nombre divisible par 3. On arrive ainsi à $\dfrac{14}{21}$. Les deux termes de cette dernière fraction sont divisibles par 7, et l'on a pour résultat final $\dfrac{2}{3}$.

Quand ses deux termes n'ont plus de facteur commun autre que l'unité, la fraction ne peut être simplifiée davantage. On dit alors qu'elle est *réduite à sa plus simple expression*, ou bien qu'elle est *irréductible*.

La fraction $\dfrac{2}{3}$ est irréductible parce que ses deux termes n'admettent aucun facteur commun autre que l'unité. Il en est de même des fractions $\dfrac{5}{8}$, $\dfrac{12}{13}$, $\dfrac{7}{15}$, etc.; elles sont exprimées en termes les plus simples possible.

2. RÉDUCTION DES FRACTIONS AU MÊME DÉNOMINATEUR. Si l'on cherche quelle est la plus grande des deux fractions $\frac{5}{12}$ et $\frac{7}{12}$, on voit immédiatement que c'est la seconde; mais on hésiterait à dire quelle est la plus grande des deux fractions $\frac{4}{9}$ et $\frac{6}{13}$. Dans le premier cas, la comparaison est facile, parce que les deux fractions ont le même dénominateur; dans le second cas, elle est difficile à cause du dénominateur différent. Ne serait-ce donc que pour rendre leur comparaison plus facile, les fractions dans certains cas doivent être réduites an même dénominateur.

Réduire des fractions au même dénominateur, c'est les remplacer par d'autres fractions qui aient même valeur que les premières et qui aient entre elles même dénominateur.

3. CAS DE DEUX FRACTIONS. *Pour réduire deux fractions au même dénominateur, on multiplie les deux termes de la première par le dénominateur de la seconde, et les deux termes de la seconde par le dénominateur de la première.*

Soient les deux fractions $\frac{4}{9}$ et $\frac{6}{13}$. En multipliant les deux termes de la fraction $\frac{4}{9}$ par le dénominateur 13 de la seconde, on a :

$$\frac{4 \times 13}{9 \times 13}, \text{ ou bien } \frac{52}{117}.$$

16

En multipliant les deux termes de la fraction $\frac{6}{13}$ par le dénominateur 9 de la première, on a :

$$\frac{6 \times 9}{13 \times 9}, \text{ ou bien } \frac{54}{117}.$$

Les deux nouvelles fractions $\frac{52}{117}$ et $\frac{54}{117}$ ont même valeur que les fractions proposées, car, pour les obtenir, on a multiplié les deux termes de $\frac{4}{9}$ par le même nombre 13, et les deux termes de $\frac{6}{13}$ par le même nombre 9, ce qui ne change pas leur valeur.

En second lieu, les nouvelles fractions ont nécessairement même dénominateur, car ce dénominateur se compose du produit des dénominateurs primitifs, seulement dans un ordre différent, 9×13 et 13×9, ce qui ne change pas la valeur du produit.

La comparaison peut maintenant se faire sans difficulté et l'on voit que $\frac{54}{117}$ dépasse $\frac{52}{117}$. Par conséquent $\frac{6}{13}$ est plus grand que $\frac{4}{9}$.

4. CAS DE PLUSIEURS FRACTIONS. *Pour réduire plusieurs fractions au même dénominateur, on multiplie les deux termes de chacune par le produit des dénominateurs de toutes les autres.*

Soit à réduire au même dénominateur les fractions

$$\frac{2}{3} \quad \frac{4}{5} \quad \frac{6}{7} \quad \frac{3}{4}.$$

D'après la règle ci-dessus : la première fraction

deviendra. . . . . . $\dfrac{2 \times 5 \times 7 \times 4}{3 \times 5 \times 7 \times 4}$;

la seconde . . . . . . $\dfrac{4 \times 3 \times 7 \times 4}{5 \times 3 \times 7 \times 4}$;

la troisième. . . . . $\dfrac{6 \times 3 \times 5 \times 4}{7 \times 3 \times 5 \times 4}$;

la quatrième. . . . . $\dfrac{3 \times 3 \times 5 \times 7}{4 \times 3 \times 5 \times 7}$.

D'abord, par ce traitement les fractions ne changent pas de valeur, car les deux termes de chacune sont multipliés par le même nombre. Les deux termes de la première, par exemple, sont multipliés par le produit $5 \times 7 \times 4$ des dénominateurs des trois autres fractions. Et ainsi de suite.

En second lieu, les fractions nouvelles ont même dénominateur entre elles, car ce dénominateur se compose du produit des quatre facteurs 3, 5, 7 et 4 ; seulement l'ordre de ces facteurs est différent, ce qui n'influe pas sur la valeur du produit.

En effectuant les calculs, on trouve, pour remplacer les fractions proposées, les fractions suivantes :

$$\frac{280}{420} \quad \frac{336}{420} \quad \frac{360}{420} \quad \frac{315}{420}.$$

5. RÉDUCTION AU PLUS PETIT DÉNOMINATEUR COMMUN. La règle générale qui précède conduit à des nombres considérables quand les fractions sont nombreuses. Dans bien des cas, on peut arriver à des expressions plus simples en suivant la marche suivante.

Proposons-nous de réduire au même dénominateur les fractions :

$$\frac{5}{6} \quad \frac{1}{2} \quad \frac{4}{9} \quad \frac{7}{18} \quad \frac{2}{3}.$$

Cherchons un nombre, le plus petit possible, qui soit à la fois divisible par tous les dénominateurs. Ce nombre, évidemment, ne peut être plus petit que le plus grand des dénominateurs, mais il peut lui être égal, sinon il est égal à l'un de ses multiples.

Essayons donc 18. Ce nombre est divisible par tous les dénominateurs 6, 2, 9, 18 et 3. 18 sera le dénominateur commun des fractions cherchées.

Divisons maintenant 18 par chacun des dénominateurs, et, pour reposer l'esprit, écrivons le quotient au-dessus de la fraction correspondante.

$$\overset{3}{\frac{5}{6}} \quad \overset{9}{\frac{1}{2}} \quad \overset{2}{\frac{4}{9}} \quad \overset{1}{\frac{7}{18}} \quad \overset{6}{\frac{2}{3}};$$

Multiplions maintenant les deux termes de chaque fraction par le nombre placé en dessus, il viendra :

$$\frac{15}{18} \quad \frac{9}{18} \quad \frac{8}{18} \quad \frac{7}{18} \quad \frac{12}{18}.$$

Les fractions primitives n'ont pas changé de valeur, puisque les deux termes de chacune ont été multipliés par le même nombre ; de plus les fractions nouvelles ont entre elles même dénominateur, et ce dénominateur commun est le plus simple que l'on puisse obtenir dans le cas où toutes les fractions primitives sont irréductibles.

Si l'on avait suivi la règle générale, on aurait trouvé pour dénominateur commun le nombre 5832.

Réduisons maintenant au même dénominateur les fractions:

$$\frac{3}{4} \quad \frac{2}{3} \quad \frac{7}{12} \quad \frac{5}{9} \quad \frac{1}{6}.$$

Le plus fort dénominateur est bien divisible par 4, par 3 et par 6, mais il n'est pas divisible par 9. Essayons alors les multiples de 12. Le double de 12 ou 24 n'est pas divisible par 9, mais le triple de 12 ou 36, l'est. Le dénominateur commun sera 36.

Divisons 36 par chacun des dénominateurs, et écrivons le quotient au-dessus de la fraction correspondante:

$$\overset{9}{\frac{3}{4}} \quad \overset{12}{\frac{2}{3}} \quad \overset{3}{\frac{7}{12}} \quad \overset{4}{\frac{5}{9}} \quad \overset{6}{\frac{1}{6}};$$

Multiplions maintenant les deux termes de chaque fraction par le nombre placé au-dessus :

$$\frac{27}{36} \quad \frac{24}{36} \quad \frac{21}{36} \quad \frac{20}{36} \quad \frac{6}{36}.$$

Si le plus grand dénominateur n'est pas divisible par tous les autres, on cherche donc le plus simple de ses multiples qui satisfasse à cette condition. Le nombre ainsi déterminé est le plus petit dénominateur commun des fractions proposées, dans le cas où celles-ci sont toutes irréductibles.

On verra plus loin une méthode générale pour trouver entre plusieurs fractions le plus petit dénominateur commun.

16.

6. Réduction des entiers en fraction. Dans certaines opérations, il convient d'écrire en une seule expression fractionnaire un nombre entier et la fraction qui l'accompagne. C'est ce qu'on appelle réduire les entiers en fraction.

Soit le nombre 3 et $\dfrac{4}{5}$. Chaque unité vaut 5 *cinquièmes* ; 3 unités valent donc 3×5 ou 15 *cinquièmes*. Si, à ces 15 *cinquièmes*, on ajoute les 4 *cinquièmes* représentés par la fraction, on aura en tout 19 *cinquièmes*, ou bien $\dfrac{19}{5}$, nombre qui remplace 3 et $\dfrac{4}{5}$.

Pour réduire des entiers en fractions, on multiplie donc le nombre entier par le dénominateur de la fraction ; au produit on ajoute le numérateur, et pour dénominateur l'on donne à la somme le dénominateur même de la fraction.

7. Extraction des entiers contenus dans une expression fractionnaire. Le nombre $\dfrac{45}{7}$ est plus grand que l'unité, puisque le numérateur est plus grand que le dénominateur. On peut se demander combien de fois ce nombre vaut l'unité, ou, comme l'on dit encore, combien il contient d'entiers.

Remarquons que l'unité vaut 7 *septièmes*, et que le nombre proposé contient 45 *septièmes*. L'expression fractionnaire contient donc autant de fois l'unité que le nombre 7 est contenu dans le nombre 45. Le résultat est 6 avec un reste égal à 3 *septièmes*. Le nombre $\dfrac{45}{7}$ vaut donc 6 unités et $\dfrac{3}{7}$. On en ferait la preuve en réduisant les entiers en fraction d'après la règle précédente. On reviendrait ainsi au nombre $\dfrac{45}{7}$.

Pour extraire les entiers contenus dans une expression fractionnaire, on divise donc le numérateur par le dénominateur. Le quotient donne les entiers. Quant au reste, il forme le numérateur d'une nouvelle fraction ayant pour dénominateur celui de l'expression primitive.

8. RÉDUCTION D'UNE FRACTION ORDINAIRE EN FRACTION DÉCIMALE. Il a été établi qu'une fraction ordinaire peut être considérée comme le quotient d'une division dont le numérateur est le dividende et dont le dénominateur est le diviseur. *On réduit une fraction ordinaire en fraction décimale quand on la remplace par le quotient de la division à laquelle elle correspond.*

Proposons-nous de réduire la fraction $\dfrac{3}{8}$ en fraction décimale. A cet effet, opérons d'après les règles ordinaires, la division du numérateur ou dividende 3 par le dénominateur ou diviseur 8. Le quotient est 0,375.

La fraction ordinaire $\dfrac{3}{8}$ peut donc être remplacée par la fraction décimale 0,375.

Donc, *pour réduire une fraction ordinaire en fraction décimale, on divise le numérateur par le dénominateur, d'après les règles établies pour évaluer un quotient en décimales.*

9. FRACTIONS DÉCIMALES PÉRIODIQUES. Soit à réduire la fraction $\dfrac{5}{11}$ en fraction décimale. En divisant le numérateur par le dénominateur on a :

$$\begin{array}{r|l} 50 & 11 \\ 60 & \overline{0,1545\ldots} \\ 50 & \\ 60 & \\ 5 & \end{array}$$

Sans poursuivre plus loin, on voit que les dividendes partiels 50 et 60 reviennent alternativement, ce qui donne au quotient les chiffres 4 et 5, à tour de rôle. Le reste n'étant jamais égal à zéro, la division ne peut se terminer, et le quotient se compose du nombre 45 écrit à la droite de la virgule un nombre indéfini de fois.

On appelle *fractions décimales périodiques* celles dont les mêmes chiffres reviennent périodiquement et d'une manière indéfinie. Les chiffres qui se répètent forme la *période*. Dans l'exemple ci-dessus, la période est 45. Si l'on réduit en fraction décimale la fraction $\frac{3}{7}$, on obtient 0,4285714285714.... La période est alors de six chiffres; 428571.

On verra plus loin à quels caractères on reconnaît qu'une fraction ordinaire doit donner naissance à une fraction décimale périodique.

10. RÉDUCTION DES FRACTIONS DÉCIMALES EN FRACTIONS ORDINAIRES. La fraction décimale 0,75 se lit 75 *centièmes*. Cela signifie que, l'unité étant divisée en cent parties égales, l'on prend 75 de ces parties. En d'autres termes, si l'on veut employer pour ce nombre la notation des fractions ordinaires, son dénominateur

doit être 100, et son numérateur 75 ; de sorte que 0,75 revient à $\dfrac{75}{100}$. En simplifiant cette dernière fraction on arrive à $\dfrac{3}{4}$ pour représenter 0,75.

On verrait pareillement que 0,7 peut s'écrire $\dfrac{7}{10}$; que 3, 4 peut s'écrire $\dfrac{34}{10}$; que 0,023 peut s'écrire $\dfrac{23}{1000}$, etc.

En résumé : *Pour convertir une fraction décimale en fraction ordinaire, on écrit pour numérateur le nombre sans virgule, et pour dénominateur l'unité suivie d'autant de zéros qu'il y a de chiffres décimaux. On simplifie après la fraction s'il y a lieu.*

Questionnaire.

1. Qu'est-ce que simplifier une fraction ? — Comment s'opère la simplification ? — Qu'est-ce qu'une fraction irréductible ? — 2. Qu'est-ce que réduire des fractions au même dénominateur ? — 3. Comment se fait la réduction au même dénominateur dans le cas de deux fractions ? — 4. Dans le cas de plusieurs fractions ? — Sur quels principes repose la réduction au même dénominateur ? — 5. Comment se fait la réduction au plus petit dénominateur commun ? — 6. Comment réduit-on les entiers en fractions ? — 7. Comment extrait-on les entiers contenus dans une expression fractionnaire ? — 8. Comment réduit-on une fraction ordinaire en fraction décimale ? — 9. Qu'appelle-t-on fractions décimales périodiques ? — 10. Comment réduit-on les fractions décimales en fractions ordinaires ?

Exercices.

Simplifier les fractions suivantes :

734. $\dfrac{3}{6}$, $\dfrac{6}{9}$, $\dfrac{4}{12}$, $\dfrac{5}{20}$, $\dfrac{8}{16}$.

735. $\dfrac{9}{18}$, $\quad \dfrac{16}{24}$, $\quad \dfrac{24}{32}$, $\quad \dfrac{18}{27}$, $\quad \dfrac{15}{45}$.

736. $\dfrac{21}{33}$, $\quad \dfrac{20}{35}$, $\quad \dfrac{45}{315}$, $\quad \dfrac{8}{24}$, $\quad \dfrac{9}{27}$.

737. $\dfrac{12}{18}$, $\quad \dfrac{36}{48}$, $\quad \dfrac{40}{56}$, $\quad \dfrac{42}{54}$, $\quad \dfrac{25}{40}$.

738. $\dfrac{30}{42}$, $\quad \dfrac{105}{201}$, $\quad \dfrac{315}{405}$, $\quad \dfrac{720}{945}$, $\quad \dfrac{810}{972}$.

739. $\dfrac{855}{1035}$, $\quad \dfrac{324}{2016}$, $\quad \dfrac{432}{1296}$, $\quad \dfrac{540}{945}$, $\quad \dfrac{576}{792}$.

740. $\dfrac{4545}{4635}$, $\quad \dfrac{792}{1512}$, $\quad \dfrac{7425}{8100}$, $\quad \dfrac{1008}{1056}$, $\quad \dfrac{4536}{7128}$.

Réduire au même dénominateur les fractions suivantes

741. $\dfrac{4}{5}$ et $\dfrac{7}{9}$; $\quad \dfrac{3}{8}$ et $\dfrac{5}{7}$; $\quad \dfrac{2}{3}$ et $\dfrac{7}{11}$.

742. $\dfrac{12}{13}$ et $\dfrac{11}{19}$; $\quad \dfrac{15}{16}$ et $\dfrac{13}{14}$; $\quad \dfrac{8}{11}$ et $\dfrac{17}{20}$.

743. $\dfrac{15}{21}$ et $\dfrac{9}{14}$; $\quad \dfrac{104}{203}$ et $\dfrac{47}{59}$; $\quad \dfrac{407}{541}$ et $\dfrac{12}{17}$.

744. $\dfrac{1}{2}\ \dfrac{3}{5}\ \dfrac{7}{9}$; $\quad \dfrac{3}{4}\ \dfrac{5}{7}\ \dfrac{5}{6}\ \dfrac{1}{3}$; $\quad \dfrac{3}{5}\ \dfrac{2}{7}\ \dfrac{1}{4}\ \dfrac{4}{9}$.

745. $\dfrac{5}{7}\ \dfrac{8}{9}\ \dfrac{11}{12}\ \dfrac{1}{3}$; $\quad \dfrac{4}{11}\ \dfrac{8}{9}\ \dfrac{5}{6}\ \dfrac{9}{13}\ \dfrac{2}{3}$.

Réduire au plus petit dénominateur les fractions suivantes :

746. $\dfrac{5}{6}\ \dfrac{1}{2}\ \dfrac{7}{12}\ \dfrac{3}{4}\ \dfrac{2}{3}$; $\quad \dfrac{2}{9}\ \dfrac{1}{3}\ \dfrac{5}{6}\ \dfrac{7}{18}\ \dfrac{1}{2}$.

747. $\dfrac{3}{5}\ \dfrac{1}{3}\ \dfrac{4}{9}\ \dfrac{7}{15}$; $\quad \dfrac{7}{8}\ \dfrac{1}{5}\ \dfrac{3}{4}\ \dfrac{11}{20}\ \dfrac{1}{2}$.

748. $\dfrac{5}{7}\ \dfrac{2}{3}\ \dfrac{8}{21}\ \dfrac{11}{14}$; $\quad \dfrac{6}{15}\ \dfrac{1}{3}\ \dfrac{4}{9}\ \dfrac{13}{45}\ \dfrac{2}{5}$.

Réduire en expressions fractionnaires les nombres suivants :

749. $4\frac{2}{7}$; $9\frac{5}{11}$; $8\frac{3}{4}$; $6\frac{1}{9}$.

750. $5\frac{11}{12}$; $13\frac{4}{9}$; $2\frac{1}{12}$; $1\frac{1}{27}$.

751. $2\frac{1}{81}$; $3\frac{7}{12}$; $6\frac{1}{27}$; $5\frac{1}{3}$.

Extraire les entiers contenus dans les expressions fractionnaires suivantes :

752. $\frac{27}{4}$, $\frac{31}{5}$, $\frac{47}{8}$, $\frac{56}{9}$, $\frac{15}{6}$.

753. $\frac{7}{2}$, $\frac{9}{4}$, $\frac{21}{16}$, $\frac{35}{7}$, $\frac{104}{13}$.

Réduire en fractions décimales les fractions ordinaires suivantes :

754. $\frac{7}{8}$, $\frac{3}{25}$, $\frac{9}{32}$, $\frac{6}{125}$, $\frac{1}{16}$.

755. $\frac{7}{32}$, $\frac{11}{64}$, $\frac{3}{40}$, $\frac{6}{25}$, $\frac{3}{80}$.

756. $\frac{2}{3}$, $\frac{5}{7}$, $\frac{4}{9}$, $\frac{6}{11}$, $\frac{8}{13}$.

Réduire en fractions ordinaires les fractions décimales suivantes :

757. 0,518,   0,712,   0,028,   4,25,   6,55.
758. 1,005,   0,125,   0,375,   2,24,   0,048.

CHAPITRE III.

Addition et soustraction des fractions.

1. ADDITION. NÉCESSITÉ D'UN DÉNOMINATEUR COMMUN. — Considérons les deux fractions $\frac{3}{5}$ et $\frac{4}{7}$. La première représente 3 fois la *cinquième* partie de l'unité, la seconde représente 4 fois la *septième* partie de l'unité. Ces parties, *cinquième* et *septième*, n'étant pas de même espèce, on ne peut les additionner telles qu'elles sont exprimées, de même qu'on ne peut additionner deux nombres quelconques d'espèce différente. Pour que l'addition soit possible, il faut que les parties exprimées par les dénominateurs soient de même espèce ; en d'autres termes, *il faut que les fractions à additionner aient même dénominateur.*

2. CAS OU LES DÉNOMINATEURS SONT LES MÊMES. Soit à faire la somme des trois fractions :

$$\frac{6}{7}, \quad \frac{4}{7}, \quad \frac{5}{7}.$$

Si à 6 *septièmes* on ajoute 4 *septièmes*, on aura évidemment 10 *septièmes* ; et si à cette somme on ajoute encore 5 *septièmes*, le tout fera 15 *septièmes*, c'est-à-dire $\frac{15}{7}$. Par conséquent, pour additionner plusieurs fractions ayant même dénominateur, *on fait la somme des numérateurs, et, pour dénominateur, on donne* à cette somme le dénominateur commun des fractions proposées.

La somme faite, on extrait les entiers contenus dans le résultat. On a ainsi pour somme des fractions proposées le nombre $2\frac{1}{7}$.

3. CAS OU LES DÉNOMINATEURS SONT DIFFÉRENTS. Dans ce cas, on commence par réduire les fractions au même dénominateur, et l'on opère ensuite comme il vient d'être dit. — Proposons-nous de faire la somme des fractions

$$\frac{2}{3}, \quad \frac{4}{5}, \quad \frac{6}{7}.$$

Réduites au même dénominateur, ces fractions deviennent :

$$\frac{70}{105}, \quad \frac{81}{105}, \quad \frac{90}{105},$$

dont la somme est $\frac{244}{105}$. En extrayant les entiers, on arrive finalement à $2\frac{34}{105}$.

4. CAS OU LES FRACTIONS SONT ACCOMPAGNÉES D'ENTIERS. On fait d'abord la somme des fractions, puis celle des entiers, et l'on ajoute à cette dernière somme les entiers extraits de l'expression fractionnaire s'il y a lieu.

Soit à faire la somme des nombres :

$$2\frac{1}{3}, \quad 4\frac{3}{5}, \quad 1\frac{1}{2}.$$

En réduisant au même dénominateur, on a :

$$2\frac{10}{30}, \quad 4\frac{18}{30}, \quad 1\frac{15}{30};$$

Faisant la somme des fractions, on a $\frac{43}{30}$ ou bien $1\frac{13}{30}$. Additionnant l'entier fourni par la somme des fractions, avec les entiers accompagnant les fractions proposées on a $1 + 2 + 4 + 1 = 8$. La somme est donc :

$$8\frac{13}{30}.$$

5. SOUSTRACTION. NÉCESSITÉ D'UN DÉNOMINATEUR COMMUN. — Pour pouvoir se retrancher l'une de l'autre, les quantités doivent être de même espèce. Par conséquent, *la soustraction des fractions nécessite que ces fractions aient le même dénominateur.*

6. CAS OU LES FRACTIONS ONT MÊME DÉNOMINATEUR. Si de 5 *huitièmes*, que l'on écrit $\frac{5}{8}$, on retranche 3 *huitièmes*, que l'on écrit $\frac{3}{8}$, le reste sera évidemment 5 moins 3 ou 2 *huitièmes*, c'est-à-dire $\frac{2}{8}$. Donc, pour faire la soustraction de fractions ayant même dénominateur, *on retranche le numérateur de la plus petite du numérateur de la plus grande, et l'on donne au reste le dénominateur commun aux deux fractions proposées.*

7. CAS OU LES FRACTIONS N'ONT PAS MÊME DÉNOMI-

NATEUR. *On réduit alors les fractions au même dénominateur, et l'on opère ensuite comme il vient d'être dit:*

De $\dfrac{7}{8}$ retrancher $\dfrac{3}{5}$. — Réduites au même dénominateur, les fractions deviennent :

$$\dfrac{35}{40} \text{ et } \dfrac{24}{10}.$$

Retranchant 24 de 35, on a 11. Le reste est donc $\dfrac{11}{40}$.

8. CAS OU LES FRACTIONS SONT ACCOMPAGNÉES D'ENTIERS. *On fait séparément la différence des fractions et la différence des entiers.*

De $4\dfrac{5}{7}$ retrancher $3\dfrac{3}{7}$. — La différence entre la seconde fraction et la première est $\dfrac{2}{7}$; la différence entre le second nombre entier et le premier est 1. Le reste cherché est donc $1.\dfrac{2}{7}$.

Il peut se faire que la seconde fraction soit plus grande que la première. Alors, pour pouvoir opérer la soustraction, on a recours à l'artifice suivant.

De $23\dfrac{2}{9}$ il faut retrancher $7\dfrac{8}{9}$. — D'après la règle générale, il faudrait d'abord retrancher la seconde fraction de la première ; mais $\dfrac{8}{9}$ ne peuvent se retrancher de $\dfrac{2}{9}$, de valeur moindre. On prend alors sur le nombre entier qui accompagne $\dfrac{2}{9}$, une unité qui vaut

9 *neuvièmes*. Ces 9 *neuvièmes*, ajoutés aux 2 *neuvièmes* du nombre proposé, font 11 *neuvièmes* ou $\dfrac{11}{9}$.

Quant au nombre entier 23, il devient 22 après qu'on lui a pris 1 unité. Ces préparatifs faits, la soustraction à opérer est celle-ci :

$$22\,\dfrac{11}{9} - 7\,\dfrac{8}{9},$$

soustraction qui, maintenant, se fait sans difficulté et donne pour reste :

$$15\,\dfrac{3}{9}.$$

Questionnaire.

1. Pourquoi les fractions doivent-elles avoir le même dénominateur lorsqu'on veut en faire la somme ? — 2. Comment se fait la somme de plusieurs fractions ayant même dénominateur ? — 3. Que faut-il d'abord faire lorsque les fractions n'ont pas le même dénominateur ? — 4. Quelle marche suit-on quand les fractions sont accompagnées d'entiers ? — 5. La soustraction exige-t-elle un dénominateur commun ? — 6. Comment se fait la soustraction dans le cas d'un dénominateur commun ? — 7. Dans le cas de dénominateurs différents ? — 8 Si les fractions sont accompagnées d'entiers, comment se fait la soustraction ? — 9. Que fait-on si la fraction accompagnant le second nombre est plus grande que la fraction accompagnant le premier ?

Exercices sur l'addition et la soustraction des fractions.

Faire les additions suivantes :

759. $\dfrac{2}{7} + \dfrac{4}{7} + \dfrac{5}{7}$, $\dfrac{3}{8} + \dfrac{1}{8} + \dfrac{7}{8}$.

760. $\dfrac{4}{11} + \dfrac{5}{11} + \dfrac{10}{11}$, $\dfrac{1}{12} + \dfrac{5}{12} + \dfrac{8}{12} + \dfrac{4}{12}$.

761. $\dfrac{6}{9} + \dfrac{4}{9} + \dfrac{5}{9} + \dfrac{3}{9}$, $\dfrac{6}{14} + \dfrac{7}{14} + \dfrac{2}{14} + \dfrac{8}{14} + \dfrac{10}{14}$.

762. $\dfrac{2}{3} + \dfrac{4}{5}$, $\dfrac{6}{7} + \dfrac{3}{4}$, $\dfrac{5}{6} + \dfrac{1}{2} + \dfrac{7}{12}$.

763. $\dfrac{3}{7} + \dfrac{4}{9}$, $\dfrac{1}{2} + \dfrac{1}{3}$, $\dfrac{5}{8} + \dfrac{1}{4} + \dfrac{1}{2}$.

764. $\dfrac{5}{6} + \dfrac{2}{3} + \dfrac{4}{9}$, $\dfrac{9}{20} + \dfrac{4}{5} + \dfrac{3}{4} + \dfrac{1}{2}$.

765. $\dfrac{1}{7} + \dfrac{8}{9} + \dfrac{5}{11}$, $\dfrac{8}{23} + \dfrac{12}{31} + \dfrac{17}{19}$.

766. $4\,\dfrac{1}{3} + 7\,\dfrac{1}{2}$, $1\,\dfrac{4}{5} + 6\,\dfrac{2}{3}$.

767. $13\,\dfrac{11}{12} + 4\,\dfrac{5}{6}$, $3\,\dfrac{1}{2} + 8\,\dfrac{5}{7} + \dfrac{3}{8} + \dfrac{1}{14}$.

768. $5\,\dfrac{1}{6} + \dfrac{7}{12} + 8\,\dfrac{1}{2} + \dfrac{3}{4} + 9\,\dfrac{1}{3} + 4$.

Faire les soustractions suivantes :

769. $\dfrac{7}{9} - \dfrac{5}{9}$, $\dfrac{8}{11} - \dfrac{3}{11}$, $\dfrac{11}{19} - \dfrac{7}{19}$.

770. $\dfrac{5}{6} - \dfrac{3}{4}$, $\dfrac{11}{12} - \dfrac{6}{7}$, $\dfrac{22}{27} - \dfrac{11}{52}$.

771. $\dfrac{7}{8} - \dfrac{13}{31}$, $\dfrac{49}{52} - \dfrac{6}{13}$, $\dfrac{57}{89} - \dfrac{13}{35}$.

772. $4\,\dfrac{5}{7} - 1\,\dfrac{2}{5}$, $6\,\dfrac{8}{9} - 3\,\dfrac{2}{7}$, $8\,\dfrac{9}{11} - 5\,\dfrac{4}{13}$.

773. $7\,\dfrac{1}{3} - 5\,\dfrac{4}{5}$, $6\,\dfrac{2}{7} - 4\,\dfrac{8}{9}$, $12\,\dfrac{1}{2} - 7\,\dfrac{6}{7}$.

774. $8\,\frac{1}{4} - 7\,\frac{2}{3}$, $9\,\frac{1}{2} - \frac{11}{12}$, $9 - 6\,\frac{2}{3}$.

775. $13 - 7\,\frac{4}{5}$, $14 - 3\,\frac{4}{9}$, $17 - \frac{21}{40}$, $6\,\frac{1}{3} - \frac{11}{19}$.

Problèmes sur l'addition et la soustraction des fractions.

776. On fait aujourd'hui le $\frac{1}{3}$ d'un ouvrage, le lendemain on en fait les $\frac{2}{7}$ et le surlendemain les $\frac{3}{8}$. Quelle fraction de l'ouvrage fait-on en ces trois jours ?

777. On achète 2 pièces de drap, dont l'une a 7^m et $\frac{3}{4}$ de longueur, l'autre $5^m\,\frac{2}{3}$. Quelle longueur de drap a-t-on achetée ?

778. On a consacré à un travail d'abord $2j\,\frac{1}{2}$, puis $3j\,\frac{3}{4}$, puis $5j\,\frac{1}{3}$. Combien de jours a pris ce travail ?

779. Quelle longueur faut-il couper sur un ruban de $4^m\,\frac{5}{7}$ de longueur pour que le reste soit de $2^m\,\frac{4}{5}$?

780. Que faudrait-il ajouter à une corde de $8^m\,\frac{1}{3}$ de longueur pour faire une longueur de $11^m\,\frac{5}{7}$?

781. Il reste dans un vase 3 litres et $\frac{1}{3}$ de liquide après en avoir extrait 1 litre et $\frac{4}{5}$. Combien de liquide contenait le vase ?

782. Une pompe viderait un puits en 8 heures, une seconde pompe le viderait en 7 heures, une troisième le viderait en 5 heures. Si les trois pompes fonctionnent en-

semble, quelle fraction du puits videront-elles en 1 heure ?

783. Jean et Louis ont à payer une certaine somme. Jean pourrait en payer les $\frac{3}{7}$ et Louis les $\frac{5}{9}$. Ont-ils à eux deux assez d'argent pour payer cette somme ?

784. Une personne dépense dans un premier achat les $\frac{2}{9}$ de la somme dont elle dispose, dans un second achat les $\frac{3}{16}$, et dans un troisième le $\frac{1}{4}$. Que lui reste-t-il encore ?

785. Deux ouvriers travaillant ensemble feraient un ouvrage en 5 jours. Le second travaillant seul le ferait en 9 jours. Quelle partie de l'ouvrage le premier peut-il faire par jour ?

786. On moissonne aujourd'hui les $\frac{4}{11}$ d'un champ, demain on moissonnera les $\frac{2}{7}$, et le surlendemain l'on finira. Quel sera le travail de ce troisième jour ?

787. Il faudrait 3 fois ce que possède Simon pour payer le prix d'une maison en vente, ou 4 fois ce que possède Pierre, ou 5 fois ce que possède André. Si ces trois personnes réunissent leurs fonds, que leur manquera-t-il encore pour payer le prix de la maison ?

788. Trois robinets que nous désignerons par les lettres A, B et C, sont adaptés au bas d'un réservoir plein d'eau. Si A et B sont ouverts ensemble, le réservoir est vidé en 5 heures. Si A et C sont ouverts ensemble, le réservoir est vidé en 4 heures. Si B et C sont ouverts ensemble, le réservoir est vidé en 6 heures. Quelle fraction du réservoir peut vider en une heure chaque robinet seul ?

CHAPITRE IV.

Multiplication et division des fractions.

1. DÉFINITION. Au sujet des fractions décimales, nous avons déjà vu que *la multiplication a pour but de former un nombre appelé produit, qui soit à l'égard du multiplicande ce que le multiplicateur est à l'égard de l'unité.* — Cette définition va nous servir pour les fractions ordinaires.

Quelle idée faut-il se faire du produit d'un nombre quelconque par le multiplicateur $\frac{3}{4}$ par exemple ? Le produit doit être, par rapport à ce nombre, ce que $\frac{3}{4}$ est par rapport à l'unité. Mais $\frac{3}{4}$ contient 3 fois le *quart* de l'unité ; le produit cherché doit donc contenir 3 fois le *quart* du nombre donné pour multiplicande. Ainsi *multiplier un nombre quelconque par* $\frac{3}{4}$, *c'est répéter 3 fois le quart de ce nombre, c'est en prendre les trois quarts.* De même multiplier un nombre par $\frac{5}{6}$, c'est répéter 5 fois la *sixième* partie de ce nombre, c'est en prendre les cinq sixièmes; multiplier un nombre par $\frac{2}{3}$, c'est répéter 2 fois le *tiers* de ce nombre, c'est en prendre les deux tiers, etc.

2. MULTIPLICATION D'UN ENTIER PAR UNE FRACTION.

Si nous avons à multiplier 7 par $\frac{3}{4}$, il faut, d'après ce qui précède, répéter 3 fois le *quart* de 7. D'abord prenons le *quart* de 7, ce qui s'obtient en divisant 7 par 4, ou en indiquant simplement la division. Le *quart* de 7 est ainsi $\frac{7}{4}$.

Actuellement, il faut répéter 3 fois ce quart, ou il faut rendre l'expression précédente 3 fois plus forte, ce qui se fait en multipliant le numérateur par 3. On a ainsi pour le produit cherché :

$$\frac{7 \times 3}{4} = \frac{21}{4} = 5\frac{1}{4}.$$

Pour faire le produit d'un entier par une fraction, on multiplie donc l'entier par le numérateur, et l'on donne au produit le dénominateur de la fraction.

3. LE PRODUIT EST PLUS PETIT QUE LE MULTIPLICANDE QUAND LE MULTIPLICATEUR EST PLUS PETIT QUE L'UNITÉ.

Le multiplicande étant 7 et le multiplicateur $\frac{3}{4}$, nombre plus petit que l'unité, nous venons d'obtenir pour produit $\frac{21}{4}$ ou $5\frac{1}{4}$, nombre plus petit que le multiplicande 7. Ce fait est général, comme nous l'avons déjà établi au sujet des fractions décimales. Toutes les fois que le multiplicateur est moindre que l'unité, le produit est moindre que le multiplicande. Si en effet on multiplie un nombre quelconque par $\frac{4}{5}$, par exemple,

17.

on répète 4 fois seulement la *cinquième* partie de ce nombre, on doit donc obtenir un produit moindre que le multiplicande de 1 *cinquième* de ce dernier.

4. MULTIPLICATION D'UNE FRACTION PAR UN NOMBRE ENTIER. Soit à multiplier $\frac{3}{7}$ par 4. Le multiplicateur contenant 4 fois l'unité, ce produit doit contenir 4 fois $\frac{3}{7}$, c'est-à-dire doit être 4 fois plus fort que $\frac{3}{7}$. Il faut donc rendre 4 fois plus forte la fraction $\frac{3}{7}$, ce qui se fait en multipliant le numérateur par 4. Le produit est ainsi :

$$\frac{3 \times 4}{7} = \frac{12}{7} = 1\frac{5}{7}.$$

On multiplie une fraction par un nombre entier, en multipliant le numérateur par ce nombre, et en donnant au produit le dénominateur de la fraction.

5. MULTIPLICATION D'UNE FRACTION PAR UNE FRACTION. Soit à multiplier $\frac{3}{4}$ par $\frac{5}{6}$. — Puisque le multiplicateur $\frac{5}{6}$ contient 5 fois la *sixième* partie de l'unité, le produit doit contenir 5 fois la *sixième* partie du multiplicande $\frac{3}{4}$. Prenons d'abord la *sixième* partie de $\frac{3}{4}$, ce qui se fait en rendant cette fraction 6 fois plus petite, c'est-à-dire en multipliant son dénominateur par 6.

Le *sixième* de $\dfrac{3}{4}$ est ainsi $\dfrac{3}{4 \times 6}$. Ce sixième doit être répété 5 fois. en d'autres termes le résultat obtenu doit être rendu 5 fois plus fort, ce qui se fait en multipliant le numérateur par 5. Le produit cherché est donc :

$$\frac{3 \times 5}{4 \times 6} = \frac{15}{24}.$$

Par conséquent : *on multiplie une fraction par une autre fraction, en multipliant les numérateurs entre eux et les dénominateurs entre eux.*

Remarquons encore que le produit $\dfrac{15}{24}$ ou en simplifiant $\dfrac{5}{8}$ est plus petit que le multiplicande $\dfrac{3}{4}$, parce que le multiplicateur $\dfrac{5}{6}$ est plus petit que l'unité. — En renversant l'ordre des facteurs, ce qui ne changerait pas le produit, on aurait à multiplier $\dfrac{5}{6}$ par $\dfrac{3}{4}$, et le produit serait plus petit que $\dfrac{5}{6}$, parce que le multiplicateur $\dfrac{3}{4}$ est plus petit que l'unité.

D'une manière générale : *Quand les deux facteurs d'un produit sont plus petits que l'unité, le produit est plus petit que l'un et l'autre des deux facteurs.*

6. CAS OU LES FRACTIONS SONT ACCOMPAGNÉES D'ENTIERS. *On réduit alors les entiers en fraction et l'on opère sur les deux expressions fractionnaires comme il vient d'être dit.*

Proposons-nous de multiplier $3\frac{4}{5}$ par $2\frac{1}{3}$. En réduisant les entiers en fractions, nous avons pour multiplicande $\frac{19}{5}$ et pour multiplicateur $\frac{7}{3}$. En multipliant maintenant les numérateurs entre eux ainsi que les dénominateurs, nous obtenons pour produit :

$$\frac{19 \times 7}{5 \times 3} = \frac{133}{15} = 8\frac{13}{15}.$$

Dans ce cas le produit est plus grand que le multiplicande, parce que le multiplicateur est plus grand que l'unité.

7. FRACTIONS DE FRACTIONS. On demande quels sont les $\frac{5}{6}$ des $\frac{3}{4}$ des $\frac{2}{3}$ de 12. — Cette question et les questions analogues ont trait à ce que l'on nomme *fractions de fractions*, parce que, après avoir pris une certaine fraction d'une quantité, il faut prendre une fraction du résultat, puis une autre fraction de ce dernier résultat et ainsi de suite un certain nombre de fois. Ces questions se résolvent sans difficulté si l'on a soin de *remonter graduellement de la quantité connue à la quantité cherchée.*

Dans le cas actuel, la quantité connue est 12. Commençons par en prendre les $\frac{2}{3}$. Le *tiers* de 12 est 4, et 2 fois ce *tiers* ou les $\frac{2}{3}$ font 2 fois 4 ou 8.

Prenons maintenant les $\frac{3}{4}$ de 8. Le *quart* de 8 est 2, et 3 fois ce *quart* donne 6.

Prenons enfin les $\dfrac{5}{6}$ de 6. Le *sixième* de 6 est 1, et 5 fois ce *sixième* donne 5.

Les $\dfrac{5}{6}$ des $\dfrac{3}{4}$ des $\dfrac{2}{3}$ de 12 égalent donc 5.

Ce cas est très-simple, parce que chaque fois la division se fait sans reste, mais en général il n'en est pas ainsi. Exemple : quels sont les $\dfrac{2}{7}$ des $\dfrac{3}{4}$ des $\dfrac{5}{9}$ de 8?

Prenons d'abord les $\dfrac{5}{9}$ de 8. Le *neuvième* de 8 est un nombre 9 fois moindre ou $\dfrac{8}{9}$. Répétons 5 fois ce *neuvième* de 8 en multipliant le numérateur par 5 et nous aurons $\dfrac{8 \times 5}{9}$.

Maintenant il faut prendre les $\dfrac{3}{4}$ de ce résultat. Le *quart* en est $\dfrac{8 \times 5}{9 \times 4}$, et 3 fois ce *quart* donnent $\dfrac{8 \times 5 \times 3}{9 \times 4}$.

Il faut enfin prendre les $\dfrac{2}{7}$ du résultat qui précède. Le *septième* en est $\dfrac{8 \times 5 \times 3}{9 \times 4 \times 7}$, et 2 fois ce *septième* font $\dfrac{8 \times 5 \times 3 \times 2}{9 \times 4 \times 7}$.

On voit donc que, *pour prendre des fractions de fractions d'une certaine quantité, il faut multiplier cette quantité par le produit des numérateurs des fractions, et donner au résultat pour dénominateur le produit des dénominateurs des fractions.*

Avant d'effectuer les opérations, il convient, pour abréger, de supprimer les facteurs communs au numérateur et au dénominateur, ainsi qu'on l'a indiqué pour les règles de proportionnalité. En supprimant les facteurs 3 et 2 communs au numérateur et au dénominateur, l'expression précédente devient :

$$\frac{8 \times 5}{3 \times 2 \times 7} = \frac{40}{42} = \frac{20}{21}.$$

Les $\frac{2}{7}$ des $\frac{3}{4}$ des $\frac{5}{9}$ de 8 sont donc $\frac{20}{21}$.

8. DIVISION. DÉFINITION. La division a pour but, étant donnés un produit, appelé dividende, et l'un de ses facteurs, appelé diviseur, de trouver l'autre facteur, appelé quotient. — Le quotient multiplié par le diviseur reproduit le dividende.

9. DIVISION D'UN NOMBRE ENTIER PAR UNE FRACTION. Soit à diviser 5 par $\frac{3}{4}$. Le quotient étant multiplié par $\frac{3}{4}$ doit reproduire 5. Représentons ce quotient par A. Nous aurons donc $A \times \frac{3}{4} = 5$. Mais multiplier A par $\frac{3}{4}$, c'est répéter 3 fois le *quart* de A. Alors 3 fois le *quart* de A donnent 5. Une seule fois le *quart* de A est un nombre 3 fois moindre ou $\frac{5}{3}$. Si $\frac{5}{3}$ est le *quart* de A ou du quotient, le quotient entier est égal à un

nombre 4 fois plus grand, c'est-à-dire à $\dfrac{5 \times 4}{3}$. Tel est le quotient cherché.

Par conséquent : *Pour diviser un entier par une fraction, on multiplie l'entier par le dénominateur, et l'on donne au produit pour dénominateur le numérateur de la fraction.* Ou bien, ce qui revient au même : *On multiplie l'entier par la fraction diviseur renversée.*

10. LE QUOTIENT EST PLUS GRAND QUE LE DIVIDENDE LORSQUE LE DIVISEUR EST PLUS PETIT QUE L'UNITÉ. En opérant, on trouve, en effet, pour quotient de la division précédente $\dfrac{20}{3}$ ou $6\dfrac{2}{3}$, nombre plus grand que le dividende 5. La raison en est facile à saisir. — Puisque diviser 5 par $\dfrac{3}{4}$ revient, comme nous venons de le voir, à multiplier 5 par la fraction diviseur renversée ou par $\dfrac{4}{3}$, le résultat doit être plus grand que 5 parce que le multiplicateur $\dfrac{4}{3}$ est plus grand que l'unité.

Les fractions décimales nous ont également montré que le quotient est plus grand que le dividende toutes les fois que le diviseur est plus petit que l'unité.

11. DIVISION D'UNE FRACTION PAR UN ENTIER. S'il faut diviser $\dfrac{5}{6}$ par 4, il s'agit de rendre la fraction $\dfrac{5}{6}$ 4 fois plus petite, ce qui se fait en multipliant le dénominateur par 4. Le quotient est ainsi $\dfrac{5}{6 \times 4} = \dfrac{5}{24}$.

On divise donc une fraction par un nombre entier, en multipliant le dénominateur de la fraction par ce nombre.

12. DIVISION D'UNE FRACTION PAR UNE FRACTION. Soit à diviser $\frac{3}{4}$ par $\frac{5}{6}$. Le quotient, que nous représenterons par A, étant multiplié par $\frac{5}{6}$, doit reproduire $\frac{3}{4}$. On a donc $A \times \frac{5}{6} = \frac{3}{4}$. Multiplier A par $\frac{5}{6}$, c'est répéter 5 fois la *sixième* partie de A; 5 fois la *sixième* partie de A valent donc $\frac{3}{4}$. Une seule fois la *sixième* partie de A vaut un nombre 5 fois plus faible ou $\frac{3}{4 \times 5}$, et 6 fois cette *sixième* partie de A, c'est-à-dire le quotient entier, valent $\frac{3 \times 6}{4 \times 5}$. Tel est le quotient cherché. On voit donc que, *pour diviser une fraction par une fraction, il faut multiplier la fraction dividende par la fraction diviseur renversée.*

Le quotient $\frac{18}{20}$ ou $\frac{9}{10}$ est plus grand que le dividende $\frac{3}{4}$, parce que ce quotient se compose de 6 fois la *cinquième* partie de $\frac{3}{4}$, valeur plus grande que $\frac{3}{4}$ de 1 *cinquième* de ce dernier nombre.

Ou bien encore : le quotient $\frac{9}{10}$ est plus grand que le dividende $\frac{3}{4}$ parce que, pour l'obtenir, on multiplie le

dividende par la fraction diviseur renversée ou par $\dfrac{6}{5}$.
Le multiplicateur étant plus grand que l'unité, le résultat doit être plus grand que $\dfrac{3}{4}$.

13. CAS OU LES FRACTIONS SONT ACCOMPAGNÉES D'ENTIERS. *On réduit les entiers en fractions, et l'on opère comme il vient d'être dit.* — Proposons-nous de diviser $2\dfrac{4}{5}$ par $3\dfrac{6}{7}$. Les entiers étant réduits en fractions, l'on a $\dfrac{14}{5}$ à diviser par $\dfrac{27}{7}$. Multiplions, suivant la règle, la fraction dividende par la fraction diviseur renversée, et nous aurons pour le quotient cherché :

$$\frac{14 \times 7}{5 \times 27} = \frac{98}{135}.$$

Questionnaire.

1. Qu'est-ce que multiplier un nombre par $\dfrac{3}{4}$, par $\dfrac{5}{6}$, etc.? — 2. Comment multiplie-t-on un entier par une fraction? — 3. Qu'est le produit quand le multiplicateur est plus petit que l'unité? — 4. Comment multiplie-t-on une fraction par un nombre entier? — 5. Comment multiplie-t-on une fraction par une fraction? — 6. Qu'est le produit lorsque les deux facteurs sont plus petits que l'unité? — Comment se fait la multiplication dans le cas où les fractions sont accompagnés d'entiers? — 7. Qu'appelle-t-on fractions de fractions? — Quelle est la marche à suivre dans le calcul des fractions de fractions? — 8, 9. Comment divise t-on un nombre entier par une fraction? — 10. Qu'est le quotient lorsque le diviseur est plus petit que l'unité? — 11. Comment se fait la division d'une fraction par un nombre entier? — 12. Comment s'opère la division d'une fraction par une autre fraction? — 13. Que faut-il faire si les fractions sont accompagnées d'entiers?

Exercices sur la multiplication et la division des fractions.

Faire les multiplications suivantes :

789. $4 \times \dfrac{2}{7}$, $\quad 8 \times \dfrac{5}{9}$, $\quad 7 \times \dfrac{4}{11}$, $\quad 12 \times \dfrac{5}{13}$.

790. $\dfrac{3}{4} \times 5$, $\quad \dfrac{5}{8} \times 7$, $\quad \dfrac{3}{11} \times 9$, $\quad \dfrac{7}{12} \times 6$.

791. $\dfrac{2}{5} \times \dfrac{7}{9}$, $\quad \dfrac{4}{7} \times \dfrac{2}{3}$, $\quad \dfrac{12}{19} \times \dfrac{5}{13}$, $\quad \dfrac{1}{2} \times \dfrac{1}{9}$.

792. $3 \dfrac{1}{4} \times \dfrac{8}{9}$, $\quad \dfrac{7}{8} \times 2 \dfrac{1}{7}$, $\quad 6 \dfrac{4}{5} \times 8 \dfrac{2}{3}$, $\quad 1 \dfrac{1}{3} \times 1 \dfrac{1}{4}$.

793. $4 \times 8 \dfrac{2}{5}$, $\quad 6 \dfrac{1}{7} \times 8$, $\quad 2 \dfrac{1}{4} \times \dfrac{1}{9}$, $\quad \dfrac{6}{21} \times 1 \dfrac{2}{11}$.

Faire les divisions suivantes :

794. Diviser 7 par $\dfrac{3}{4}$,

— 8 — $\dfrac{5}{6}$,

— 9 — $\dfrac{2}{3}$,

— 11 — $\dfrac{7}{8}$.

795. Diviser $\dfrac{3}{7}$ par 4,

— $\dfrac{6}{8}$ — 5,

— $\dfrac{11}{12}$ — 9,

— $\dfrac{1}{2}$ — 7.

796. Diviser $\dfrac{2}{3}$ par $\dfrac{5}{7}$,

— $\dfrac{3}{8}$ — $\dfrac{4}{11}$,

— $\dfrac{1}{2}$ — $\dfrac{5}{7}$,

— $\dfrac{5}{6}$ — $\dfrac{13}{17}$.

797. Diviser $3 \dfrac{1}{4}$ par $7 \dfrac{2}{3}$,

— $4 \dfrac{5}{6}$ — $8 \dfrac{2}{9}$,

— $6 \dfrac{3}{4}$ — $1 \dfrac{5}{11}$,

— $13 \dfrac{1}{3}$ — $3 \dfrac{1}{4}$.

798. Diviser 4   par $7\frac{1}{2}$,

— $1\frac{1}{2}$ — 8,

—   9   — $6\frac{1}{5}$,

— $1\frac{1}{3}$ — $1\frac{1}{5}$.

Problèmes sur la multiplication et la division des fractions.

799. Par quel nombre faut-il multiplier $8\frac{1}{3}$ pour obtenir 2 au produit?

800. Par quel nombre faut-il diviser $\frac{1}{2}$ pour obtenir $3\frac{3}{4}$ au quotient?

801. Quels sont les $\frac{3}{4}$ des $\frac{8}{9}$ de 18 ?

802. Les $\frac{5}{6}$ d'un nombre font 15. Quel est ce nombre ?

803. A 7 fr. $\frac{1}{2}$ le mètre, que coûtent $8^m\frac{2}{3}$ d'étoffe ?

804. Si pour 56 fr. $\frac{1}{2}$ on a obtenu $7^m\frac{4}{5}$ de drap, quel est le prix du mètre ?

805. Quels sont les $\frac{5}{8}$ du $\frac{1}{3}$ de 24 ?

806. Il faut 6 jours et $\frac{1}{2}$ pour faire les $\frac{2}{3}$ d'un ouvrage. Combien de jours prendra l'ouvrage en entier ?

807. Une lampe brûle 19^s d'huile en 2 heures $\frac{3}{4}$. En combien de temps brûlera-t-elle 100^s d'huile ?

808. Trouver un nombre dont les $\frac{3}{7}$ fassent 15 ?

809. Les $\frac{3}{4}$ des $\frac{5}{9}$ d'une somme font 42 fr. Quelle est cette somme?

Problèmes sur les quatre opérations des fractions ordinaires.

810. L'avoir d'un commerçant augmente de ses $\frac{2}{5}$ la première année. La seconde année, il augmente des $\frac{3}{7}$ de ce qu'il était au début de cette seconde année. Il est alors de 25 000 fr. Quel était cet avoir au début de la première année?

811. Un ouvrier ferait un travail en 12 jours, un second le ferait en 13 jours, un troisième le ferait en 14 jours. S'ils travaillent ensemble, combien de jours ces trois ouvriers mettront-ils à faire le travail?

812. A trois reprises un fil de fer passe à la filière, et chaque fois il s'allonge des $\frac{2}{9}$ de sa longueur précédente. La longueur du fil est alors de 58ᵐ. Quelle était sa longueur avant de passer à la filière?

813. Trouver un nombre dont les $\frac{2}{3}$ augmentés de ses $\frac{3}{4}$ et diminués de ses $\frac{2}{5}$ fassent 8.

814. Trois pompes, A, B et C, sont employées à épuiser une citerne. Fonctionnant ensemble, les pompes A et B épuiseraient la citerne en 6 heures; A et C l'épuiseraient en 7 heures; B et C l'épuiseraient en 8 heures. Combien chaque pompe, fonctionnant seule, mettrait-elle d'heures pour épuiser la citerne?

815. On dissout du sel dans de l'eau de manière que le poids du sel soit les $\frac{2}{21}$ du poids de l'eau. Si l'on ajoute 3ᵏᵍ de sel à la dissolution, le sel forme alors les $\frac{3}{19}$ du poids de l'eau. Quel est le poids de cette eau, quel est aussi le poids du sel contenu dans la première dissolution?

816. On dissout 5^{gr} de couperose verte dans un plein verre d'eau. On jette les $\frac{2}{3}$ du contenu du verre et on achève de remplir avec de l'eau. On jette les $\frac{3}{5}$ du contenu, et une seconde fois on achève de remplir avec de l'eau pure. Quel est alors le poids de la couperose contenue dans le verre ?

817. Une roue fait 3 tours et $\frac{4}{5}$ pendant qu'une seconde en fait $4\frac{2}{7}$; et pendant que cette seconde roue en fait $2\frac{1}{5}$, une troisième en fait $5\frac{2}{3}$. Pendant que la première roue fait 1 tour, combien en fait la troisième ?

CHAPITRE V.

Facteurs premiers.

1. DÉFINITIONS. On appelle *nombre premier* tout nombre qui n'est divisible que par lui-même et par l'unité. De 1 à 20, les nombres premiers sont : 1, 2, 3, 5, 7, 11, 13, 17, 19. Considérés comme diviseurs d'un nombre, les nombres premiers sont dits *facteurs premiers* de ce nombre. Le nombre 10 a pour facteurs premiers 2 et 5, le nombre 15 a pour facteurs premiers 3 et 5.

2. DÉCOMPOSITION D'UN NOMBRE EN SES FACTEURS PREMIERS. Soit à décomposer le nombre 360 en ses facteurs premiers. L'opération est conduite comme il suit :

$$\begin{array}{r|l} 360 & 2 \\ 180 & 2 \\ 90 & 2 \\ 45 & 3 \\ 15 & 3 \\ 5 & 5 \end{array}$$

360 est divisible par 2, le plus simple des nombres premiers non compris l'unité. Le quotient est 180. On écrit 2 à droite de 360 en séparant les deux nombres par un trait vertical.

Le quotient 180 est encore divisible par 2. Le facteur 2 est écrit une seconde fois à la droite du trait.

Le quotient 90 est encore divisible par 2. Le facteur 2 est écrit une troisième fois à la droite du trait.

Le quotient 45 n'est plus divisible par 2, mais il l'est par 3, autre nombre premier. On écrit 3 à la droite du trait.

Le quotient 15 est encore divisible par 3. On écrit 3 à la droite du trait.

Le quotient 5 est lui-même un nombre premier, on l'écrit à la droite du trait. L'opération est alors terminée, et 360 est égal au produit des facteurs premiers :

$$2 \times 2 \times 2 \times 3 \times 3 \times 5 = 360.$$

L'opération revient donc à diviser successivement le nombre proposé et les quotients obtenus, par les différents nombres premiers qui peuvent les diviser.

3. EXPOSANTS. Pour indiquer qu'un nombre est multiplié 2 fois, 3 fois, 4 fois, etc., par lui-même, on écrit à sa droite et un peu au-dessus les chiffres 2, 3, 4, etc., qui prennent alors le nom d'*exposants*. Ainsi 4^2 signifie 4×4, 5^3 signifie $5 \times 5 \times 5$; 7^4 signifie $7 \times 7 \times 7 \times 7$, etc. 4^2 se lit : 4 exposant 2; 5^3 se lit :

5 exposant 3 ; 7^4 se lit : 7 exposant 4, etc. Quand un nombre n'entre qu'une seule fois comme facteur dans un produit, son exposant est l'unité. Cet exposant ne s'écrit pas, on le sous-entend. Avec cette notation, on voit que 360 est égal à :

$$2^3 \times 3^2 \times 5.$$

4. RÉDUCTION DES FRACTIONS AU PLUS PETIT DÉNOMINATEUR COMMUN. Soit à réduire au plus petit dénominateur commun les fractions suivantes :

$$\frac{5}{6}, \quad \frac{11}{24}, \quad \frac{1}{2}, \quad \frac{7}{36}, \quad \frac{4}{9}, \quad \frac{13}{18}, \quad \frac{2}{15}.$$

On décompose chaque dénominateur en ses facteurs premiers :

$$6 = 2 \times 3,$$
$$24 = 2^3 \times 3,$$
$$2 = 2,$$
$$36 = 2^2 \times 3^2,$$
$$9 = 3^2$$
$$18 = 2 \times 3^2,$$
$$15 = 3 \times 5.$$

On prend une fois, avec son plus haut exposant, chacun des facteurs premiers qui entrent dans l'ensemble des dénominateurs. Les seuls facteurs premiers sont dans le cas actuel 2, 3 et 5. Avec leur plus haut exposant ces facteurs sont 2^3, 3^2 et 5, ou bien 8, 9 et 5.

On fait le produit de ces trois nombres, $8 \times 9 \times 5$; ce qui donne 360. Ce nombre 360 est le plus petit dénominateur commun des fractions proposées.

Pour opérer la réduction, on divise 360 par chacun

des dénominateurs, et l'on écrit le quotient au-dessus de la fraction correspondante :

$$\frac{6)}{\ } \quad \frac{15}{\ } \quad \frac{180}{\ } \quad \frac{10}{\ } \quad \frac{40}{\ } \quad \frac{20}{\ } \quad \frac{24}{\ }$$
$$\frac{5}{6} \quad \frac{11}{24} \quad \frac{1}{2} \quad \frac{7}{36} \quad \frac{4}{9} \quad \frac{13}{18} \quad \frac{2}{15}.$$

On multiplie enfin les deux termes de chaque fraction par le nombre placé en dessus :

$$\frac{300}{360} \quad \frac{165}{360} \quad \frac{180}{360} \quad \frac{70}{360} \quad \frac{280}{360} \quad \frac{260}{360} \quad \frac{48}{360}.$$

5. A QUELS CARACTÈRES ON RECONNAIT QU'UN QUOTIENT ÉVALUÉ EN DÉCIMALES DOIT SE TERMINER. *Toutes les fois que le diviseur ne contient pas d'autres facteurs premiers que 2 ou 5, le quotient se termine quel que soit le dividende.* — En effet, lorsqu'on écrit un zéro à la suite de chaque resté pour continuer la division, cela revient à multiplier le dividende primitif par un certain nombre de facteurs égaux chacun à 10. On introduit ainsi dans le dividende les facteurs 5 et 2 autant de fois qu'il est nécessaire pour que la division s'achève, quand le diviseur ne contient d'autres facteurs que 5 et 2.

On voit d'après cela que les divisions de 3 par 4, de 7 par 8, de 9 par 20, etc., s'achèveront parce que le diviseur $4 = 2^2$ ne contient que le facteur premier 2; parce que le diviseur $8 = 2^3$ ne contient que le facteur premier 2; parce que le diviseur $20 = 2^2 \times 5$ ne contient que les facteurs premiers 2 et 5. Vérifions-le sur la division de 7 par 8.

$$\begin{array}{r|l} 70 & 8 \\ 60 & \overline{0,875} \\ 40 & \\ 00 & \end{array}$$

Si le diviseur renferme un facteur premier autre que 2 et 5, mais que ce facteur se retrouve dans le dividende avec un exposant égal ou supérieur, le quotient se termine.

Soit à diviser 9 par 15. Décomposé en ses facteurs premiers, le diviseur 15 donne 3×5. Laissons le facteur 5 dont il n'y a pas à s'occuper. Il reste le facteur 3. Mais ce facteur premier 3 se retrouve dans le dividende, même avec un exposant plus fort, car $9 = 3^2$. La division se terminera.

$$\begin{array}{c|c} 90 & 15 \\ \hline & 0,6 \end{array}$$

6. À QUEL CARACTÈRE ON RECONNAIT QU'UN QUOTIENT ÉVALUÉ EN DÉCIMALES NE DOIT PAS SE TERMINER: *Si le diviseur renferme un facteur premier autre que 2 et 5 qui ne se trouve pas dans le dividende, on ne s'y trouve qu'avec un exposant plus faible, le quotient ne se termine jamais et plus tôt ou plus tard devient périodique.* — Ainsi la division de 5 par 6 ne doit pas s'achever parce que le diviseur 6 renferme le facteur premier 3 qui ne se trouve pas dans le dividende :

$$\begin{array}{c|c} 50 & 6 \\ 20 & \hline \\ 20 & 0,8333... \\ 20 & \end{array}$$

Pareillement la division de 6 par 9 ne doit pas s'achever parce que le diviseur 9 contient le facteur 3 avec l'exposant 2, tandis que le dividende 6 ne le contient qu'avec l'exposant 1.

18

$$\begin{array}{c|l} 60 & 9 \\ 60 & \overline{0{,}666\ldots} \\ 60 & \end{array}$$

Questionnaire.

1. Qu'est-ce qu'un nombre premier ? — Qu'appelle-t-on facteurs premiers d'un nombre ? — Quels sont les nombres premiers de 1 à 20. — 2. Comment décompose-t-on un nombre en ses facteurs premiers ? — Faites l'opération sur le nombre 360 ? — 3. Qu'appelle-t-on exposant ? — 4. Comment réduit-on des fractions au plus petit commun dénominateur ? — 5. A quel caractère reconnaît-on qu'un quotient évalué en décimales doit se terminer ? — 6. A quel caractère reconnaît-on que le quotient ne doit pas se terminer et se traduire par une fraction décimale périodique ?

Exercices.

Décomposer en leurs facteurs premiers les nombres suivants :

818.   45,   32,   30,   12.
819.   72,   36,   81,   18.
820.   21,   14,   28,   49.
821.   120,   144,   160,   576.
822.   1080,   1000,   4455,   5184

Réduire à leur plus petit commun dénominateur les fractions suivantes :

823. $\dfrac{5}{6}\quad\dfrac{1}{2}\quad\dfrac{1}{3}\quad\dfrac{3}{8}.$

824. $\dfrac{7}{15}\quad\dfrac{2}{5}\quad\dfrac{2}{3}\quad\dfrac{1}{9}.$

825. $\dfrac{1}{6}\quad\dfrac{7}{30}\quad\dfrac{11}{20}\quad\dfrac{4}{15}\quad\dfrac{3}{5}\quad\dfrac{8}{45}.$

826. $\dfrac{4}{21} \cdot \dfrac{2}{7} \cdot \dfrac{1}{2} \cdot \dfrac{5}{49} \cdot \dfrac{3}{14}.$

827. $\dfrac{5}{7} \cdot \dfrac{11}{35} \cdot \dfrac{2}{5} \cdot \dfrac{2}{49} \cdot \dfrac{9}{70}.$

Quelles sont, parmi les divisions suivantes, celles dont le quotient s'achèvera, et celles dont le quotient ne s'achèvera pas. (La réponse doit être trouvée sans faire l'opération.)

828. $\dfrac{7}{16}, \quad \dfrac{4}{25}, \quad \dfrac{2}{7}, \quad \dfrac{3}{6}.$

829. $\dfrac{15}{9}, \quad \dfrac{9}{12}, \quad \dfrac{7}{49}, \quad \dfrac{3}{50}.$

830. $\dfrac{3}{21}, \quad \dfrac{7}{40}, \quad \dfrac{49}{32}, \quad \dfrac{12}{18}.$

831. $\dfrac{11}{55}, \quad \dfrac{4}{11}, \quad \dfrac{8}{15}, \quad \dfrac{27}{45}.$

832. $\dfrac{45}{81}, \quad \dfrac{18}{36}, \quad \dfrac{7}{8}, \quad \dfrac{13}{64}.$

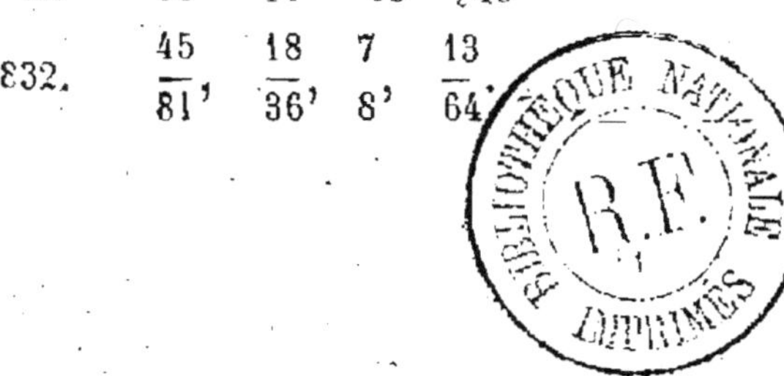

FIN.

TABLE DES MATIÈRES.

DEUXIÈME PARTIE.

TROISIÈME PARTIE.

FIN DE LA TABLE.

617. Abbeville. — Imp. Briez, C. Paillart et Retaux.

9 782019 218911